JN234575

荷電粒子ビーム工学

工学博士 石川 順三 著

コロナ社

まえがき

　電子やイオンは，いまから約百年ほど前，放電管の中に発生する荷電粒子として発見された。電子は容易に発生でき，質量が小さく電界や磁界に対して高速応答する荷電粒子であるため，高速・高密度にエネルギーを運ぶ担い手として，高周波変換真空デバイスや材料への照射による加熱・化学変化などへの利用が，比較的早い時期からなされてきた。それに対して，イオンの発生は必ずしも容易でなく，材料との相互作用に関する知見も遅れたため，三十数年ほど前に半導体への不純物導入にイオン注入が最適であることが見出され，初めて本格的な工学的利用が始まった。

　電子およびイオンビームが発見されてから，これらが工学応用に利用されるようになった時期や経緯はずいぶん異なるが，現在では，両ビームとも半導体集積回路に代表される最先端の微細加工を行うための要の材料プロセス技術として，工学分野においては欠かせないものとなってきている。

　本書では，電子だけでなくイオンも含めた荷電粒子の発生，ビーム輸送・操作に加えて，それらを用いた材料プロセスも重要なテーマであると位置づけ，荷電粒子ビームと固体との相互作用の入門的な記述も加えた。また，電子およびイオンビーム技術に関し，その基本となる基礎現象の理解ができるだけ得られるように，現象の物理的意味をわかりやすく解説したつもりである。本書は，筆者が長年の間，学部の専門教育の講義用に作成してきたプリントをまとめたものであり，対象としては大学の工学系学部専門教育の教科書を想定したものである。

　本書によって，電子ビームやイオンビームの理解者が一人でも多くなることが筆者の願いである。

2001年4月

石川　順三

目　　次

1.　荷電粒子ビームの特質と利用形態

1.1　電子ビームの特質と利用形態 *2*
　　1.1.1　真空中の電子と固体中の電子の違い *2*
　　1.1.2　高速・高密度エネルギー輸送源 *2*
　　1.1.3　微細加工・分析ツール *3*
1.2　イオンビームの特質と利用形態 *4*
　　1.2.1　運動エネルギーと電離エネルギーの共存 *4*
　　1.2.2　元素の非熱平衡的輸送 *4*
　　1.2.3　材料プロセス *5*
　　1.2.4　分析ツール *7*
1.3　荷電粒子ビーム応用の展開 *7*

2.　電子とイオン

2.1　電子とイオンの属性 *10*
　　2.1.1　イオン・原子の内部ポテンシャル構造 *15*
　　2.1.2　加速エネルギーと速度，ドブロイ波長 *19*
2.2　電子・イオンビームの気体相互作用 *22*
　　2.2.1　デバイス寸法と真空 *22*
　　2.2.2　気体分子との相互作用 *24*
2.3　電子・イオンビームの空間電荷効果 *28*
　　2.3.1　空間電荷制限電流 *30*
　　2.3.2　ビームの発散 *34*

3.　電子の発生とビーム形成

3.1　電子源としての電子発生法 *38*
　　3.1.1　熱電子放出 *39*

3.1.2　熱陰極 43
　　　3.1.3　電界電子放出 50
　　　3.1.4　その他の電子放出 58
　3.2　電子ビームの形成 66
　　　3.2.1　ピアス型電子銃 66
　　　3.2.2　ビーム発散抑制法（ブリユアンの流れ） 68

4.　イオンの発生とビーム形成

　4.1　イオン源プラズマにおけるイオンの発生 71
　　　4.1.1　電離衝突によるイオン源プラズマの生成 72
　　　4.1.2　体積生成による負イオンの発生 78
　4.2　表面効果法によるイオンの発生 80
　　　4.2.1　電界蒸発による正イオンの発生 82
　　　4.2.2　二次負イオン放出による負イオンの発生 85
　4.3　プラズマからのイオンの引出しとビーム形成 90
　　　4.3.1　イオン飽和電流 90
　　　4.3.2　最適イオンビームの引出し 93
　　　4.3.3　多孔電極引出し 97

5.　ビーム輸送と操作

　5.1　電磁界レンズ 100
　　　5.1.1　静電レンズ 100
　　　5.1.2　磁界レンズ 111
　5.2　電磁界偏向 114
　　　5.2.1　静電偏向 114
　　　5.2.2　電磁偏向 117
　5.3　質量分離・分析 120
　　　5.3.1　扇形磁石による質量分離 121
　　　5.3.2　直交電磁界を用いた質量分離 123
　5.4　加速と減速 128
　　　5.4.1　静電加速 128
　　　5.4.2　高周波加速 129

5.4.3　減速法 130
5.5　エミッタンスと輝度 131
　5.5.1　エミッタンスと輝度の定義 132
　5.5.2　空間電荷中和とエミッタンス 135

6.　ビームと固体原子の相互作用

6.1　電子ビームと固体原子の相互作用 139
　6.1.1　飛程とエネルギーの伝達 141
　6.1.2　物理現象と化学現象 146
6.2　イオンビームと固体原子の相互作用 150
　6.2.1　弾性衝突による飛程とエネルギー伝達の概要 153
　6.2.2　イオンの注入現象 158
　6.2.3　スパッタリング現象 166
　6.2.4　イオンビームの蒸着現象 170

7.　高周波エネルギー変換デバイス

7.1　走行時間制約型デバイス 182
　7.1.1　格子制御管 183
　7.1.2　極微真空管 189
7.2　電子ビームの弾道性を利用した超高周波電子管 193
　7.2.1　速度変調管 194
　7.2.2　進行波管 208
　7.2.3　マグネトロン 219
　7.2.4　ジャイロトロン 228

8.　荷電粒子ビーム装置

8.1　電子ビーム装置 237
　8.1.1　電子ビーム熱処理装置 239
　8.1.2　電子ビーム非熱処理装置 243
　8.1.3　電子ビーム分析装置 248
　8.1.4　撮像管,表示管,光電子増倍管・二次電子増倍管 255
8.2　イオンビーム装置 268
　8.2.1　イオン注入装置 269

8.2.2　イオンビーム加工装置 278
8.2.3　イオンビーム蒸着装置 281
8.2.4　イオンビームによる分析と装置 286

参　考　文　献 297
索　　　引 299

1. 荷電粒子ビームの特質と利用形態

電子やイオンは荷電粒子であるから，電界や磁界を利用してそれらのエネルギーや軌道を好みに応じて制御できる。このように電子のエネルギーを自由に操ったり，原子オーダーでイオンの軌道を操ったりできることは，人類が持ち得た道具としては，最も高速で，最も微小で，最も制御性のよいものである。しかも，地球上のすべての物質が電子とイオンで構成されていることは，それらを無尽蔵にしかもいたるところから取り出すことができることを意味している。

表 1.1　電子ビームおよびイオンビームの工学応用領域

電子ビーム応用領域	イオンビーム応用領域
半導体・高機能材料作製プロセス装置 　（電子ビーム露光装置 　　電子線照射装置	半導体・高機能材料作製プロセス装置 　表面改質装置 　　（イオン注入装置（半導体用，多目的用， 　　　MeV 注入，集束ビーム型） 　表面微細加工装置 　　（イオンビーム露光装置 　　　イオンビームエッチング装置 　　　集束イオンビーム加工装置 　機能薄膜形成装置 　　（イオンビーム蒸着装置 　　　イオンビームアシスト蒸着装置
真空電子デバイス 　超々高周波デバイス 　　（マイクロバキュームチューブ 　大電力超高周波電子管 　　（速度変調管，進行波管， 　　　マグネトロン，ジャイロトロン 　大電力電子管 　　（格子制御管 　表示デバイス 　　（ブラウン管 　　　蛍光表示管 　　　微小電子源型フラットパネルディスプレイ 　光電変換と二次電子増倍デバイス 　　（光電子増倍管，二次電子増倍管	
表面分析装置（電子ビームプローブ） 　（走査型電子顕微鏡，透過型電子顕微鏡， 　　電子線回折装置，X線マイクロアナライザ， 　　オージェ電子分光，走査型トンネル顕微鏡 局所高エネルギー利用装置 　（電子ビーム蒸着，電子ビーム溶接・溶解 電子線加速器 　（シンクロトロン放射光，自由電子レーザ	表面分析装置（イオンプローブ） 　（ラザフォード後方散乱分析（RBS） 　　二次イオン質量分析（SIMS） 　　イオン散乱スペクトル分析（ISS） 超高エネルギー・大電流応用 　（イオンビーム（放射線）癌治療 　　高速中性粒子核融合プラズマ加熱

このように電子やイオンが特殊な粒子ではないことが，電子ビームやイオンビームの利用や応用が幅広く盛んになってきた理由の一つである．**表 1.1** は，電子ビームおよびイオンビームが利用されている工学応用領域を示しているが，これらが現在の電子工学にかかわる分野でいかに幅広く利用されているかがわかる．

1.1 電子ビームの特質と利用形態

1.1.1 真空中の電子と固体中の電子の違い

電子は，その質量がきわめて小さく慣性がほとんど無に等しいほどであるから，電荷およびそのエネルギーを超高速に運ぶ担い手として利用できる．このように電子を制御し得る空間あるいは媒体としては，真空と半導体がある．半導体内での電子の動きは格子散乱によって制約を受けるため，その速度は真空中のものに比べるとけた違いに遅い．また，個々の電子の軌道を知ることはできず，統計的な平均値しかわからない．

このような弱点があるにもかかわらず，半導体デバイスでは，微細化技術により電子の走行距離を極端に短くすることによって高速化を実現してきた．それに対して，真空中では，電子はほかの粒子などとの衝突によってエネルギーを失うことなく高速化でき，またその軌跡は電磁界計算からの予測どおりの軌道を通る，いわゆるバリスティック（弾道的）な特性を持っている．その制御性は半導体内の電子よりはるかに優れている．

1.1.2 高速・高密度エネルギー輸送源

このように，真空中の電子が高速性と弾道性に優れていることから，能動素子として二つの分野で積極的に利用が行われている．

一つは，真空中で電子が高速であることと現在の微細加工技術とを併せて，超々高速の真空電子デバイス（マイクロバキュームチューブ）をつくろうとい

う試みである。この分野はここ十数年前から始まった真空マイクロエレクトロニクスと呼ばれる分野で，半導体が発見されたのと等しいほどにその将来に期待が寄せられている新素子開発分野である。この分野は，新しいフラットパネルディスプレイへの展開も期待でき，非常に注目されている。

ほかの一つは，弾道性を利用して空間的に電子の密度を変調させ，走行時間によらない超高周波増幅・発振を起こさせる素子である。これは，速度変調管，進行波管，マグネトロン，ジャイロトロンといった大電力超高周波電子管として，すでに幅広く利用されている。この分野にも，微細化技術との融合により，より超々高周波素子への期待も寄せられている。

1.1.3 微細加工・分析ツール

電子ビームを固体に照射すると，それらは主に固体原子どうしを結合している電子と相互作用する。しかし，固体原子の位置はほとんど動かない。したがって，すでにある固体内原子結合の一部切断や未結合の原子どうしの結合が起こる。例えば，有機高分子に電子ビームを照射した場合には，それらの高分子の結合が切れたり，新たに高分子どうしの結合が起こる。このような変化を利用し細く絞った電子ビームを利用して電子ビーム露光や架橋反応が行われている。

電子ビーム露光は，現在の超 LSI 製造における光マスクの製作には欠かせない技術であると同時に，より微細加工が要求される次世代には，直接半導体上のレジストを露光する方法として大きな期待が寄せられている。このように，電子ビームは半導体デバイス作製プロセスには欠かせない道具となっている。

さらに，電子ビームは，光の波長よりはるかに短い波長を持っているので，物質に対して高い分解能の分析ができると同時に，非常に細いビームの分析用プローブとしても用いることができる。電子の照射によって固体から放出される二次粒子や電磁波の検出方法にはその検出方法の違いによって種々の分析法があり，固体表面の解析に広く用いられている。

1.2 イオンビームの特質と利用形態

1.2.1 運動エネルギーと電離エネルギーの共存

イオンは中性原子あるいは分子からつくられるが，イオンになることにより，つぎの二つのエネルギーを中性原子や分子より余分に持つことになる。すなわち，イオン化によって得る電離エネルギー（内部ポテンシャルエネルギー）と，加速電圧によって得る運動エネルギーである。

電離エネルギーは，正イオンにおいては電離電圧でその絶対値は約 10 eV であり，負イオンにおいては電子親和力でその絶対値は約 1 eV である。正イオンの内部ポテンシャルエネルギーである電離電圧は，イオンが中性に戻るとき発熱し，いろいろな反応を促進する。これに対して，負イオンの内部ポテンシャルエネルギーの電子親和力は，それが中性に戻るとき吸熱するので，反応を抑制する働きがある。

このように，イオンは運動エネルギーと電離エネルギーが共存しているため，固体原子との相互作用に多様性があり，工学的に利用価値の高い粒子であることがわかる。

1.2.2 元素の非熱平衡的輸送

イオンは元素を原子単位で輸送する手段として用いられる。イオンは荷電粒子であるので，1 eV 程度の比較的低エネルギーから 1 MeV 程度の高エネルギーまで，加速電圧によって容易にその運動エネルギーを制御できる。常温での熱運動エネルギーが約 0.03 eV であることを考えると，2～8 けた大きな運動エネルギーを持つ粒子を簡単に得ることができる。地球上の物質原子が常温の熱運動エネルギーしか持っていないことを考えると，けた違いに大きな運動エネルギーを持ったイオンとこれらの物質原子との相互作用では，従来物質反応の常識と考えられていた熱化学反応過程とは全く異なる現象が生じる。

1.2.3 材料プロセス

イオンと固体原子との相互作用は，イオンと固体原子の（遮へいされたクーロン場を持つ）原子核どうしの弾性衝突である．イオンの運動エネルギーが大きい場合には，弾性衝突の断面積は原子の大きさに比べて非常に小さくなり，イオンが固体内に侵入してしまう．このように，固体内にほかの原子を好きな深さに好きな量だけ入れることができる特長は，イオン注入法として，半導体製造プロセスや材料の表面改質の分野で欠くことのできない技術として幅広く用いられている．

イオン注入による半導体への不純物導入法は，現在の半導体微細加工技術を支えてきた大きな柱の一つである．また，イオン注入による表面改質によって，現在新しい表面物性を持つ材料がつぎつぎと開発されつつある．さらに，イオンが固体に侵入していく際，固体原子に少しずつエネルギーを与えていくので，固体原子の結合が種々変化する．この現象を利用して，イオンビームによる露光が可能となり，次世代超LSIのための超微細加工技術としてたいへん注目されている．

イオンと固体原子の質量はそれほど大きく違わないので，弾性衝突によって比較的大きな運動エネルギーを得る固体原子も存在する．複数回の衝突によって運動方向が表面脱出方向になったものは，表面から飛び出る場合がある．この現象はスパッタリングと呼ばれており，原子オーダーでの加工（穴堀り）技術として，現在の超LSI製造には欠かせないプロセスの一つとなっている．

原子結合エネルギー程度の超低運動エネルギーイオンと固体原子の相互作用では，運動エネルギーが支配する原子間結合過程（運動力結合）が起こる．この運動力結合は，地球上のすべての物質が形成されてきた熱化学反応とはまったく異なる物質形成過程である．

すなわち，図 *1.1* に示すように，熱化学反応では原子間結合が形成エネルギー障壁を熱エネルギーによって越えたものが，相互作用ポテンシャルが最小（極小）となる原子位置に落ち着くことによって生じる．したがって，固体の原子結合状態（広義の結晶構造）は一義的に決まってしまう．この構造を従来物質

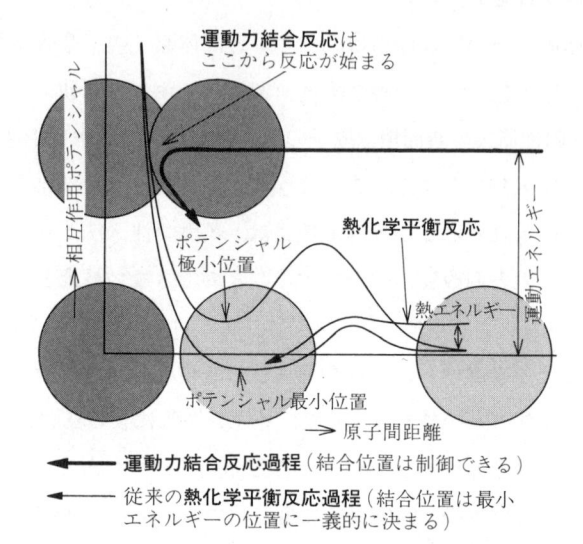

図 1.1 極低エネルギーイオンビームによる運動力結合過程と熱化学反応による原子結合過程の違い

の普遍的構造と考え，かつその物性がその元素からできる物質の普遍的性質であると考えていた．ところが，原子結合エネルギー程度の運動エネルギーを持つ原子は形成エネルギー障壁を容易に越え，まず原子間距離が，運動エネルギーが0になる位置まで近づく．そこから原子結合過程が始まり，相互作用ポテンシャルが最小の位置に落ち着く．相互作用ポテンシャル曲線は固体表面への近づき方によって数多くあるので，最終の原子結合状態は，熱化学反応によってできるものと一致するとはかぎらない．相互作用ポテンシャル極小位置が熱化学反応によって得られるものより高い位置にある準安定物質や，原子位置の繰返しが規則的ではない非晶質物質など，新しい構造の物質，すなわち新しい性質を持った材料が創製できるのである．

このように，原子をイオンとすることによってその運動エネルギーと軌道が制御でき，運動力結合という新しい物質形成の方法を手に入れることができたのである．

1.2.4 分析ツール

質量の軽いイオンを固体に照射すると，固体原子との衝突により反射してくる。反射イオンのエネルギーには衝突した固体原子の情報が含まれているので，物質の分析に利用できる。また質量の重いイオンを固体に照射すると，固体表面原子がスパッタリングにより放出される。イオン化したスパッタリング粒子を調べると，固体表面の元素分析ができる。これらの分析法は，前者が非破壊法であることや，後者の検出感度がきわめて高いことから，分析法として広く用いられている。

1.3 荷電粒子ビーム応用の展開

電子ビームやイオンビームは，このほかに超高エネルギーあるいは大電流領域で大型装置として利用されている。電子ビームを 1 GeV 程度に加速してその進路を磁界で曲げると，X 線のシンクロトロン放射（SOR）が起こる。LSI をより微細露光するために，制御された波長の短い X 線を利用しようと，多くの SOR 施設が建設されている。

原子の質量数当り数百 MeV に加速したイオンビームを人体に当てると，数 cm～10 cm の距離はほとんど細胞を壊さず侵入し，イオンが止まる直前の位置で細胞の DNA を破壊する。この破壊される細胞が癌細胞であれば癌治療ができる。大電流の負の水素イオンビーム（重水素あるいは三重水素）を MeV 程度の高エネルギーに加速し，中性化して核融合炉に入射すると，水素プラズマが加熱されて核融合反応が生じる。この核融合炉の実現のための基礎実験が各国で行われている。

このように，電子ビームおよびイオンビーム工学は，現在の最先端分野を支える重要な技術として大きな役割を担っている。特に，電子ビーム技術における真空マイクロエレクトロニクス分野は，新しいデバイスの萌芽期として注目されており，低エネルギーイオンビームによる運動力結合は，化学の領域を越えた新物質の形成法として，新しい分野の展開が期待されている。

章 末 問 題

(1) 真空中の電子ビームの運動が，半導体中の電子の運動とどのような点において異なるかについて述べよ。
(2) 電子ビームがどのような分野において工学的に利用されているか述べよ。
(3) イオンと中性粒子の違いを述べよ。
(4) イオンビームを利用した材料プロセスを数種類挙げよ。

2. 電子とイオン

物質固有の性質を有する最小単位の粒子は原子である。原子は正電荷を持つ原子核とその周りを回転する電子群によって構成され，電子群の負電荷量は原子核の正電荷量と同じあり，原子は電気的に中性である。

原子あるいは原子群中に束縛された電子は，適切な方法を用いると真空中に取り出すことができ，自由電子としてさまざまな形で工学的に利用できる。電子はその静止質量が $m_{e0} = 9.109 \times 10^{-31}$ kg と非常に小さく，慣性が最小の粒子であり，かつ最小単位の電荷量すなわち電気素量（$-e = -1.602\,0 \times 10^{-19}$ C）をもつ荷電粒子であることから，その超高速応答性と軌道・運動エネルギー制御性が積極的に利用されている。

図 *2.1* に示すように，一部の電子が取り出された原子は，電気的中性が破れて正電荷を帯びた粒子，すなわち正イオンとなる。原子軌道に余分の電子が付いて負電荷を帯びた粒子，すなわち負イオンとなるものもある。荷電粒子であるイオンは，その質量は電子に比べると原子量×1 840 倍程度大きいため，高速性には欠けるが，電磁界によりその軌道と大幅な運動エネルギー制御が可能であり，さまざまな工学的応用の道が開ける。イオンは元素情報が原子核に記録されているので，中性に戻ればもとの原子の性質を取り戻すことから，イオンビ

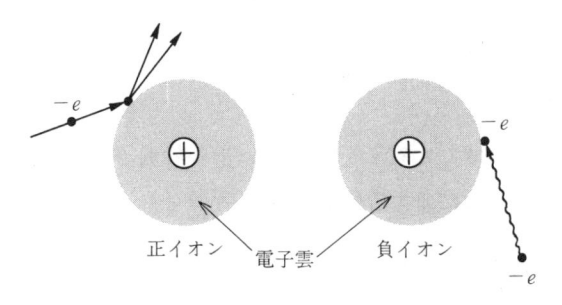

図 *2.1*　原子およびイオンの概念図

ームは元素の輸送という特長も有している。

2.1　電子とイオンの属性

中性原子の構造は，原子番号に相当する数の正の電気素量電荷を持った陽子および電気的に中性な中性子とからなる原子核と，その周りに種々の軌道すなわちエネルギー準位にある陽子と同数の電子とからなっている。例えば，**表 2.1**に示すように，電子の各エネルギー準位への配置は軌道のエネルギーを決める主量子数によって決まる K, L, M, N, O, ⋯ 殻の電子殻の中に，軌道の角運動量を決める方位量子数によって決まる s, p, d, f, ⋯ の副殻がある。

一般に，電子は最外殻にある電子から順次はぎとられていく。原子番号の大きな元素の中には，電子が最外殻より少し中の殻の電子からはがれていく遷移元素もあるが，多少の違いはあってもほぼ外殻の電子からはがれていくことには違いない。

例えば，**表 2.1**中のアルゴン$^{40}_{18}$Ar であれば質量数 40，原子番号 18 であるから，中性のアルゴンは内側の殻から詰まっており，K 殻の 1s 軌道に 2 個，L 殻の 2s 軌道に 2 個，2p 軌道に 6 個，M 殻の 3s 軌道に 2 個，3p 軌道に 6 個存在する。アルゴンから電子がはがれていく場合には，最外殻である M 殻の 3p 電子からであり，それらを順次はぎとるために必要なエネルギーすなわち電離電圧は，**表 2.2**に示すように各殻の電子に対してある程度規則性がある。

原子から一つの電子を取り出すための電離電圧の概算をしてみよう。いま，最外殻電子と核との間の相互作用力が主にクーロン力であり，その電子軌道は半径 r_1 の円軌道を描いて回転しているものと仮定する。クーロン力は

$$\frac{e^2}{4\pi\varepsilon_0 r^2} \tag{2.1}$$

で表されるから，静止した電子を半径 r_1（最外殻電子軌道）から ∞（真空準位）まで移動させるのに要する仕事 U は

$$U = \frac{e^2}{4\pi\varepsilon_0 r_1} \tag{2.2}$$

素の輸送という特長も有している。

2.1 電子とイオンの属性

の構造は，原子番号に相当する数の正の電気素量電荷を持った陽子
的に中性な中性子とからなる原子核と，その周りに種々の軌道す
ギー準位にある陽子と同数の電子とからなっている。例えば，**表**
ように，電子の各エネルギー準位への配置は軌道のエネルギーを決
数によって決まる K, L, M, N, O, … 殻の電子殻の中に，軌道
を決める方位量子数によって決まる s, p, d, f, … の副殻がある。

電子は最外殻にある電子から順次はぎとられていく。原子番号の大
中には，電子が最外殻より少し中の殻の電子からはがれていく遷移
が，多少の違いはあってもほぼ外殻の電子からはがれていくことに

表 2.1中のアルゴン$^{40}_{18}$Ar であれば質量数 40，原子番号 18 である
のアルゴンは内側の殻から詰まっており，K 殻の 1s 軌道に 2 個，
軌道に 2 個，2p 軌道に 6 個，M 殻の 3s 軌道に 2 個，3p 軌道に 6
。アルゴンから電子がはがれていく場合には，最外殻である M 殻
からであり，それらを順次はぎとるために必要なエネルギーすなわち
表 2.2に示すように各殻の電子に対してある程度規則性がある。

一つの電子を取り出すための電離電圧の概算をしてみよう。いま，最
核との間の相互作用力が主にクーロン力であり，その電子軌道は半
道を描いて回転しているものと仮定する。クーロン力は

$$\frac{\quad}{r^2} \tag{2.1}$$

から，静止した電子を半径 r_1（最外殻電子軌道）から ∞（真空準
動させるのに要する仕事 U は

$$\frac{e^2}{4\pi\varepsilon_0 r_1} \tag{2.2}$$

1.2.4 分析ツール

質量の軽いイオンを固体に照射すると，固体原子との衝突により反射してくる。反射イオンのエネルギーには衝突した固体原子の情報が含まれているので，物質の分析に利用できる。また質量の重いイオンを固体に照射すると，固体表面原子がスパッタリングにより放出される。イオン化したスパッタリング粒子を調べると，固体表面の元素分析ができる。これらの分析法は，前者が非破壊法であることや，後者の検出感度がきわめて高いことから，分析法として広く用いられている。

1.3 荷電粒子ビーム応用の展開

電子ビームやイオンビームは，このほかに超高エネルギーあるいは大電流領域で大型装置として利用されている。電子ビームを 1GeV 程度に加速してその進路を磁界で曲げると，X 線のシンクロトロン放射（SOR）が起こる。LSI をより微細露光するために，制御された波長の短い X 線を利用しようと，多くの SOR 施設が建設されている。

原子の質量数当り数百 MeV に加速したイオンビームを人体に当てると，数 cm～10cm の距離はほとんど細胞を壊さず侵入し，イオンが止まる直前の位置で細胞の DNA を破壊する。この破壊される細胞が癌細胞であれば癌治療ができる。大電流の負の水素イオンビーム（重水素あるいは三重水素）を MeV 程度の高エネルギーに加速し，中性化して核融合炉に入射すると，水素プラズマが加熱されて核融合反応が生じる。この核融合炉の実現のための基礎実験が各国で行われている。

このように，電子ビームおよびイオンビーム工学は，現在の最先端分野を支える重要な技術として大きな役割を担っている。特に，電子ビーム技術における真空マイクロエレクトロニクス分野は，新しいデバイスの萌芽期として注目されており，低エネルギーイオンビームによる運動力結合は，化学の領域を越えた新物質の形成法として，新しい分野の展開が期待されている。

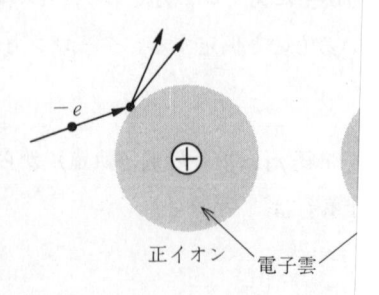

章 末 問 題

(1) 真空中の電子ビームの運動が，半導体中の電子の運動とどのような点において異なるかについて述べよ．
(2) 電子ビームがどのような分野において工学的に利用されているか述べよ．
(3) イオンと中性粒子の違いを述べよ．
(4) イオンビームを利用した材料プロセスを数種類挙げよ．

表 2.1 代表的な元素の電子配置

元素と原子番号	K殻	L殻		M殻			N殻			
	1s	2s	2p	3s	3p	3d	4s	4p	4d	4f
H (1)	1									
He(2)	2									
Li(3)	2	1								
B (5)	2	2	1							
Ne(10)	2	2	6							
P (15)	2	2	6	2	3					
Ar(18)	2	2	6	2	6					
Cu(29)	2	2	6	2	6	10	1			
Ga(31)	2	2	6	2	6	10	2	1		
As(33)	2	2	6	2	6	10	2	3		
In(49)	2	2	6	2	6	10	2	6	10	
Sn(50)	2	2	6	2	6	10	2	6	10	
U (92)	2	2	6	2	6	10	2	6	10	14

元素と原子番号	O殻				P殻				Q殻	
	5s	5p	5d	5f	6s	6p	6d	6f	7s	7p
H (1)										
He(2)										
Li(3)										
B (5)										
Ne(10)										
P (15)										
Ar(18)										
Cu(29)										
Ga(31)										
As(33)										
In(49)	2	1								
Sn(50)	2	2								
U (92)	2	6	10	3	2	6	1		2	

表 2.2 アルゴンの中性およびイオンから電子1個をはぎとるためのエネルギー：電離電圧

イオンの価数	はぎとられる電子の殻	エネルギー準位	電離電圧 [eV]
中性	M	$3p^6$	16.0
1+		$3p^5$	32.3
2+		$3p^4$	48.7
3+		$3p^3$	65.0
4+		$3p^2$	81.6
5+		$3p^1$	98.0
6+		$3s^2$	133
7+		$3s^1$	152
8+	L	$2p^6$	396
9+		$2p^5$	469
10+		$2p^4$	541
11+		$2p^3$	614
12+		$2p^2$	689
13+		$2p^1$	762
14+		$2s^2$	873
15+		$2s^1$	939
16+	K	$1s^2$	3957
17+		$1s^1$	4264

であるが，軌道半径 r_1 の電子は回転運動による運動エネルギー T

$$T = \frac{e^2}{8\pi\varepsilon_0 r_1} \tag{2.3}$$

を持っているので，電離電圧 V_i は $U-T$ で表すことができる．

$$V_i = \frac{e^2}{8\pi\varepsilon_0 r_1}. \tag{2.4}$$

r_1 を $0.05 \sim 0.2\,\mathrm{nm}$ とすると，電離電圧は $14 \sim 3.5\,\mathrm{eV}$ となる．実際の電離電圧の大きさは，元素の種類によって異なり，数 eV から二十数 eV の範囲の値をとる．電子軌道の最外殻が稀ガスのように閉殻構造になっているときには電

離電圧が大きく，稀ガス中で最も軽い元素である He は，全元素中最大の電離電圧 24.57 eV の値を持つ．逆に，アルカリ元素のように閉殻構造の外側の最外殻に 1 個の電子しかない場合には，電離電圧が小さい．実用性のあるアルカリ元素の中では，Cs が最も小さな電離電圧 3.88 eV を持つ．

中性原子の電子殻にある電子に電離電圧以上のエネルギーを与えると，その電子は原子核の束縛から離れることができる．このような電子が自由電子であり，真空中で自由に運動することができる．

一方，電子が不足した原子は，全体として正電荷を持ちかつ元素の情報を持っている．このような粒子が正イオンであるが，普通正の文字を付けずに単にイオンと呼ぶことが多い．2 個以上の電子が不足した原子を多価イオンと呼ぶ．また，分子に対しても同様に正イオンがある．

原子に近づいてきた自由電子が，原子の核の場による引力と原子内の電子による斥力を受けた場合，多くの原子では核が自由電子を引き付けようとする力が電子殻からの斥力よりも大きくなるため，自由電子は捕らえられ，原子は負イオンとなる．このとき，負イオンから電子を無限遠に引き離すのに要するエネルギーを原子の電子親和力という．

電子親和力はクーロン力によるものではないのでその値は小さく，多くの原子において 1eV 程度である．電子親和力は，その値が正で大きいほどその原子の負イオンが安定に存在することを表している．原子状の負イオンに 2 個目の自由電子が近づいても，クーロン斥力によって反発されて捕らわれることはないので，原子状の負イオンは 1 価のものしかない．閉殻構造の稀ガスは，電子親和力が負の値を持ち負イオンが存在しにくいが，閉殻構造から電子が 1 個欠けたハロゲン元素は，電子 1 個加わることにより安定な閉殻構造に近づくので，電子親和力の値が大きい．また，分子に対しても同様に負イオンがある．

電離電圧に関連した値として仕事関数がある．仕事関数は原子それ自身の属性であるとはいえないが，電離電圧 V_i が基底状態にある中性原子から最外殻の 1 個の電子を無限遠に引き離すのに要するエネルギーであるとすれば，仕事関数 ϕ は原子が集まってできた結晶内の電子を無限遠に引き離すために要する

																		2 He 4.002 6 24.57 <0
1 H 1.008 13.59 0.754 2																		
3 Li 6.94 5.38 0.620 2.5	4 Be 9.012 9.32 <0 3.9		元素記号 原子量 [a.m.u.] 電離電圧 [eV] 電子親和力 [eV] 仕事関数 [eV]									5 B 10.81 8.29 0.28 4.5	6 C 12.011 11.25 1.268 4.6	7 N 14.006 7 14.53 ≦0	8 O 15.999 13.60 1.462	9 F 18.998 17.41 3.399	10 Ne 20.17 21.59 <0
11 Na 22.989 5.13 0.546 2.28	12 Mg 24.305 7.63 <0 3.68		13 Al 26.982 5.97 0.46 4.08	14 Si 20.08 8.14 1.385 4.15	15 P 30.973 8 11.00 0.746 4	16 S 32.06 10.35 2.077 2	17 Cl 35.453 13.00 3.615	18 Ar 39.94 15.75 <0
19 K 39.10 4.33 0.501 2 2.24	20 Ca 40.08 6.10 <0 2.71	21 Sc 44.955 9 6.55 <0 3.23	22 Ti 47.9 6.82 0.2 3.7–3.9	23 V 50.941 6.73 0.5 4.12	24 Cr 51.996 6.75 0.66 3.9–4.6	25 Mn 54.938 7.42 <0 3.83	26 Fe 55.84 7.89 0.14 4.47	27 Co 58.933 2 7.87 0.7 4.40	28 Ni 58.7 7.62 1.15 4.41–5.0	29 Cu 63.54 7.71 1.226 4.4–4.5	30 Zn 65.3 9.38 <0 3.9	31 Ga 69.72 5.99 0.3 4.12	32 Ge 72.5 8.12 1.2 4.5	33 As 74.921 6 10.5 0.80 4.7	34 Se 78.9 9.74 2.020 6 4.4	35 Br 79.904 11.83 3.364	36 Kr 83.80 13.99 <0
37 Rb 85.467 4.17 0.486 0 2.09	38 Sr 87.62 5.68 <0 2.74	39 Y 88.906 6 6.6 0 2.98	40 Zr 91.22 6.94 0.5 4.21	41 Nb 92.906 6.76 1.0 4.0–4.2	42 Mo 95.94 7.17 1.0 4.1–4.3	43 Tc 98.906 7.44 0.7 4.40	44 Ru 101.0 7.5 1.1 4.52	45 Rh 102.905 5 7.7 1.2 4.80	46 Pd 106.4 8.32 0.6 4.98	47 Ag 107.868 7.56 1.303 4.35	48 Cd 112.40 8.98 <0 4.07	49 In 114.82 5.78 0.3 4.2	50 Sn 118.6 7.32 1.25 4.38	51 Sb 121.7 8.63 1.05 4.15	52 Te 127.6 9.0 1.970 8 4.3	53 I 126.904 5 10.43 3.061 2.8	54 Xe 131.30 12.12 <0
55 Cs 132.905 5 3.88 0.471 5 1.81	56 Ba 137.3 5.20 <0 2.11	57–71 ランタノ イド元素	72 Hf 178.4 5.5 <0 3.53	73 Ta 180.947 6 0.6 4.2–4.35	74 W 183.8 7.97 0.6 4.52	75 Re 186.2 7.86 0.15 4.96	76 Os 190.2 8.7 1.1 4.83	77 Ir 192.2 9.2 1.6 5.27	78 Pt 195.0 8.95 2.128 5.35–5.8	79 Au 196.966 5 9.21 2.308 6 5.4	80 Hg 200.5 10.42 <0 4.53	81 Tl 204.3 6.10 0.3 3.68	82 Pb 207.2 7.41 1.1 3.94	83 Bi 208.980 6 8 4.15 4.2	84 Po (210) 8.43 1.9	85 At (210) 9.2 2.8	86 Rn (222) 10.75 <0
87 Fr (223) (3.6)	88 Ra 226.025 4 (4.5) 4.25	89–103 アクチノ イド元素															

図 2.2 元素の原子量，電離電圧，電子親和力，仕事関数

エネルギーであって，真空のエネルギー準位と結晶のフェルミ準位との差として表すことができる。これらの間には $\phi < V_i$ の関係がある。

電離電圧と仕事関数の間の関係は，定性的につぎのように考えることができる。中心に $+e$ の点電荷がある場合，半径 a にあった $-e$ の点電荷を無限遠に引き離すのに要する仕事は，式 (2.2) で与えられる。これは原子の電離電圧に相当する。つぎに，$-e$ の点電荷を平面状導体から a の所に置くと，鏡像力のために，電荷を無限遠にまで引き離すのに要する仕事は $e^2/(16\pi\varepsilon_0 a)$ となる。これが固体の仕事関数に相当すると考えれば $\phi \cong V_i/4$ となる。しかし，実際には $\phi \cong V_i/2$ 程度である場合が多い。

図 2.2 に，各種元素の原子量，電離電圧，電子親和力，仕事関数を示す。

2.1.1 イオン・原子の内部ポテンシャル構造

原子番号を Z とすると，原子核には陽子の数 Z に対応する $+Ze$ の電荷がある。ただし，e は電気素量である。原子半径に比べると，原子核の大きさは約十万分の一程度と非常に小さいので，原子内にできる静電ポテンシャルは，点電荷 $+Ze$ が中心に存在するときその周りにつくられるクーロン場と同じである。

$$V(r) = -\frac{Ze}{4\pi\varepsilon_0 r}. \tag{2.5}$$

ここで，r は原子核の中心からはかった半径である。ところが，原子には原子核の周りに Z 個の電子が K，L，M，$\cdots$ 軌道を回っているので，式 (2.5) が成り立つのは，K 殻内の電子の存在確率がほとんど 0 の部分だけである。

コーヒーブレイク

水中では室温でも数多くのイオンが存在するが，真空中では室温で正イオンにならないのはなぜだろうか？ これは，水のような電解質中では，比誘電率が約 60〜100 と大きいので，原子核と電子の主な結合力であるクーロン力がそれだけ弱まり，室温でもその熱エネルギーによって最外殻の電子が分離し，イオンが容易に形成されるからである。しかし，真空中では室温の熱エネルギー（約 0.03 eV）は，電離電圧と比較するとけた違いに小さいので，電子の分離は起こらない。

簡単化のためにすべての電子が球対称で分布しているものとして，ある半径 r より外側におけるクーロンポテンシャルを考えてみよう．半径 r 内に存在する電子の数を N とすれば，電子による総電荷量は $-Ne$ であるから，その半径におけるクーロンポテンシャルは，式 (2.5) の Z を $(Z-N)$ と書き換えることによって得られる．すなわち，内殻の電子によって，クーロン場が遮へいされることになる．半径 r と原子核の陽子の電荷に起因するクーロンポテンシャルとの関係を模式的に示すと，図 2.3 のようになる．式 (2.5) で与えられるポテンシャルに比べると，半径が原子半径 r_0 程度で急激に 0 に漸近する形となる．最外殻の電子を全部含む半径以上では，ポテンシャルは 0 となる．

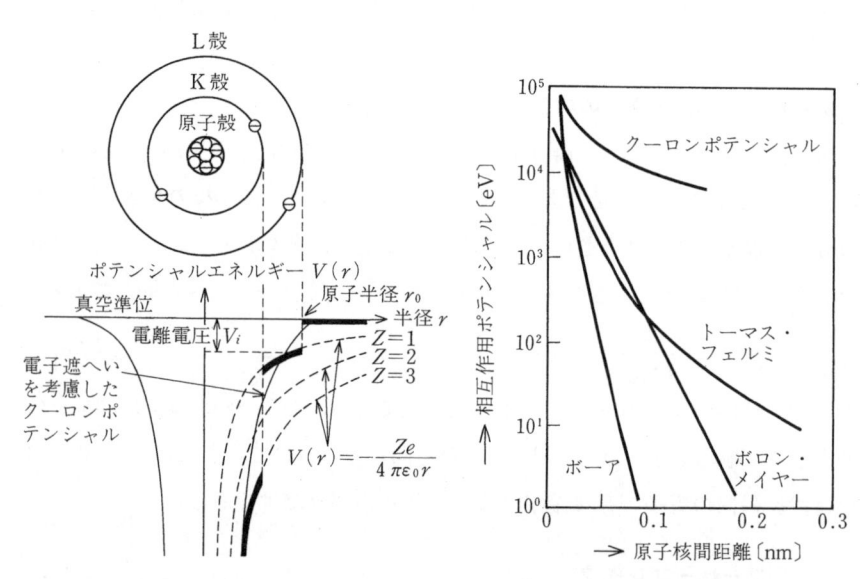

図 2.3 リチウムを例にした原子内のクーロンポテンシャルの様子

図 2.4 銅原子核間距離に対する相互作用ポテンシャル

〔1〕 **相互作用ポテンシャル**　原子と原子の衝突では，原子核どうしの弾性衝突が重要である．二つの原子を原子 1 および原子 2 として区別すると，原子間衝突とは原子 1 がつくるクーロンポテンシャル内に原子 2 が入り込み，それらの間にクーロン斥力が働き，その結果運動量やエネルギーを交換すること

にほかならない．ある原子核間距離 R に対して，それらの原子間に働くクーロン斥力，すなわち相互作用力のことを相互作用ポテンシャル U と呼んでいる．

図 2.4 は，銅原子と銅原子の場合における相互作用ポテンシャルの原子核間距離に対する種々の理論例である．前述の単一原子のクーロンポテンシャルの形から，図の相互作用ポテンシャルの形状がある程度推論できる．原子核間距離 R が非常に小さく両原子核間に電子の存在確率がほとんどない場合には，両原子間に働く力は，それぞれの原子核が持つ電荷量すべてを考慮したときのクーロン斥力となる．しかし，両原子核間に内殻の電子が存在するような原子核間距離になると，クーロン場は遮へいされるので，クーロン斥力は急激に減少する．特に，原子核間距離 R が最外殻の電子の軌道半径，すなわち原子半径[†]の2倍程度を超えると，クーロン場の遮へいがほぼ完全となって，クーロン斥力はほとんど0となる．もちろん電子の存在確率には分布があるので，クーロン斥力すなわち相互作用ポテンシャルの減少はなだらかに起こる．

原子核間距離 R に対する相互作用ポテンシャルの形がわかれば，弾性衝突における種々の情報が計算できる．しかし，各原子によって電子殻半径や電子数が異なるので，種々の原子どうしの組合せにおいて，相互作用ポテンシャルの形を正確に求めることは困難である．そこで，近似的でもよいから普遍的に成り立つ相互作用ポテンシャルの関数形が与えられると都合がよい．従来種々の相互作用ポテンシャルの関数形が提案されてきた．

図 2.4 中には，それらの代表例が示してある．これらの相互作用ポテンシャルの中で，トーマス・フェルミポテンシャルは比較的広い原子核間距離で実際のものと一致するといわれている．

原子核間にこのような相互作用ポテンシャル U が働くとき，原子1に対して原子2が相対的な運動エネルギー K を持ってたがいに衝突する場合を考え

[†] **原子半径**　単体結晶中での最小原子間距離の半分を，その単体の元素の原子半径という．固体原子間の結合は，それぞれの最外殻電子間の相互作用によるものであるから，最外殻の電子の軌道半径と原子半径はほぼ等しいと考えられる．

る。衝突によって角度の大きな散乱が生じるのは，衝突前の運動エネルギー K と相互作用ポテンシャル U が同程度になって，衝突時の運動エネルギーがほとんどなくなるような原子核間距離にたがいに原子が近づいた衝突をするときである。このことは，衝突現象を考えるときに，衝突前の運動エネルギー K と同程度の相互作用ポテンシャル U の原子核間距離近傍のポテンシャル形状が重要であることを意味している。

図 2.4 に示すように，衝突原子の運動エネルギーが大きくなると，その値と同程度の相互作用ポテンシャルに対応する原子核間距離は小さくなるので，衝突断面積も小さくなることがわかる。すなわち，弾性衝突の断面積は衝突粒子の運動エネルギーの関数である。

いわゆる，弾性衝突の断面積半径を衝突原子と相手原子の原子半径の和として考えることができる常識は，衝突原子の運動エネルギーが電離電圧程度以下の場合においてのみ通用することに注意する必要がある。

〔2〕　**固体表面原子との相互作用**　固体の表面では，数多くの原子が原子半径の2倍の距離間隔で並んでいるから，熱エネルギー程度から固体原子間の結合力である数 eV 程度の運動エネルギーを持った原子が固体表面に衝突しても，すべて表面原子層において弾性衝突し，反射することになる。ところが，弾性衝突原子の運動エネルギーが非常に大きくなると，弾性衝突の断面積の半径は原子半径に比べると著しく小さくなるので，衝突原子から固体表面を見たときには，表面原子層は衝突に際してすき間だらけに見え，固体内部に深く侵入することになる。イオンと中性原子の物理衝突現象における違いは，最外殻電子1個によるものであり，運動エネルギーが大きい場合にはほとんど差がなく，上述の原子間衝突の議論はイオンに対しても成り立つ。その様子を図 2.5 に示す。

固体原子の結合エネルギーよりはるかに大きな運動エネルギーまで加速されたイオンが固体表面に入射すると，イオンは固体構成原子との間で衝突を繰り返しながら侵入していく。イオンは侵入するにつれて次第にエネルギーを失い，ある位置で停止する。このとき，工学的に利用されるイオンのエネルギー範囲

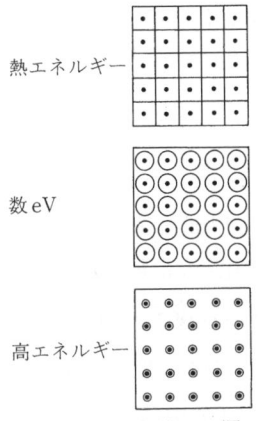

図 2.5 衝突粒子の運動エネルギーと固体原子との衝突断面積の関係

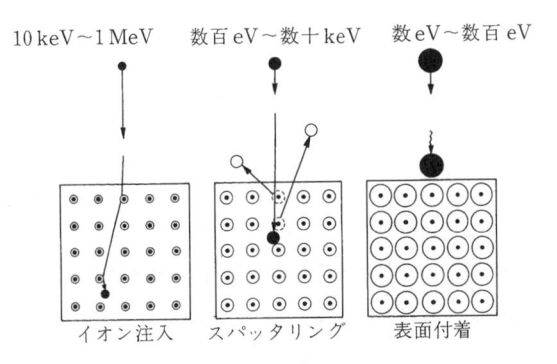

図 2.6 種々のイオンの運動エネルギーに対する固体との相互作用の変化

では，イオンの原子核と固体原子の原子核との弾性衝突が主であり，イオンの価電子と固体原子の価電子との相互作用による非弾性衝突の重要性は低い。原子核どうしの衝突では，質量が同程度であるので運動エネルギーの変換量が大きく，固体内の原子位置の変化（ノックオン原子の生成）が伴う。

その結果，イオンの運動エネルギーが大きな領域（10 keV～数 MeV）では，主として入射イオンが固体内に注入される現象（イオン注入）が生じ，中程度のエネルギー領域（数百 eV～数十 keV）では，固体原子を飛び出させるスパッタリング現象が主として起こり，非常に低いエネルギー領域（数 eV～数百 eV）では，入射原子は固体内部に深く入り込むことができず固体表面に付着・結合する現象が生じる。ただし，この原子間結合過程は運動エネルギーが主体（運動力結合）となって生じるので，熱化学平衡反応によるものと異なる結合が形成される場合がある。その様子を図 **2.6** に示す。

2.1.2　加速エネルギーと速度，ドブロイ波長

〔1〕　**電子の速度**　　電子の質量は非常に小さいので，電界を加えて加

速すると超高速の粒子となる．運動エネルギーと電位によるポテンシャルエネルギーの和が一定であることから，電子の速度は加速電圧を V としたとき次式で表すことができる．

$$v_e = \sqrt{\frac{2eV}{m_{e0}}} = 5.931 \times 10^5 \sqrt{V} \quad \text{[m/s]}. \tag{2.6}$$

真空中の電子の速度は，加速電圧がたとえ 1 V でも約 600 km/s あり，半導体中の電子の飽和ドリフト速度の数倍程度の大きな値を持つことがわかる．

加速電圧が大きくなると，電子の速度はしだいに光速（$c=2.9979\times10^8$ m/s）に近づき，相対論的粒子として取り扱う必要がある．相対論的な電子の速度は式 (2.7) で与えられ，加速電圧の増加に対して光速に漸近する関係を持つ．

$$\frac{v_e}{c} = \sqrt{1 - \frac{1}{\left(1 + \dfrac{eV}{m_{e0}c^2}\right)^2}}. \tag{2.7}$$

速度の増加が抑制される分，質量が増加する．

$$m_e = \frac{m_{e0}}{\sqrt{1 - \left(\dfrac{v_e}{c}\right)^2}}. \tag{2.8}$$

電子の加速電圧と速度および質量の関係を**表 2.3**に示す．加速電圧が 2560 V で電子の速度は光速の 10 % に達し，5100 V で質量が 1 % 増加する．表から

コーヒーブレイク

　原子核は，原子内部に張られた非常に高い静電シールドによって守られているように見える．原子核への衝突粒子は，普通ほかの原子核や電子のように荷電粒子であるため，静電シールドにより原子核内部まで到達できない．到達するためには，MeV 級の運動エネルギーが必要である．工学で利用する運動エネルギー範囲の電子ビームやイオンビームが，核反応を起こすことなく安全なのは，この理由による．

　しかし，核反応によって生じる中性子は電荷を持たない粒子であるため，原子の内部ポテンシャルの作用を受けず，熱エネルギー程度の運動エネルギーのものでも容易に原子核に到達でき，原子核と反応をつぎつぎに起こす"こわ～い"粒子である．

表 2.3 電子の加速電圧と速度および質量の関係

加速電圧	電子の速度 v_e [m/s]	v_e/c	m_e/m_{e0}
100 V	5.936×10^6	0.0198	1.0002
1000 V	1.877×10^7	0.0628	1.00196
2560 V	3.000×10^7	<u>0.1</u>(10%)	
5100 V			<u>1.01</u>(1%)
10 kV	5.846×10^7	0.1950	1.0196
100 kV	1.643×10^8	0.5842	1.1957
10^6 V(1MV)	2.821×10^8	0.9411	2.9757
10^9 V(1GV)		∼ 1.0	1958.0

もわかるように，実用的には加速電圧が 10 kV 程度までは相対論を使う必要はない．

〔2〕 **イオンの速度** イオンの質量は，電子の質量に比べると 3〜5 けた大きいため，加速電圧がよほど高くならないかぎり光速に近づかない．加速電圧 V に対するイオンの速度 V_i は，次式で表される．

$$v_i = \sqrt{\frac{2ZeV}{m_i}} = 1.38 \times 10^4 \sqrt{\frac{ZV}{M}} \quad [\text{m/s}] . \tag{2.9}$$

ここで Z はイオンの価数，M は質量数を表す．

元素として最も軽い質量数 1 の水素イオンを 1 MV の高電圧で加速しても，その速度は 1.38×10^7 m/s であり，光速の 5% 程度である．したがって，イオンの工学応用においては，ほとんどの場合相対論を使う必要はない．

〔3〕 **ドブロイ波長** 等速度運動する質量の軽い粒子に波動性が観測されることがある．粒子を波動として見た場合，ドブロイ波あるいは物質波と呼ばれる．粒子の運動状態である運動エネルギー E，運動量 p と，波動の状態である振動数 ν，波数 k（波長 λ）関係は，

$$E = h\nu, \quad p = \frac{hk}{2\pi} = \frac{h}{\lambda} \tag{2.10}$$

で表される．ここに，$h (= 6.6262 \times 10^{-34}$ J·s) はプランク定数である．

電子の加速電圧 V に対するドブロイ波長の関係は，次式で与えられる．

$$\lambda = \frac{h}{p} = \frac{h}{m_e v_e} = \frac{h}{m_{e0}c} \frac{1}{\left\{\left(1+\dfrac{eV}{m_{e0}c^2}\right)^2 - 1\right\}^{1/2}}$$

$$= \frac{1.226 \times 10^{-9}}{\{V(1+9.785 \times 10^{-7}V)\}^{1/2}} \quad [\text{m}]. \tag{2.11}$$

電子の各加速電圧 100 V, 10 kV, 1 MV に対するドブロイ波長は，それぞれ 0.122 6 nm, 0.0122 nm, 0.000 87 nm となる．

この電子の波動性は，結晶を通過した電子ビームの回折現象や，ドブロイ波長の短い電子ビームを用いた電子顕微鏡が高分解能となる現象として現れる．

2.2 電子・イオンビームの気体相互作用

電子ビームやイオンビームは真空装置の中で利用されるが，実際の真空装置では完全な真空というものはあり得ない．真空装置中には必ず残留気体分子が存在するし，意図的にガスを導入する場合もある．気体分子と電子・イオンビームの相互作用は，荷電粒子の生成やビームの消滅に関係するため，電子・イオンビーム装置の動作を考えるうえで重要である．

2.2.1 デバイス寸法と真空

電子ビームやイオンビームを利用する装置やデバイスにおいて，それらビームの輸送空間あるいは作用空間において，残留気体分子との衝突が無視できる程度であれば，その空間はその装置やデバイスに対して真空と考えてよい．

真空の程度を表す圧力単位として，MKS 単位系で定義した Pa（Pascal）や水銀柱の高さを基準にした Torr が用いられる．

$\quad$ 1 Pa = 1 N/m^2

$\quad$ 1 Torr = 1 mmHg = 標準 1 気圧の 1/760

これらの圧力単位には約 2 けたの違いがある．

$$1.33 \ \text{Pa} = 10^{-2} \ \text{Torr}. \tag{2.12}$$

2.2 電子・イオンビームの気体相互作用

室温の1気圧の大気中には$1\,\mathrm{cm}^3$当り約2.5×10^{19}個の気体分子が存在するので，圧力p〔Torr〕と室温における気体分子密度n〔cm^{-3}〕の関係として，$n = 3.29\times 10^{16} p$が得られる．荷電粒子ビームと気体分子の衝突断面積をσ〔cm^2〕とすると，ビームの平均自由行程は$\lambda = 1/n\sigma$で，距離zを走行したときの生き残り確率Pは$\exp(-z/\lambda)$で表されるから，初めI_0であったビーム電流はデバイス寸法ℓを通過する間に

$$I = I_0 \exp(-3.3\times 10^{16} p\sigma\ell) \tag{2.13}$$

となる．ビーム粒子の生き残り確率が99％以上であるためには，真空度すなわち圧力pは

$$p \leq 3.1\times 10^{-19} \times \frac{1}{\sigma\ell} \tag{2.14}$$

の条件を満足しなくてはならない．

人が扱う道具や装置の大きさは，元来人の大きさを基準にしてつくられてきた歴史がある．すなわち，多くの道具類は人の大きさの尺度である約1mに対して，±1けた程度の範囲内のものが大多数である．電子ビームやイオンビームを用いた装置やデバイスも，初期の頃は上述の寸法のものがほとんどであったため，従来の荷電粒子ビームに対する真空という一般的な概念は，ビームが装置寸法である1m程度を走行したとき，その99％程度以上が残留気体と衝突を起こさずに輸送されるような空間と考えられていた．

デバイス寸法が約1mのときに要求される真空度は，前述したように気体分子との衝突断面積がビームの運動エネルギーや種類に依存するため精確な計算は難しいが，真空度の条件が最も厳しい，衝突断面積が最大となるビームの運動エネルギーが電離電圧以下の場合について概算してみよう．このとき，衝突断面積半径は気体分子半径（電子ビームに対して）あるいは気体分子半径とイオン原子半径の和（イオンビームに対して）程度で表すことができるから，分子およびイオンの原子半径をそれぞれ0.1nmと仮定すると，要求される真空度は電子ビームに対して$1\times 10^{-3}\,\mathrm{Pa}$（$= 1\times 10^{-5}$ Torr）程度，イオンビームに対して$2\times 10^{-4}\,\mathrm{Pa}$（$= 2.5\times 10^{-6}$ Torr）程度となる．

最近の真空電子デバイスでは，デバイス寸法が $1\,\mu\mathrm{m}$ 以下のものがある。このようなデバイスでは，要求される真空度は6けた以上緩和され，圧力が1000 Pa (= 10 Torr) 以上でもよいことになる。ただしこの値は，残留気体分子が電子源などに悪影響を及ぼさない場合においてのみ正しい。

また，直径が数十mから数kmのリング内に電子やイオンビームを閉じ込めるような大型の荷電粒子ビーム装置では，デバイス寸法は人間の大きさより数けた大きい。したがって，要求される圧力は数けた低い計算となるが，このようなビームの運動エネルギーは非常に大きい場合が多く，気体分子との衝突断面積が小さくなるので，要求される圧力条件が多少緩和される。

2.2.2 気体分子との相互作用

電子やイオンビームは，その走行空間で熱運動している気体分子に接近すると，種々の相互作用を生じる。電子やイオンビームにおける気体分子との相互作用で重要なものを，**表 2.4** に示す。

表 2.4 電子・イオンビームと気体分子の相互作用

	相手粒子	相互作用の種類	役割・影響
電　子	気体分子	電離（非弾性衝突）	正イオンの生成
		電子付着（非弾性衝突）	負イオンの生成
	残留気体分子	弾性衝突	ビームの消滅
正イオン	残留気体分子	弾性衝突	ビームの消滅
		荷電変換（非弾性衝突）	高速中性粒子の発生
負イオン	残留気体分子	電子離脱（非弾性衝突）	高速中性粒子の発生

相互作用によってビーム粒子の運動量と運動方向が変わるためビームの消滅につがなる弾性衝突，イオンが中性粒子に変わるためビームの消滅につながる非弾性衝突，およびイオンの発生につながる非弾性衝突がある。負イオンビームと気体分子との相互作用では，電子離脱はその断面積が非常に大きく，重要な相互作用である。

〔1〕 **電離断面積** 粒子衝突における運動エネルギー伝達効率は，同じ質量の粒子間が最も高く，最大 100 % の伝達が起こる。電子ビームを気体分子や原子に当ててその構成電子と相互作用させ，電離電圧以上の運動エネルギーを与えて効率よくイオン化することができる。この電離法は，イオン発生法として最もよく用いられている。

電離が生じるための衝突電子の最小の運動エネルギーは，気体分子や原子の電離電圧である。電離電圧の数倍程度の運動エネルギーを持った電子との衝突において，構成電子への運動エネルギーの伝達が最も効果的に生じる。さらに，高い運動エネルギーを持った電子による電離確率は，クーロン衝突の断面積が運動エネルギーの逆数に比例することから，減少する。

電離確率は**電離断面積**（ionization cross section）によって表現される。密度 n_0 の気体中を電子が単位距離進む間に衝突電離する個数を s_e とすると，s_e は電離断面積 σ_i を用いて，式 (2.15) で表される。

$$s_e = \sigma_i n_0. \tag{2.15}$$

特に，温度が 0 ℃，気体圧力が 1 Torr の状態における s_e の値を**電離能率**（ionization efficiency）と呼ぶ。電離能率と電離断面積との間の数値的関係はつぎのようである。

$$\sigma = s_e(\text{cm}^{-1}\text{単位}) \times 0.282\,8 \times 10^{-16}\ \text{cm}^2. \tag{2.16}$$

電離断面積の一例を図 **2.7** に示す。

電離能率や電離断面積は，衝突電子の運動エネルギー依存性がある。その依存性は，電子の運動エネルギーを E〔eV〕，電離電圧を V_i〔eV〕としたとき，式 (2.17) に示す半実験式で表すことができる。

$$\sigma = \frac{K}{EV_i} \ln \frac{E}{V_i}\ \text{〔cm}^2\text{〕}. \tag{2.17}$$

ただし，K は定数であり，1.6×10^{-14} または 4.5×10^{-14}〔cm^2·eV^2〕の値が用いられる。

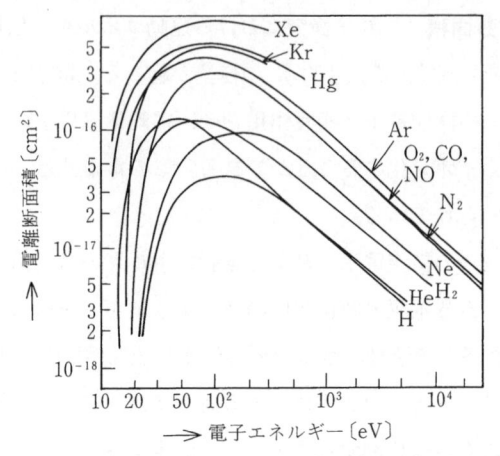

図 2.7 電子のエネルギーに対する電離断面積の例

〔2〕 **イオンの中性化断面積** 正イオンビームが残留気体中を通過するとき，残留気体粒子との相互作用によって荷電変換衝突を起こし，中性化することがある．

$$A^+ + B^0 \rightarrow A^0 + B^+$$
　　　高速　　低速　　高速　　低速

同様に，負イオンビームが残留気体中を通過するとき，残留気体粒子との相互作用によって負イオンの過剰電子が原子と分離して電子離脱を起こし，中性化することがある．

$$A^- + B^0 \rightarrow A^0 + e + B^0$$
　　　高速　　低速　　高速　　　　低速

荷電粒子でなくなった中性粒子ビームは，電磁界に反応しなくなるため，中性粒子ビームが混入したイオンビームには，つぎに示すようなさまざまな影響が出る．1) 中性粒子ビームがイオンビームの走査領域の中央を直進するので，粒子の一様走査が乱れる．2) 電流計測による粒子量の計算に誤差を生じる．3) イオンビームの曲線軌道において直進し，真空装置の壁面に衝突して壁を損傷させガス放出を生じさせたりする．荷電変換断面積や電子離脱断面積を知ること

によって，上述の影響の程度を評価したり，その影響を最小限に抑えることができる．

表 2.5 は，荷電変換断面積の一例である．残留気体がアルゴンのときの，いろいろなイオンの種類に対する荷電変換断面積の実験値を示す．イオンビームのエネルギーが 10 kV から 40 kV の範囲において，荷電変換断面積は 3×10^{-17}

表 2.5 アルゴン残留気体中における正イオンビームの荷電変換断面積

	イオンの種類	正イオンのエネルギー [keV]						
		10	15	20	25	30	35	40
断面積 $\times 10^{-17} cm^2$	He^+	5.2	5.8	6.0	6.3	6.6	6.8	7.2
	B^+	—	20	—	30	46	70	115
	C^+	58	64	70	80	88	100	103
	Ne^+	14	17	42	44	53	58	68
	Al^+	7.6	7.8	8.0	8.2	8.3	8.5	8.6
	Cl^+	128	74	49	26	10	10	8
	Cr^+	6.4	8.1	10	14.4	16.9	19.6	22.5
	Ni^+	1.8	1.8	1.9	2.8	3.4	4.2	4.8
	Cu^+	4.1	3.7	3.5	3.4	3.3	3.2	3.0
	Kr^+	123	137	144	160	168	185	203
	Cd^+	6.0	5.8	5.2	5.0	5.0	4.2	3.0
	Te^+	144	152	168	176	194	202	221
	Cs^+	248	258	522	601	680	710	899
	W^+	3.0	3.2	3.5	5.0	8.0	9.0	8.0

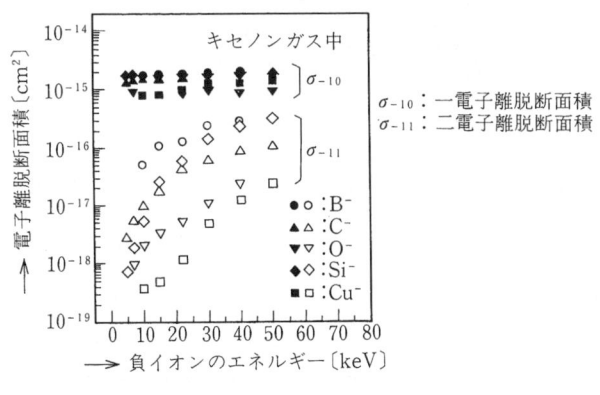

図 2.8 キセノンガス中における負イオンビームの電子離脱断面積

から 2×10^{-15} cm^2 の広範囲の値をとる。

図 2.8 は，キセノンガス中における種々の負イオンビームの電子離脱面積を示す。負イオンは 1eV 程度の弱い力で電子が捕らえられている状態であるため，残留気体との相互作用によって，容易に 1 個の電子を離して中性化する一電子離脱衝突を起こす。この断面積は負イオンビームのエネルギーにほとんど依存せず，1×10^{-15} cm^2 であり，室温程度のガス粒子間の弾性衝突の断面積と同程度の値を示す。

2.3 電子・イオンビームの空間電荷効果

近接した荷電粒子間にはクーロン力が働く。同じ電荷を持つ粒子間では斥力が働くから，空間に同じ電荷を持つ粒子群があれば，時間とともに各粒子が広がろうとする運動が生じる。この運動を定量的に扱うためには，荷電粒子に働く力を求めなくてはならないが，粒子の数が膨大になると，荷電粒子 1 個 1 個の間に働くクーロン力を計算することは不可能になる。しかし，荷電粒子群を連続的に空間電荷が分布している系と考えれば，空間電荷により生じる電界を**ポアソン方程式**（Poisson's equation）あるいはその積分形の**ガウスの定理**（Gauss' theorem）を用いて計算することができる。

ガウスの定理はベクトル演算子表示を用いて

$$\oiint_S \boldsymbol{E} \cdot d\boldsymbol{S} = \iiint_R \nabla \cdot \boldsymbol{E} dv = \iiint_R \frac{\rho}{\varepsilon_0} dv$$
$$= \frac{Q}{\varepsilon_0} \qquad (2.18)$$

のように表される。ここで，$\boldsymbol{E}$ は電界，S および v はそれぞれ荷電粒子群を囲む面および体積，ρ および Q はそれぞれ荷電粒子の空間電荷密度と体積中の全電荷を表す。また，ε_0 （$= 8.85 \times 10^{-12}$ F/m）は真空の誘電率である。電荷が正の粒子群では，式 (2.18) から，それを囲む面に対して外向きの電界が生じるから，面上の正電荷は外向きに力を受ける。電荷が負の場合には，面に対して内向きの電界が生じ，面上の負電荷はやはり外向きの力を受けることがわかる。この様子を**図 2.9** に示す。

2.3 電子・イオンビームの空間電荷効果

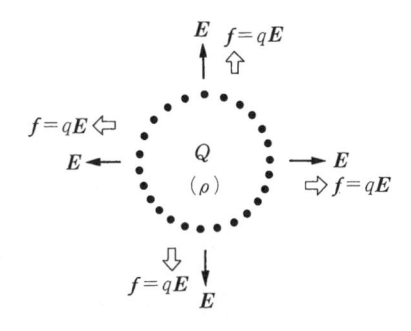

図 2.9 荷電粒子群の周りに生じる電界と電荷が受ける力の方向

　空間電荷があっても，その密度がいたるところ一様であれば，あらゆる方向からの力が釣り合い，合力は 0 となる。荷電粒子群に広がろうとする運動が生じるのは，空間電荷密度が不均一な領域で，密度の高い所から密度の低い所へ拡散する方向への力が働く。

　電子ビームやイオンビームは，同じ電荷を持った粒子群が一方向へ運動する系である。このような荷電粒子ビームでは，空間電荷密度の不均一は，つぎのような場所において顕著に生じる。その一つは，荷電粒子がその荷電粒子源から加速される空間においてである。ビーム電流は，どの場所でも同じであることを考えると，十分加速された部分における空間電荷密度に比べると，荷電粒子源近くの粒子速度が遅い部分での空間電荷密度は非常に大きいはずである。

　荷電粒子の加速領域における空間電荷密度の不均一は，ビームの進行方向に電界を生じ，その影響として輸送できる荷電粒子ビーム電流量を制限する形で現れる。一方，荷電粒子ビームの速度が変わらないドリフト空間では，ビーム進行方向には空間電荷密度の差がないので影響も生じない。しかし，ビームは有限の幅しかないので，電荷のあるビーム内と電荷のないビーム外との間に空間電荷の密度差がある。すなわち，ビームの進行方向に対して直交する方向にビームを発散するような電界が生じる。

2.3.1 空間電荷制限電流

ビームの進行方向における空間電荷の密度差が非常に大きくなる荷電粒子源と荷電粒子を加速する電極間の領域において，ビーム進行方向に空間電荷による逆加速電界が生じ，輸送できる電流が制限される．この影響をビームの進行方向だけに限定して考えるために，ビームの進行方向だけに物理量が変化し，ほかの方向には一様であるとする1次元モデルを使って解析を行う．

荷電粒子源である平板電極1と，質量 m，電荷量 q の荷電粒子をエネルギー $|qV_0|$ まで加速する平板電極2が，距離 d だけ離れている平行平板電極系を考える．電極1の電圧を0とし，その表面からは初速度0の荷電粒子が十分供給し得るものとする．電極2の電圧は，荷電粒子を加速する電圧が印加されており，両電極間の電位差は V_0 である．

図 2.10 は正電荷の加速電極系を示し，電極1からの距離を z，正電荷において解析に便利なように位置 z における電圧を $-V(z)$ としている．この系において，荷電粒子の空間電荷 $\rho(z)$ とそれにより発生する電界の関係を結ぶ1次元のポアソン方程式は，次式で表される．

$$\frac{d^2V}{dz^2} = \frac{\rho}{\varepsilon_0}. \tag{2.19}$$

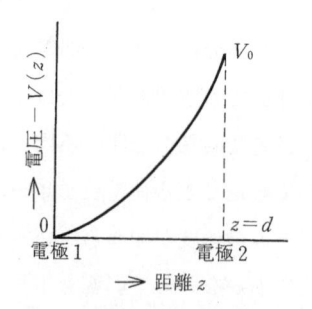

図 2.10 平行平板電極間の空間電荷制限（正電荷の場合）

荷電粒子の発生や消滅がなければ電流は連続である．1次元モデルでは電流密度の連続を意味し，位置 z によらず同じ電流密度 J_0 となる．電流密度は空間電荷密度 $\rho(z)$ と粒子の速度 $v(z)$ の積で表される．

$$J_0 = \rho v. \tag{2.20}$$

一方，粒子のポテンシャルエネルギー $qV(z)$ と運動エネルギー $mv^2(z)/2$ の和である全エネルギーは保存され，位置 z にかかわらず一定である．

$$-qV + \frac{mv^2}{2} = 0. \tag{2.21}$$

電極間の電圧と電流の関係を求めるために，変数 V について上式を解く．式 (2.19), (2.20), (2.21) から ρ と v を消去すると，変数 V に関する 2 階の微分方程式が得られる．

$$\frac{d^2V}{dz^2} = \frac{J_0}{\varepsilon_0}\sqrt{\frac{m}{2q}}V^{-1/2}. \tag{2.22}$$

両辺に $2dV/dz$ を掛けて距離 z で積分すると，C_1 を積分定数として次式が得られる．

$$\left(\frac{dV}{dz}\right)^2 = \frac{4J_0}{\varepsilon_0}\sqrt{\frac{m}{2q}}V^{1/2} + C_1. \tag{2.23}$$

電極 1 から速度 0 の荷電粒子が十分供給されるとき，最大電流密度が流れる条件は電界が 0 の場合である．なぜなら，もし電極 1 の表面電界が正であれば，その近傍にさらに空間電荷の入る余地すなわち電流の増える余地があり，表面電界が負となれば表面からの電荷の放出は抑制されてしまうからである．$z=0$ で $V=0$，および $dV/dz=0$ の境界条件を式 (2.23) に入れると，$C_1=0$ となる．

dV/dz について解き

$$\frac{dV}{dz} = \left(\frac{4J_0}{\varepsilon_0}\right)^{1/2}\left(\frac{m}{2q}\right)^{1/4}V^{1/4} \tag{2.24}$$

さらに変数分離して積分を行うと

$$\frac{4}{3}V^{3/4} = \left(\frac{4J_0}{\varepsilon_0}\right)^{1/2}\left(\frac{m}{2q}\right)^{1/4}z + C_2 \tag{2.25}$$

となる．ここで C_2 は積分定数である．$z=0$ のとき，$V=0$ の境界条件から $C_2=0$ となる．式 (2.25) を電圧 V によって整理すると，距離 z における電圧 $V(z)$ が求められる．

$$V = \left(\frac{3}{4}\right)^{4/3} \left(\frac{4J_0}{\varepsilon_0}\right)^{2/3} \left(\frac{m}{2q}\right)^{1/3} z^{4/3}. \tag{2.26}$$

式 (2.26) を式 (2.20), (2.21), (2.24) に代入することにより，電界，速度，空間電荷密度各量の距離 z 依存性を得ることができる．

$$\frac{V}{V_0} = \left(\frac{z}{d}\right)^{4/3}, \quad \frac{E}{E_0} = \left(\frac{z}{d}\right)^{1/3},$$
$$\frac{v}{v_0} = \left(\frac{z}{d}\right)^{2/3}, \quad \frac{\rho}{\rho_0} = \left(\frac{z}{d}\right)^{-2/3}. \tag{2.27}$$

ここで，$z=d$ における電圧，電界，荷電粒子の速度，空間電荷密度を，それぞれ，V_0, E_0, v_0, ρ_0 とする．これら各量の電極間距離 z/d に対する変化の様子を，図 **2.11** に示す．

電極 1 近傍では荷電粒子の速度が遅く空間電荷密度が非常に高いため，電界および電圧が電荷のない場合に比べて大きく変化する．この計算では，電極 1

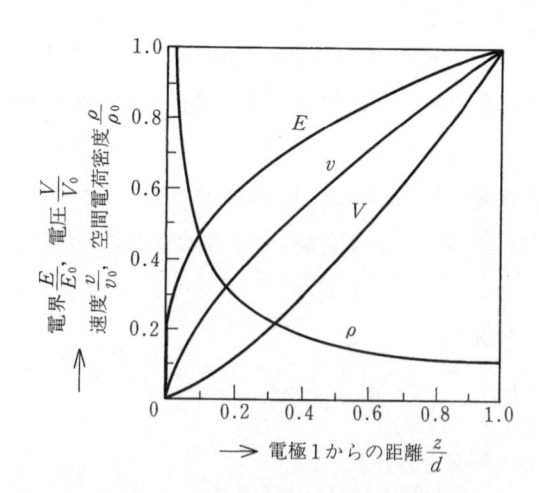

図 **2.11** 電界，電圧，速度，空間電荷密度の電極間距離に対する変化

から放出される荷電粒子の初速度を 0 と仮定しているため，$z = 0$ における空間電荷密度は無限大となる．実際には，荷電粒子はわずかの初速度を持って放出されるので，$z = 0$ における空間電荷密度は無限大にはならない．しかし，一般には荷電粒子の最終加速されるエネルギーが初速度に比べて非常に大きいので，電極 1 のごく近傍の各量の距離依存性を除いては，これらの議論は実際の場合とよく一致する．

式 (2.26) に $z = d$ における電圧 V_0 の条件を入れ，電流密度 J_0 について解くことにより，電極間に電圧 V_0 を印加したとき流れ得る最大電流密度が計算できる．

$$J_0 = \frac{4\varepsilon_0}{9}\sqrt{\frac{2q}{m}}\frac{V_0^{3/2}}{d^2}. \tag{2.28}$$

式 (2.28) は，**空間電荷制限電流密度**（space-charge limited current density）を表しているが，これを導出した人の名前をとって，**チャイルド・ラングミュア**（Child-Langmuir）**の式**とも呼ばれている．この関係式は，荷電粒子の加速方向に対して輸送できる最大の電流密度を表す式として重要である．

電子およびイオンに対して，式 (2.28) に数値を代入するとつぎのようになる．

電子に対して

$$J_0 = 2.334 \times 10^{-6} \times \frac{V_0^{3/2}}{d^2} \; [\text{A/cm}^2]. \tag{2.29}$$

イオンに対して

$$J_0 = 5.5 \times 10^{-8} \times \left(\frac{Z}{M}\right)^{1/2} \frac{V_0^{3/2}}{d^2} \; [\text{A/cm}^2]. \tag{2.30}$$

ここで，M および Z はイオンの質量数と価数を表す．また，V_0 は [V]，d は [cm] の単位で表すものとする．

例えば，$V_0 = 10\,\text{kV}$, $d = 1\,\text{cm}$ とすると，電子および Ar イオンに対して，それぞれ $J_0 = 2.3\,\text{A/cm}^2$ および $J_0 = 0.008\,7\,\text{A/cm}^2$ となり，イオンが電子に比べて質量が大きい分だけ空間電荷制限が強く効き，電流が 2〜3 けた少なくなる．

2.3.2 ビームの発散

一定速度で走行する荷電粒子ビームは，ビーム内の空間電荷密度がほとんど同じであるため，ビーム進行方向には内部電界は生じない．しかし，ビームの垂直方向においては，ビーム内部と外部では空間電荷密度に差があるので内部電界が生じ，その電界によって荷電粒子が外向きの力を受け，ビームが発散することになる．

まず，円形断面のビームについて考えてみよう．ビーム内に電荷が一様に分布するとし，ビーム半径を r，ビーム電流を I_0，加速電圧を V_0 とすると，ビーム表面における径方向電界 E_r は，ガウスの定理を使って次式のように求めることができる．

$$E_r = \frac{1}{r}\frac{I_0}{2\pi\varepsilon_0 \sqrt{\dfrac{2qV_0}{m}}}. \tag{2.31}$$

式 (2.31) は，空間電荷によって生じるビーム内の自己電界は，質量の $1/2$ 乗に比例するため，イオンのように質量が大きい場合には大きな値になる．この電界によって，ビーム表面の荷電粒子は径方向へ加速され，ビームは発散する．

ビームが z 方向に等速度運動しているものとすれば，$d^2r/dt^2 \cong v^2\, d^2r/dz^2$ とできるので，荷電粒子の軌道方程式は

$$\frac{d^2r}{dz^2} = \frac{qE_r}{mv_0^2} = \frac{K}{2r} \tag{2.32}$$

で与えられる．ただし

$$K = \frac{I_0}{V_0^{3/2}}\frac{1}{2^{3/2}\pi\varepsilon_0}\sqrt{\frac{m}{q}} \tag{2.33}$$

とおいた．

$z=0$ においてビームの半径が r_0 であり，その包絡線が z 軸に平行である場合の式 (2.32) の解は次式で表される．

$$z = \int_{r_0}^{r} \frac{dr}{\sqrt{K\ln\dfrac{r}{r_0}}}. \tag{2.34}$$

2.3 電子・イオンビームの空間電荷効果

このように,円形断面のビームでは,ビームの包絡線の軌道方程式を解析的に完全に解くことはできないため,数値計算によって得られた図 2.12 を用いてビーム径を求める必要がある.図 2.12 を用いれば,10 kV に加速された 10 mA のアルゴンイオンビームは,ビームの最小半径を 1 cm とすると,50 cm 進んだ地点で半径が約 16 倍になることがわかる.

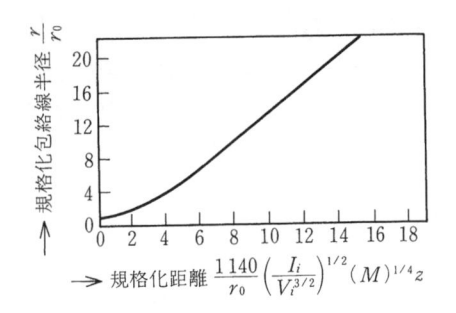

図 2.12 規格化距離に対するビーム半径の
変化(イオンビームの場合)

一方,断面が矩形のリボン状ビームの場合には,図 2.13 に示すように単位横幅当りの電流を I_0 とし,ビームの広がる方向を y 方向とすれば,ビームの包絡線軌道方程式は解析的に解くことができ,次式が得られる.

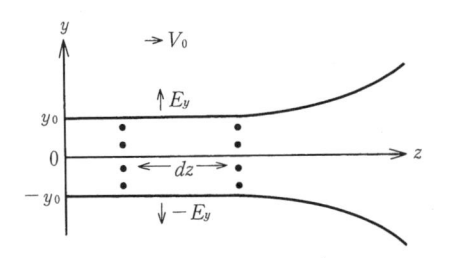

図 2.13 リボン状ビームの場合における
空間電荷による発散

$$y = \left(\frac{I_0}{V_0^{3/2}} \frac{\sqrt{\frac{m}{q}}}{2^{7/2}\varepsilon_0}\right) z^2 + y_0. \tag{2.35}$$

ただし，$z=0$ において，$dy/dz=0$，$y=y_0$ の初期条件を持つものとする．式 (2.35) から，リボン状のビーム幅は，距離の2乗に比例して急激に増加することがわかる．

式 (2.35) に，距離に [cm]，電流 I_0 に [A/cm]，電圧 V_0 に [V] の単位を使用し，電子とイオンビームのそれぞれの場合に数値を入れると，つぎのようになる．

電子ビームに対して

$$\frac{y}{y_0} = 2.38 \times 10^4 \times \frac{I_0 y_0}{V_0^{3/2}} \left(\frac{z}{y_0}\right)^2 + 1. \tag{2.36}$$

イオンビームに対して

$$\frac{y}{y_0} = 1.02 \times 10^6 \times \frac{I_0 y_0}{V_0^{3/2}} \left(\frac{M}{Z}\right)^{1/2} \left(\frac{z}{y_0}\right)^2 + 1. \tag{2.37}$$

例えば，電流 $I_0 = 10\,\mathrm{mA/cm}$，電圧 $V_0 = 10\,\mathrm{kV}$，初期ビーム幅 $2y_0 = 2\,\mathrm{cm}$ のとき，電子ビームが 50 cm 進むとビーム幅は 60％広くなる．一方，同じ条件でアルゴンイオンビームが 50 cm 進むと，ビーム幅は 162 倍と極端に太くなってしまう．

コーヒーブレイク

円形断面のビームとリボン状ビームでは，ビーム発散の程度がリボン状ビームのほうが非常に大きいのはなぜだろうか？ 円形断面では，空間電荷により生じた電界が x, y の2次元方向に分散されるが，リボン状ビームでは y 方向の1次元方向に集中するためである．静電レンズの場合にも，円形の孔とスリット状（矩形）の孔では，同じ理由で電界のゆがみの集中度が異なるので，スリット状の孔の場合のほうがレンズ効果が2倍強くなる．

章 末 問 題

(1) 高い運動エネルギーを持ったイオンや電子を固体表面に照射すると，それらの粒子は固体中に何原子層か侵入する。その理由を簡単に説明せよ。
(2) 負イオンビームが5m走行する装置で，その99％が電子離脱衝突をしないで輸送されるためには，どの程度の真空度が必要か。ただし，残留ガスはキセノンとする。
(3) 空間電荷制限電流密度を表す式(2.28)を導け。
(4) リボン状のビームが空間電荷効果により発散する包絡線軌道を表す式(2.35)を導け。

3. 電子の発生とビーム形成

　電子はあらゆる原子や分子の構成素粒子なので，原理的にはどのような状態の物質からでも電子を取り出すことができる。気体状の物質からの電子の発生法としては，電離した気体すなわちプラズマから電子を引き出すことができる。固体からの電子の発生法としては，固体内電子に固体表面の電位障壁によるエネルギー差，すなわち仕事関数を超えるエネルギーを外部から与える方法と，表面に強い電界を印加し，表面の電位障壁を非常に薄くして電子をトンネリングさせる方法がある。

　前者の場合，外部から与えるエネルギーとしては，加熱による熱エネルギー，光照射による光子エネルギー，電子やイオンなどの粒子衝突による運動エネルギーがあり，その電子放出機構を，それぞれ熱電子放出，光電子放出，二次電子放出と呼ぶ。また，後者の電子放出機構を電界電子放出と呼ぶ。

　この章では，主に電子ビームを形成することを目的としたときの電子源すなわち電子の発生法と，その電子発生源から電子ビームを形成するための手法について説明する。

3.1　電子源としての電子発生法

　種々の電子発生機構の中で，電子ビームを形成するための電子供給源として利用されているのは，主に，導電性材料からの熱電子放出と電界放出である。その理由は，これらの電子放出では電子が固定面から放出されるため，電子軌道の制御性がよく材料が導電性であるため，電子を連続的供給できかつ多量に発生できるからである。

　ここでは，主に熱電子放出と電界電子放出について説明し，ほかの電子放出についてはその概要を述べるにとどめる。

3.1.1 熱電子放出

熱電子放出（thermionic emission）は，金属性導電材料を高温にすることによって，固体内電子の一部のものが仕事関数より大きな熱エネルギーを得て，材料表面の垂直方向のエネルギーが真空準位より大きくなり，表面から飛び出し得る状態になる電子放出機構である．この電子放出は，金属性導電材料を加熱するだけでよく，制御性が非常によいので，電子ビームを形成する多くの電子発生法として利用されている．

〔**1**〕 **熱電子放出における飽和電流密度** 熱電子放出における放出電子電流密度を，仕事関数 ϕ を持つ金属表面の場合について求めてみよう．金属表面における電子に対するエネルギー準位図は，単純なモデルでは**図 3.1**のように与えられる．金属では，真空準位は伝導帯の底からはかってフェルミ・エネルギー E_f と仕事関数 ϕ の和の位置にある．金属表面に対して垂直方向を z 方向とする．z 方向のエネルギー E_z が，$E_f + \phi$ を超える，すなわち真空準位を超える電子が熱電子放出する．

金属内では，電子の状態密度関数がフェルミ・ディラックの分布関数に従い，ま

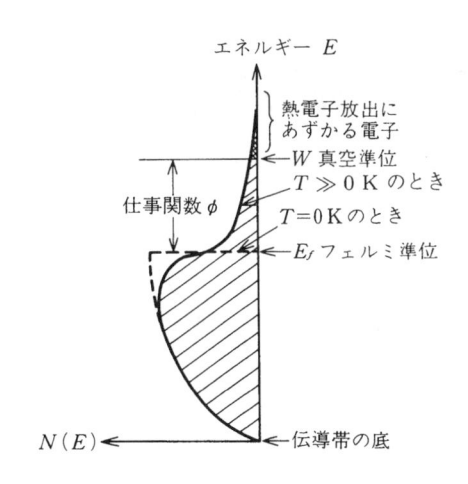

図 **3.1** 金属表面からの熱電子放出の説明図

た，運動量空間における単位体積当りの許された状態数が $2/h^3$ (h はプランク定数) であることから，運動量が p_x と $p_x + \Delta p_x$, p_y と $p_y + \Delta p_y$, および p_z と $p_z + \Delta p_z$ の間にある単位体積中の電子数 ΔN は，E を伝導帯の底からはかった電子のエネルギーとして，式 (3.1) で与えられる。

$$\Delta N = \frac{2\Delta p_x \Delta p_y \Delta p_z}{h^3 \left(1 + \exp\left(\dfrac{E - E_f}{kT}\right)\right)}. \tag{3.1}$$

毎秒 x-y 平面に衝突する電子の数は，ΔN と z 方向の速度 v_z の積であるが，$v_z = \Delta E_z/\Delta p_z$ なので

$$\Delta N v_z = \frac{2\Delta E_z \Delta p_x \Delta p_y}{h^3 \left(1 + \exp\left(\dfrac{E - E_f}{kT}\right)\right)} \tag{3.2}$$

となる。

熱電子放出する電子の数を計算するときに，つぎのような近似を使って積分を簡単に行うことができる。この計算では，エネルギー E が $W = E_f + \phi$ 以上のものだけを積分すればよい。金属の仕事関数 ϕ は数 eV あるのに対し，kT はたかだか 0.1〜0.3 eV であり数十倍の違いがあるので，式 (3.2) はつぎのように近似できる。

$$\Delta N v_z = \frac{2}{h^3} \exp\left(\frac{E_f - E_z}{kT}\right) \Delta E_z \exp\left(-\frac{p_x^2 + p_y^2}{2mkT}\right) \Delta p_x \Delta p_y. \tag{3.3}$$

熱電子放出する電子の数は，E_z に関して W から ∞ まで，p_x と p_y に関しては $-\infty$ から $+\infty$ まで積分して求めることができる。このとき，

$$\int_{-\infty}^{\infty} \exp\left(\frac{-p_x^2}{2mkT}\right) dp_x = \int_{-\infty}^{\infty} \exp\left(\frac{-p_y^2}{2mkT}\right) dp_y$$
$$= (2\pi mkT)^{1/2} \tag{3.4}$$

であることを使うと，熱電子放出する電子の数は次式のように求めることができる。

$$N\langle v_z \rangle = \frac{4\pi mkT}{h^3} \int_W^\infty \exp\left(\frac{E_f - E_z}{kT}\right) dE_z$$
$$= \frac{4\pi mk^2T^2}{h^3} \exp\left(-\frac{\phi}{kT}\right). \tag{3.5}$$

したがって，熱電子放出の飽和電流密度 J_s は，式 (3.5) に電子の素電荷を掛けたものになる．

$$J_s = AT^2 \exp\left(-\frac{\phi}{kT}\right). \tag{3.6}$$

ここで，A は**熱電子放出定数**（thermiomic emission constant）と呼ばれ，金属の種類によらない定数であり

$$A = \frac{4\pi mek^2}{h^3} = 1.20 \times 10^6 \ [\mathrm{A/(m^2 \cdot K^2)}] \tag{3.7}$$

となる．

式 (3.6) は，この式を導いた人名にちなんで**リチャードソン・ダッシュマンの式**（Richardson-Dushman equation）とも呼ばれている．式 (3.6) には，金属の種類による違いが仕事関数 ϕ だけに表れており，比較が非常に容易な式になっている．

式 (3.6) において，電流密度 J_s を $[\mathrm{A/cm^2}]$，温度 T を $[\mathrm{K}]$，仕事関数 ϕ を $[\mathrm{eV}]$ で表すと

$$J_s = 1.20 \times 10^2 \times T^2 \exp\left(-\frac{11\,600\phi}{T}\right) \tag{3.8}$$

となる．

熱電子放出が可能な電極を陰極とし，もう一方の電極を陽極としたダイオード構造において，両電極に電子を引き出す電圧を印加した場合のダイオード電流を考えてみる．低電圧の領域では熱電子飽和電流密度が空間電荷制限電流密度を上回っているので，ダイオード電流は空間電荷制限電流密度に制限され，印加電圧に対して 3/2 乗に比例する電流が流れる．電圧が増えると空間電荷制限電流密度が熱電子飽和電流密度を上回るようになるが，そのようなダイオード電圧領域では熱電子飽和電流密度によって制限されたダイオード電流しか流れない．前者の領域を空間電荷制限領域，後者の領域を温度制限領域と呼ぶ．

〔2〕 ショットキー効果　熱電子放出面に電子を引き出すための強い外部電界が作用すると，放出電子に対する電位障壁が減じ，電子が放出されやすくなる現象が起こる。この効果は**ショットキー効果**（Schottky effect）と呼ばれており，外部電界により等価的に仕事関数が下がり，飽和熱電子電流が増加する効果がある。

金属を理想的な導体と考えると，金属面から飛び出す電子には鏡像力が働く。表面に外部電界 F が存在する場合，表面から距離 z の電子に対する電位は，**図3.2**に示すように

$$W(z) = -\frac{e^2}{16\pi\varepsilon_0 z} - eFz \tag{3.9}$$

となる。この電位は，距離

$$z_m = \sqrt{\frac{e}{16\pi\varepsilon_0 F}} \tag{3.10}$$

において極大値を持つ。

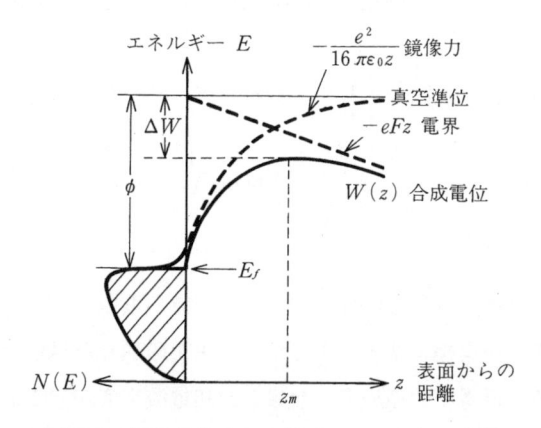

図 3.2　熱電子放出におけるショットキー効果

外部電界がない場合には，フェルミ準位と真空準位の差，すなわち仕事関数が電子に対する電位障壁であるが，外部電界が存在すると，フェルミ準位とこの極大値の差が電位障壁となる。外部電界がない場合と存在する場合，電位障壁の差 ΔW は式 (3.11) で与えられる。

$$\Delta W = -e\sqrt{\frac{eF}{4\pi\varepsilon_0}}. \tag{3.11}$$

このことは，外部電界によって，仕事関数が ΔW だけ減少したことと等価である。

式 (3.6) において，ϕ の代わりに $\phi - \Delta W$ をおくと，外部電界が存在するときの熱電子放出の飽和電流密度の式を得ることができる。

$$\begin{aligned}J_{sF} &= AT^2 \exp\left(-\frac{1}{kT}\left(\phi - e\sqrt{\frac{eF}{4\pi\varepsilon_0}}\right)\right) \\ &= J_s \exp\left(\frac{e}{kT}\sqrt{\frac{eF}{4\pi\varepsilon_0}}\right).\end{aligned} \tag{3.12}$$

温度 T を〔K〕，電界強度 F を〔V/cm〕で表すと，式 (3.12) はつぎのようになる。

$$J_{sF} = J_s \exp\left(\frac{4.4\sqrt{F}}{T}\right) \tag{3.13}$$

例えば，金属温度を 2 500 K，外部電界を 10^5 V/cm とすると，外部電界を加えることにより，飽和電流密度は 1.74 倍増加する。

3.1.2 熱 陰 極

熱電子放出の飽和電流密度の式 (3.6) からわかるように，電子放出材料の特性

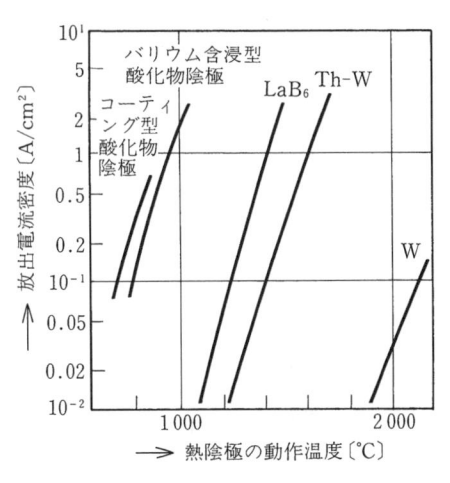

図 3.3 熱陰極の動作温度と放出電流密度

にかかわる物理量は仕事関数だけである．したがって，熱陰極に求められる重要な条件は仕事関数が低いことであるが，それと同時にその動作温度において蒸発量が微量で長寿命なことである．

熱陰極として利用される材料は，純金属，化合物，単原子層材料，酸化物である．これらの熱陰極の動作温度と放出電流密度の範囲を，図 3.3に示す．

〔1〕 **純金属熱陰極** 純金属は，表 3.1に示すように，仕事関数の低い

表 3.1 純金属の融点，蒸気圧，仕事関数およびよさの指数

元素	融点 $[K]$	1.3×10^{-3} Pa ($= 10^{-5}$ Torr) 示す温度 T_p $[K]$	仕事関数 ϕ $[eV]$	よさの指数 ϕ/T_p $[eV/K]$
C	4130	2270	4.6	2.03×10^{-3}
W	3650	2840	4.52	1.59×10^{-3}
Re	3453	2650	4.96	1.87×10^{-3}
Os	3318	2600	4.83	1.86×10^{-3}
Ta	3270	2680	4.2〜4.35	$1.58 \sim 1.62 \times 10^{-3}$
Mo	2890	2210	4.1〜4.3	$1.86 \sim 1.95 \times 10^{-3}$
Ir	2727	2210	5.27	2.38×10^{-3}
B	2300	1910	4.5	2.36×10^{-3}
Pt	2052	1855	5.35〜5.8	$2.88 \sim 3.13 \times 10^{-3}$
Th	1968	2070	3.35	1.62×10^{-3}
Ni	1725	1440	4.41〜5.0	$3.06 \sim 3.47 \times 10^{-3}$
Cs	301	319	1.81	5.67×10^{-3}
Rb	312	335	2.09	6.24×10^{-3}
K	336	364	2.24	6.15×10^{-3}
Na	371	430	2.28	5.30×10^{-3}
Li	459	624	2.5	4.01×10^{-3}
Ba	977	726	2.11	2.90×10^{-3}
Sr	1043	628	2.74	4.36×10^{-3}
Ca	1123	678	2.71	4.00×10^{-3}
Mg	923	550	3.68	6.69×10^{-3}
La	1193	1580	3.3	2.09×10^{-3}

元素ほど融点が低く蒸発量も多い傾向がある。蒸発量は熱陰極の寿命に直接関係するため，飽和蒸気圧が 10^{-3} Pa 程度以上になる温度で使用するのは好ましくない。したがって，仕事関数 ϕ と蒸気圧が 1.3×10^{-3} Pa（$= 10^{-5}$ Torr）となる温度 T_p の比，すなわち ϕ/T_p を熱陰極材料のよさの指数として用いることができる。この指数は，その値が小さいほど熱陰極材料に適している。**表 3.1** には，よさの指数も示した。

純金属の中で，熱陰極としてのよさの指数が小さく，かつ T_p よりも融点が高いものは，タングステンとタンタルである。タングステンは機械的強度が強く，かつイオン衝撃にも比較的強いので，熱陰極材料として最もよく使用される純金属である。ただし，温度を 2400 K（= 2100℃）以上にしなければ十分な放出電流が得られず，陰極加熱に多くの電力が必要となる欠点がある。

〔2〕 **化合物熱陰極** 一般に 2 元化合物の仕事関数は，電気陰性度の低いほうの元素の仕事関数に近い値を持つ。したがって，低仕事関数の元素を含み，結合力が強く融点の高い化合物は，熱陰極材料として利用できる可能性がある。

ランタン系元素は，仕事関数が低くかつホウ素との結合力が強いので，低仕事関数（LaB_6：~2.7 eV，YB_6：2.54 eV，GdB_6：2.55 eV など）かつ高融点（約 2800 K（= 2500℃）程度）の特長を持っている。これらの中で，LaB_6 は加熱により蒸発するときも LaB_6 の組成比に近い比率で蒸発するので，高温でも組成が変化せず安定な材料である。また，1.3×10^{-3} Pa（$= 10^{-5}$ Torr）の蒸気圧となる温度が 2050 K と高く，よさの指数は 1.32×10^{-3} と非常に小さいため，熱陰極材料として適している。LaB_6 は 1700~1800 K（= 1400~1500℃）の動作温度でも高い放出電流密度（~1 A/cm^2，最大 10~100 A/cm^2）が得られ，高輝度熱陰極材料として実用化されている。

単結晶の LaB_6 は，安定で均一の熱電子放出が得られる。しかし，結晶面によって仕事関数の値が異なることに注意する必要がある。例えば，LaB_6 の結晶面の仕事関数は，(346) 面，(100) 面，(111) 面の順に大きい。LaB_6 は酸素や水蒸気と反応すると，低温では仕事関数の増加により熱電子放出が極端に劣化し，

また高温ではB_2O_3の蒸発によって寿命が短くなる。このため，酸素および水蒸気の分圧が1×10^{-4}Pa以下の条件で使用することが望ましい。また，LaB_6は材質がもろいので，取扱いに注意が必要である。

〔3〕 **単原子層熱陰極** 金属などの表面に電気陰性度のより低い，すなわち仕事関数のより低いほかの元素が吸着すると，見かけの仕事関数が低下する。吸着原子により表面に電気双極子が形成され，それにより表面電位ができる。表面電位の大きさは，吸着原子数が少ないときは電気双極子モーメントとその密度に比例するが，吸着原子が表面を一面に覆うようになると飽和傾向を示すようになる。表面に単原子層程度の粒子が吸着したとき最小の仕事関数となるが，その大きさは，清浄表面の仕事関数をϕ_0とすると，つぎの半実験式で表される。

$$\phi_{\min} = 0.62(V_i + E_a) - 0.24\phi_0. \tag{3.14}$$

ここで，V_i, E_aは，それぞれ吸着元素の電離電圧と電子親和力を表す。

この現象を利用して，高融点金属材料の見かけの仕事関数を下げ，熱陰極材料として利用する陰極を，単原子層熱陰極と呼ぶ。熱陰極材料は，吸着した単原子層により低仕事関数が得られ，かつ吸着原子と基体金属が強い吸着力を持っていて高温でも吸着原子の蒸発量が少ない組合せであり，さらに蒸発する吸着原子を補う機構を備えている必要がある。式(3.14)における$V_i + E_a$の値が最も小さい元素はCsであるが，Csは基体金属との吸着力があまり強くないので，熱陰極には吸着力がより強いBaやThが用いられる。

(a) **トリタンカソード** トリウムは，仕事関数が低くよさの指数が小さいが，融点が低いので純金属のままでは熱陰極材料として使えない。基体金属として融点の高いタングステンを用い，その表面にトリウムの単原子層を形成して単原子層陰極として用いることができる。この構成における見かけの仕事関数は2.63eVまで低下する。

また，トリウム原子はタングステン表面に強く吸着するので，高温での動作（1800〜1900K）が可能であり，高い放出電流密度が得られる。この熱陰極

はTh-W単原子層陰極，あるいはトリタンカソードと呼ばれている。蒸発するトリウムを逐次補給するため，タングステン中にトリア（ThO_2）を1～2％入れて線引き加工したものを使う。これを真空中で2800Kで数秒間のフラッシング，次いで2100Kでの活性化を行い，トリアを分解することによって表面にトリウムの単原子層を得る。

トリウム原子の吸着力を増すために，フラッシング，活性化の前にベンゾールを含んだ水素中で加熱炭化して，Th-W_2C単原子層とすると，イオン衝撃に強い熱陰極が得られる。また，表面の実効的な仕事関数も2.18eVと低下する。

ただし，トリウム中には放射性同位元素がわずかに含まれているので，取扱いには注意する必要がある。

(b) **含浸型カソード**　含浸型カソードは，20～25％の空孔率を持つタングステン多孔質焼結体を基体とし，アルミン酸バリウム（$Ba_3Al_2O_6$）を主剤とした含浸剤を含浸させ，焼成したものである。基体が多孔質タングステンのため機械加工ができ，精密な寸法が要求される電子銃の陰極の用途に適している。図**3.4**に示すように，タングステン多孔質基体をタングステンヒータにより加熱すると，空孔中でつぎのBa生成反応が起きて表面に供給され，表面にBa-Oの単分子層が形成される。

$$2Ba_3Al_2O_6 + W \rightarrow BaWO_4 + 2BaAl_2O_4 + 3Ba. \quad (3.15)$$

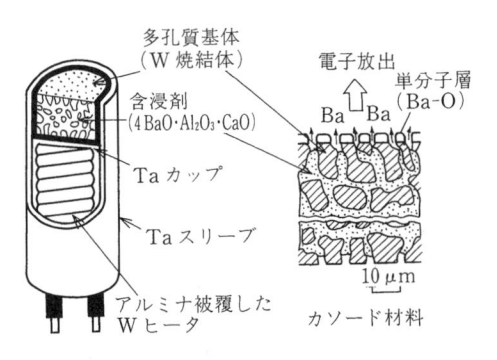

図**3.4**　含浸型カソードの構造

含浸型カソードはイオンや電子の衝撃に対しても比較的強い。また，アルミン酸バリウムは，あまり水蒸気圧が高くない空気にさらしても安定であるので，空気暴露に対して特性の劣化が少ない。

上記の基本型含浸カソード表面を，Sc_2O_3あるいは$Sc_2W_3O_{12}$を含んだタングステン薄膜で被覆すると，表面に Ba, Sc, O からなる3元の単分子層が形成され，仕事関数が 1.2 eV 程度まで低減し，基本型より 100 ℃程度低温動作が可能となる。この型の含浸型熱陰極を特にスカンデートカソードと呼んでいる。

〔4〕 **酸化物熱陰極**　BaO, SrO, CaO などを組み合わせた酸化物に一部遊離した Ba が存在すると，見かけの仕事関数が非常に低い（1.0～1.5 eV）表面ができる。熱電子放出が生じる 1000～1150 K でも Ba の蒸発量は比較的少なく，熱陰極として使うことができ，酸化物熱陰極と呼ばれている。酸化物熱陰極は，熱陰極の中で最も低い温度で動作させることができるため，電子放出源として最も広く使用されている。

これらの酸化物の層は半導体であるため，熱電子放出の機構が金属の場合と異なる。酸化物熱陰極からの電子放出機構は，必ずしも明確ではないが，以下に示す BaO 半導体によるモデルが提案されている。一部 Ba が遊離した BaO 半導体結晶では，電子に対するエネルギー準位図は**図 3.5** に示すようになる。

遊離した Ba は不純物原子として働き，ドナー準位を形成する。このドナー準位およびドナー密度をそれぞれ E_D および N_D とする。電子放出に寄与する電子は，加熱によりドナー準位の電子が伝導体に励起され，その電子が結晶の電子親和力 χ にうち勝って真空中に飛び出すものである。その電流密度は次式で与えられる。

$$J_s = AT^{5/4} N_D^{1/2} \exp\left(-\frac{\chi + 0.5 E_D}{kT}\right), \tag{3.16}$$

$$A = \frac{(8\pi m)^{1/4} e k^{5/4}}{h^{3/2}}. \tag{3.17}$$

このときの見かけの仕事関数は $\chi + 0.5 E_D$ である。このように，酸化物熱陰極は半導体からの電子放出と考えられるので，放出電流密度はあまり多くとれない。

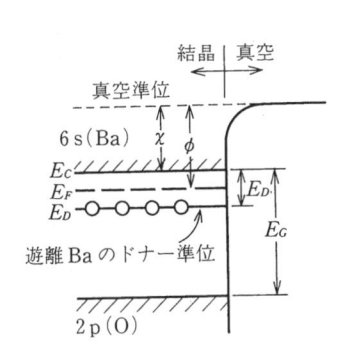

図 3.5 BaO 半導体結晶のエネルギー準位

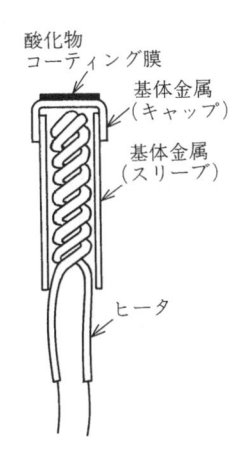

図 3.6 酸化物熱陰極の例

酸化物熱陰極の構造は，タングステンやニッケルなどの基体金属上に酸化物を薄膜状に塗布したものである．図 **3.6** に酸化反応しないニッケルを主体とした基体金属を用いた例を示す．基体金属上に，Ba, Sr, Ca の炭酸塩と結合剤としてニトロセルロースを，けんだく液として有機物溶媒を混ぜて，数十 μm の厚みで塗布する．加熱分解すると酸化物と炭酸ガスが生成され，炭酸ガスは結合剤の炭素を酸化して一酸化炭素となって排気される．

BaO は，1200 K まで温度を上げてフラッシュすると Ba の遊離が起こる．

$$\text{フラッシュ} \quad 2BaO \rightarrow 2Ba + O_2 \uparrow. \tag{3.18}$$

動作温度で数時間電子放出をさせて安定化を図る活性化操作を行い，酸化物熱陰極ができる．酸化物陰極は，動作中にも上記の反応が多少起こり微量のガス放出があるので，ゲッタ被膜や真空排気が必要である．また，アルカリ土類金属の酸化物は，大気に触れると水蒸気と反応して水酸化物を形成し，再びもとには戻らず陰極として使えなくなるので注意が必要である．

基体金属材は Ni を主体とし，表面の酸化物の還元を目的として少量の還元剤（W, Mg, Si, Al など）を混ぜる．W では 4％程度，その他の還元剤では〜1％程度である．熱陰極が数秒程度の短時間で立ち上がるようにするため，基体

金属として Ni-40% Cr や Ni-Ba-Mg の表面を黒化処理した熱陰極なども用いられている。

3.1.3 電界電子放出

電界電子放出（field emission）は，金属表面に $5 \times 10^7 \mathrm{V/cm}$ 程度の強電界がかかると金属表面の電子に対する電位障壁の厚みがサブ nm となり，伝導帯の電子がこの電位障壁をトンネリングして真空中へ引き出される現象である。この電子放出では，金属中の電子は電位障壁を越えるためのエネルギーが要らないので，電子放出面を加熱する必要がない。

電界電子放出に適した強電界を得るには，形状が制御された針状の電極が必要である。針状先端から放出される電流は高輝度であるため，点光源として利用されるとともに，微細加工技術を用いたミクロン寸法の極微電極アレーの形成も可能であるため，新たな高電流密度，低消費電力電子源として注目されている。しかし，動作真空度が悪いと表面に粒子が吸着して仕事関数が変化しやすく，電子放出特性が影響されることがある。

〔1〕 **電界電子放出による放出電流密度** 電子に対して高さが数 V，幅がサブ nm 程度の電位障壁が存在する場合，電子の波動性から，このような電位障壁内を電子の波は浸透し，障壁を通過する確率が生じる。電位障壁の高さと電子のエネルギーの差を 1eV，幅が 0.2nm の矩形の電位障壁の場合，1 次元のシュレーディンガーの波動方程式を解くと，障壁を通過する電子の波の振幅は 1/e になる。電位障壁の他方の側に電子の波の振幅があるということは，電子は電位障壁を通り抜けることができることを意味し，この現象をトンネル効果と呼んでいる。

例えば，図 **3.7** に示すように，金属表面に $5 \times 10^7 \mathrm{V/cm}$ 程度の強電界を加えると，金属の仕事関数が数 eV であるので，鏡像力を考えなければ，フェルミ準位にある電子に対する電位障壁の形状は三角形で幅は 1nm 程度となる。このような三角形の電位障壁を仮定したときの電界電子放出電流密度を計算して

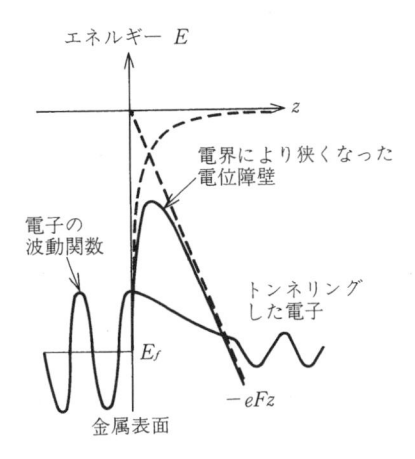

3.1 電子源としての電子発生法   51

図 3.7 電界電子放出機構

みよう。

電界 F がかかったときの表面上の電位障壁の形は，表面からの距離 z に対して $V = W - eFz$ であるから，エネルギー E_z を持つ電子の電位障壁を透過する確率，すなわち透過係数 $T(E_z)$ は，1 次元のシュレーディンガー方程式に WKB 近似を用いて，式 (3.19) のように求められる。

$$T(E_z) = \exp\left(-\frac{8\pi\sqrt{2m}}{3heF}(W - E_z)^{3/2}\right). \tag{3.19}$$

金属表面から電界放出によって電位障壁を透過する全電子の数は，式 (3.3) の密度に式 (3.19) の透過係数を掛け，x, y 方向に関し全運動量空間で積分し，E_z に関し全エネルギーで積分することによって計算できる。

$$\begin{aligned} N_z &= \frac{4\pi mkT}{h^3} \int_0^\infty \ln\left(1 + \exp\left(-\frac{E_z - E_f}{kT}\right)\right) \\ &\quad \times \exp\left(\frac{-8\pi\sqrt{2m}}{3heF}(W - E_z)^{3/2}\right) dE_z. \end{aligned} \tag{3.20}$$

積分内の第 1 項，第 2 項に関して，つぎの近似を行う。第 1 項においては，E_z が E_f より大きいときにはほぼ 0 になるので

$$\ln\left(1+\exp\left(-\frac{E_z-E_f}{kT}\right)\right) \cong \begin{cases} \dfrac{E_f-E_z}{kT} & (E_f > E_z) \\ 0 & (E_f < E_z) \end{cases} \quad (3.21)$$

とすることができる。

また，第2項は，E_z が E_f より小さくなると急激に減少する関数のため，積分には E_z が E_f より小さいごく狭い領域を考えればよいから，E_f の周りで展開した関数で表すことができる。

$$\exp\left(\frac{-8\pi\sqrt{2m}}{3heF}(W-E_z)^{3/2}\right)$$
$$\cong \exp\left(\frac{-8\pi\sqrt{2m}}{3heF}\left\{\phi^{3/2}+\phi^{1/2}\frac{3}{2}(E_f-E_z)\right\}\right). \quad (3.22)$$

また，式 (3.20) の積分に際して，E_z の積分範囲として $-\infty$ から 0 までを加えても積分値にはほとんど影響がないので，E_z を $-\infty$ から E_f まで積分を行う。

電界電子放出電流密度 J は eN_z で与えられる。

$$J = \frac{e^3 F^2}{8\pi h\phi}\exp\left(-\frac{8\pi\sqrt{2m}}{3heF}\phi^{3/2}\right). \quad (3.23)$$

電流密度を〔A/cm^2〕，電界を〔V/cm〕，仕事関数を〔eV〕で表すと，式 (3.24) となる。

$$J = 1.54\times 10^{-6}\times\frac{F^2}{\phi}\exp\left(-6.83\times 10^7\times\frac{\phi^{3/2}}{F}\right). \quad (3.24)$$

例えば，仕事関数が $\phi=4.52\,\mathrm{eV}$ のタングステンに，$5\times 10^7\,\mathrm{V/cm}$ の電界をかけたとき，$J=1.7\times 10^3\,\mathrm{A/cm^2}$ となる。

〔2〕 **ファウラー・ノルドハイムの式** 強電界が金属表面に印加されたときの金属中の電子に対する電位障壁として，鏡像力を考慮に入れたときの電界放出電流密度を，ファウラー (Fowler) とノルドハイム (Nordheim) が解析した。結果は，式 (3.25) に示すように，式 (3.24) に補正項 $v(y), t(y)$ が付いた形となる。

$$J = 1.54\times 10^{-6}\times\frac{F^2}{\phi t^2(y)}\exp\left(-6.83\times 10^7\times\frac{\phi^{3/2}}{F}v(y)\right). \quad (3.25)$$

ただし

$$y = 3.79 \times 10^{-4} \times \frac{F^{1/2}}{\phi} \tag{3.26}$$

である．$v(y), t(y)$ は，いくつかの y の値に対して，**表 3.2** に示すように計算されている．

表 3.2 補正係数 $v(y), t(y)$ の値

y	$v(y)$	$t(y)$	y	$v(y)$	$t(y)$	y	$v(y)$	$t(y)$
0.00	1.0000	1.0000	0.35	0.8323	1.0262	0.70	0.4504	1.0697
0.05	0.9984	1.0011	0.40	0.7888	1.0319	0.75	0.3825	1.0765
0.10	0.9817	1.0036	0.45	0.7413	1.0378	0.80	0.3117	1.0832
0.15	0.9622	1.0070	0.50	0.6900	1.0439	0.85	0.2379	1.0900
0.20	0.9370	1.0111	0.55	0.6351	1.0502	0.90	0.1613	1.0969
0.25	0.9068	1.0157	0.60	0.5768	1.0565	0.95	0.0820	1.1037
0.30	0.8718	1.0207	0.65	0.5152	1.0631	1.00	0.0000	1.1107

鏡像力を考慮に入れた式 (3.25) は，解析者の名前にちなんで**ファウラー・ノルドハイムの式**（Fowler-Nordheim equation）と呼ばれている．

実際に電界電子放出が生じる電界と仕事関数の領域においては，鏡像力による補正項は次式の関数で近似できる．

$$\begin{aligned} t^2(y) &= 1.1, \\ v(y) &= 0.95 - y^2. \end{aligned} \tag{3.27}$$

通常観測できるのは電流密度ではなく電流であり，また金属表面の電界でなく電極間の電圧である．電界電子放出による実効放出面積をαとすると，放出電流 I は $I = \alpha J$ となる．また，電界 F は，電極間の電圧 V と電極構造で決まる定数 β（構造因子と呼ぶ）によって $F = \beta V$ と表すことができる．

これらの関係を式 (3.25) に代入し，両辺を V^2 で割り，常用対数をとれば

$$\log \frac{I}{V^2} = A + \frac{B}{V}. \tag{3.28}$$

ただし

$$A = -5.85 + \log\frac{\alpha\beta^2}{\phi} + \frac{4.26}{\sqrt{\phi}},$$

$$B = -2.81 \times 10^7 \times \frac{\phi^{3/2}}{\beta} \tag{3.29}$$

となる．したがって，電界電子放出電流特性を横軸に V^{-1}，縦軸に $\log(I/V^2)$ をとって描けば直線に乗る．

このプロットを F-N プロットと呼び，特性が直線に乗るか乗らないかによって，電界電子放出が生じているか否かの判断に利用される．図 **3.8** に，金属針エミッタを用いた場合の典型的な F-N プロットの例を示す．

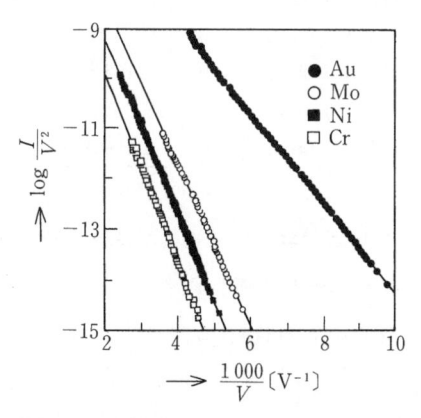

図 **3.8** 金属針エミッタによる電界電子放出電流特性の F-N プロットの例

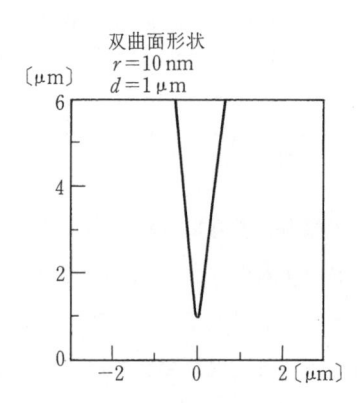

図 **3.9** 回転放物面電極形状の例

〔**3**〕 **構 造 因 子**　　電界電子放出が生じる電界は，5×10^7 V/cm 程度の強電界である．平行平板電極系（電極間距離を d とすると，構造因子は $\beta = 1/d$）において，このような強電界を電極表面上に形成することは不可能である．微小突起電極の周りには電界が集中するので，電界電子放出側の電極として針状のエミッタが利用される．このようなエミッタにおける構造因子を求めてみよう．

エミッタ先端の形状を，曲率半径 r のなめらかな回転放物面と仮定する．放物面の焦点を原点，エミッタの中心軸を z 軸にとり，対向する電極との間隔を d

とすると，エミッタと対向する電極の形状は，それぞれ次式のように表される．

$$x^2 + y^2 = \begin{cases} r(r-2z) & \left(z < \dfrac{r}{2}\right) \\ (2d+r)(2d+r-2z) & \left(z < \dfrac{2d+r}{2}\right) \end{cases} \quad (3.30)$$

電極形状の一例を図 **3.9** に示す．

回転放物面座標で求めたエミッタ表面上の電界は

$$F = \frac{2V}{\sqrt{r(r+\theta)}\ln\dfrac{2d+r}{r}} \quad (3.31)$$

で表される．ただし，θ は，エミッタ表面上の位置を表す変数で $0 \leqq \theta \leqq r$ である．このとき構造因子は

$$\beta = \frac{2}{\sqrt{r(r+\theta)}\ln\dfrac{2d+r}{r}} \quad (3.32)$$

となる．

$r \ll d$ を仮定し，エミッタ先端 ($\theta = 0$) の電界を代表電界とすると，構造因子は

$$\beta = \frac{2}{r\ln\dfrac{2d}{r}} \quad (3.33)$$

と表すことができる．式 (3.33) からわかるように，針状エミッタの構造因子は，ほぼエミッタ先端の曲率半径の大きさによって決まる．したがって，エミッタ先端の曲率半径を非常に小さくすることによって，平行平板電極系に比べて数けた大きな構造因子を持たせることができ，電界電子放出に必要な強電界を形成することができる．

〔**4**〕　**電界電子放出陰極**　　電界電子放出陰極は，針状エミッタの先端から高密度のトンネル電流を引き出すため，電子ビームは高輝度でそのエネルギー幅も小さいため，電子顕微鏡，電子線描画装置，電子ビームを用いた分析器などの理想的な電子源である．電流は，通常 $1\,\mu\text{A} \sim 1\,\text{mA}$ であるが，$1\,\text{mA}$ 以上を放出させることもある．

電界電子放出のための陰極材料として必要な条件は，1) 材料表面の強電界に

耐える引張強さと表面張力を有すること，2) エミッタ先端に流れる非常に高い電流密度により生じるジュール熱に耐えること，3) 残留ガスの電離によって生じたイオンの衝突に強い耐性を持つこと，などが挙げられる．この諸条件を満足する材料として，高融点金属のタングステン単結晶針が用いられ，先端曲率半径を $0.1\mu m$ として仕事関数が最も低い (310) 面を電子放出面として使うことが多い．また，その表面に Zr-O 単原子層を付けて大電流化と安定性向上を図ることもある．数 mm 離れた電界電子放出陰極と陽極電極間に数 kV の電圧を印加することにより，陰極表面に電界電子放出に必要な電界が生じる．

電界電子放出陰極における最大の問題は，電子放出面に吸着した残留ガス分子の表面拡散運動によって生じる電流変動，すなわちフリッカ雑音である．雑音の少ない動作をさせるために，残留ガス量ができるだけ少ない超高真空状態で用いる必要があり，この陰極の利用用途が限られる原因となっている．

〔5〕 **アレー化した微小電界電子放出陰極** 電界電子放出陰極は，先端曲率半径が小さいほど陰極先端に効率的に電界が集中するから，極微小な陰極を構成することができる．陰極と陽極あるいはゲート電極間距離を $1\mu m$ 程度まで小さくすると，電界電子放出に必要な印加電圧は数十 V まで低下する．このような構造では，図 **3.10** (b) に示すように，電子が電離を生じるエネルギーとなる数 V 以上の領域の等電位面の形状が平らなほかの電極の影響によって，同心円状から大きくずれたものとなるので，その領域でイオンが生成されても針の先端に逆流することはない．そのため，10^{-4} Pa ($\cong 10^{-6}$ Torr) 程度の比較的容易に得られる真空圧力でも安定に動作させることができる．

代表的な構造を図 **3.11** に示す．電子を引き出すための電極はゲート電極と呼ぶのが一般的である．電界電子放出陰極の形成法としては，微小開口部からの金属の蒸着によって山形の陰極を形成するスピント型，シリコン基板を異方性エッチングにより削り山形構造のシリコン陰極を形成する方法，シリコン基板に作った凹型部に金属を蒸着し，シリコンを溶かして金属のピラミッド形陰極を形成するモールド法などがある．いずれも陰極先端曲率半径は $0.03\mu m$ 程度

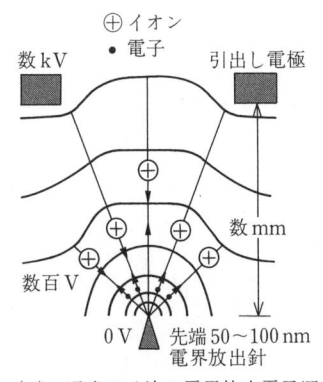

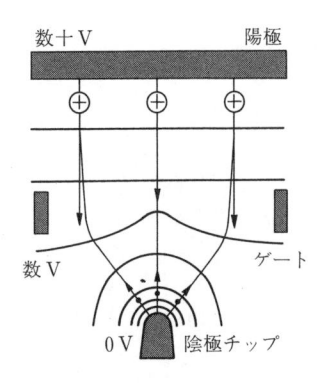

(a) 通常の寸法の電界放出電子源の電位分布

(b) 微小電子源の電位分布

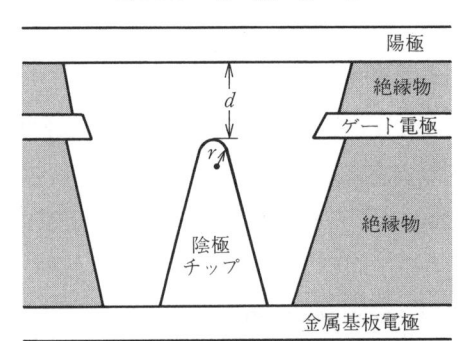

図 3.10 電 位 分 布

図 3.11 代表的な微小電子源の構造

と非常に小さい。電子放出の安定化のために，陰極表面に実効的な仕事関数が低い薄膜（ダイヤモンドライク膜やNbN膜など）を付けることも行われる。一つの電子源から引き出される電流は，最大 $1 \sim 10\ \mu A$ 程度である。

このような微小電子源を単独で動作させることはまれであり，通常は多数の電子源をアレー化したものを利用する。1個のスピント型電子源とそれをアレー化したものの例をそれぞれ図 3.12 (a)，(b) に示す。

(a) (b)

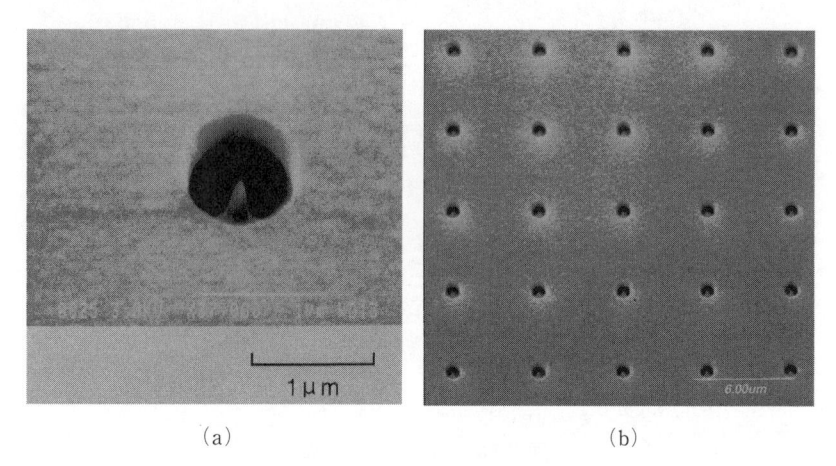

図 *3.12* スピント型電子源

3.1.4 その他の電子放出

電子源として用いられることは少ないが，固体から真空中への電子放出現象として，光電子放出および二次電子放出がある。

〔**1**〕 **光電子放出** 光を金属表面に照射したとき，表面のごく近くの原子に束縛されている電子にそのエネルギーが伝わり，電子が真空中に放出される現象を**光電子放出**（photoemission）という。

振動数 ν の光は $h\nu$ のエネルギーを持っているから，伝導帯の底からはかったエネルギー E の準位にある電子が振動数 ν の光から相互作用によってエネルギーを得ると，$E+h\nu$ のエネルギーを持つことになる。ここで，h はプランク定数である。この値が真空準位までのエネルギー W より大きければ電子は真空中に放出し得る。

$$E + h\nu \geq W. \tag{3.34}$$

図 *3.13* において，斜線を引いた部分のエネルギー準位にある電子が光電子放出できることになる。絶対零度であれば，フェルミ準位の電子が最も高いエネルギー位置にあるので，光電子放出が可能となる限界振動数 ν_c は仕事関数を ϕ とすると

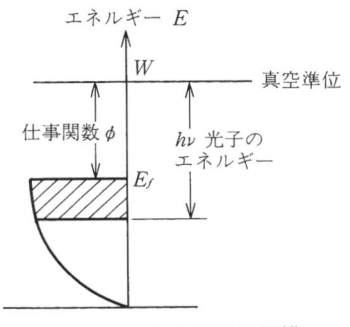

図 3.13 光電子放出機構

$$\nu_c = \frac{\phi}{h} \tag{3.35}$$

となる。限界波長は仕事関数を〔eV〕で表すと

$$\lambda_c = \frac{1\,240}{\phi} \quad \text{〔nm〕} \tag{3.36}$$

となる。可視光線の波長は 400～800 nm 程度であるから，仕事関数が 1.6～3.1 eV の金属が可視光線によって電子放出が起こる。

単位面積の金属表面に単位時間当り入射する光子数を n_p，そこから単位時間当り放出される電子の数を n_e とするとき，$P = n_e/n_p$ を**量子効率**（quantum efficiency）という。一般に量子効率は数 % 以下である。単位入射光電力当りで考えれば，波長 λ を〔nm〕で表すと

$$J = 8.1 \times 10^{-4} P\lambda \quad \text{〔A/W〕} \tag{3.37}$$

となる。P が一定であれば，光電子電流は波長の増加とともに増加するが，実際には光電子放出量は金属の種類や表面の状態によって波長選択性がある。

〔2〕　**二次電子放出**　　高速粒子が固体表面に衝突したとき，その表面から電子が放出される現象を**二次電子放出**（secondary electron emission）という。高速粒子として，電子，イオン，中性粒子などがあるが，高速粒子の種類によって放出される**二次電子**（secondary electron）の量やエネルギー依存性が大きく異なる。固体中から放出される電子はごく表面近くの励起された電子に限られるので，**二次電子放出比**（secondary electron emission factor）は

高速粒子の表面近くの原子の殻内電子へのエネルギー変換の生じやすさに依存する。

(a) **電子衝突による二次電子放出** 電子と電子の相互作用は同じ質量の粒子どうしであるため効率的に生じる。励起された殻内電子が，表面において仕事関数以上の垂直方向のエネルギーを持てば，真空中に放出される。一次電子のエネルギーが仕事関数以上になると二次電子放出が起こり始め，一次電子のエネルギーの増加とともに二次電子放出比は増加するが，エネルギーが高くなり過ぎると，表面近くでのエネルギー変換効率が悪くなり，二次電子放出比は減少する。一般に二次電子放出比が最大となる一次電子のエネルギーは，数百 eV 程度である。

一次電子が固体表面に衝突すると，図 3.14 のように固体原子内の殻内電子と相互作用し，それらを励起する。電子殻の束縛から外れたものが表面まで拡散し，その位置でなお仕事関数以上のエネルギーを持ったものが二次電子として放出される。この過程によって放出される電子が真の二次電子と呼ばれ大部分を占める。しかし，二次電子の中には，原子核との衝突によって後方に散乱される一次電子も含まれる。固体原子の質量が大きい場合には，後方散乱される一次電子の量が多くなる。

二次電子のエネルギー分布は，図 3.15 のようになる。真の二次電子のエネル

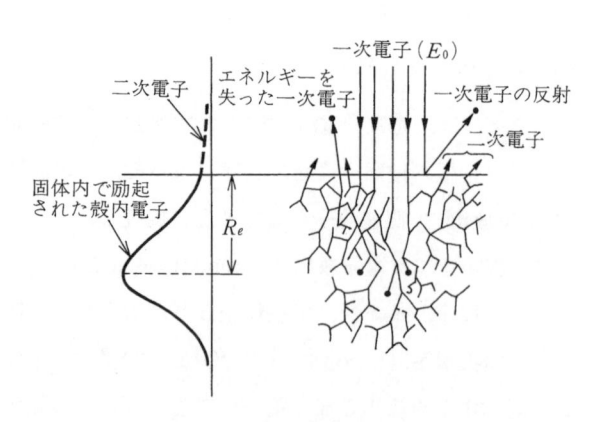

図 3.14 二次電子放出機構

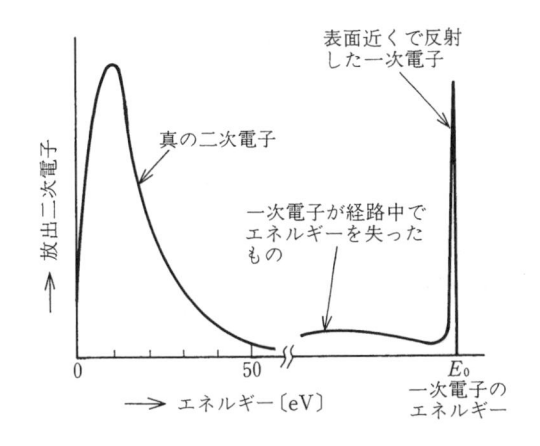

図 3.15 二次電子のエネルギー分布

ギーは数 eV に最大値を持ち，エネルギーの増加に伴なって急激に減少し，50 eV 以上のものはほとんどない。一次電子とほぼ同じエネルギーの二次電子が，後方散乱した一次電子である。後方散乱電子は途中の経路での相互作用によって多少エネルギーを失った状態で放出されるものもある。

一次電子1個当り放出される二次電子の個数を**二次電子放出比**（secondary electron emission factor）といい，δ_e で表す。固体内で電子殻の束縛から外れる電子の数の総数はほぼ一次電子のエネルギーに比例するが，それらの電子が発生する位置がエネルギーが高いほど奥のほうで表面への拡散が難かしくなるため，δ_e は強いエネルギー依存性を持つ。以下では，真の二次電子の放出比について考える。

一次電子のエネルギーを E_0 としたとき，電子が固体内部に侵入する平均深さ R_e は，$R_e = B(E_0)^n$ で表される。B は比例定数であり，n は一次電子のエネルギーによって変わる値で，$E_0 = 1\mathrm{MeV} \sim 10\mathrm{keV}$ のとき $n = 2$，$E_0 = 10 \sim 2\mathrm{keV}$ のとき $n = 3/2$，$E_0 = 2\mathrm{keV} \sim 800\mathrm{eV}$ のとき $n = 4/3$，E_0 が 800 eV 以下のとき $n = 1$ と近似できる。

一次電子との相互作用によって電子殻の束縛から外される固体内の電子が得る平均エネルギーを E_s とすると，それらの電子の総数はほぼ E_0/E_s であるか

ら，深さ R_e にできた個数 E_0/E_s の電子が表面まで拡散し，真空中に放出される電子の数は

$$\delta_e = A \frac{E_0}{E_s} \exp(-\alpha B(E_0)^n) \tag{3.38}$$

となる。ここで，A はエネルギー E_s を持つ電子が表面から真空中へ脱出する確率を表す係数で，仕事関数に依存する。二次電子放出比の最大値 δ_{em} とその最大値を与える一次電子のエネルギー E_{em} によって，式 (3.38) をつぎのように規格化できる。

$$\frac{\delta_e}{\delta_{em}} = \frac{E_0}{E_{em}} \exp\left(\frac{1}{n}\left\{1 - \left(\frac{E_0}{E_{em}}\right)^n\right\}\right). \tag{3.39}$$

清浄な表面を持つ金属の δ_{em} および E_{em} を**表 3.3** に示す。一般に E_{em} の値は数百 eV であることから，$n=1$ としたときの式 (3.38) を図に描くと **図 3.16** のようになる。

表 3.3 清浄な金属表面における二次電子放出比

元素記号	δ_{em}	E_{em} 〔eV〕	元素記号	δ_{em}	E_{em} 〔eV〕
Li	0.5	85	Rb	0.9	350
Be	0.5	200	Mo	1.25	375
C (煤)	0.45	500	Ag	1.47	800
Al	0.95	300	Cs	0.72	400
Si	1.1	250	Ba	0.83	400
K	0.7	200	Ta	1.3	600
Ti	0.9	280	W	1.35	650
Ni	1.35	550	Pt	1.8	700
Cu	1.3	600	Au	1.45	800
Ge	1.2	400	Th	1.1	800

一次電子が垂直入射でない場合には，入射角を θ とすると表面までの距離が $\cos\theta$ 倍短くなるので，垂直入射の二次電子放出比 δ_0 との比は次式で与えられる。

$$\frac{\delta_\theta}{\delta_0} = \exp(\alpha R_e (1 - \cos\theta)). \tag{3.40}$$

金属の表面を適当に処理したり合金や化合物を用いることにより，表面の仕

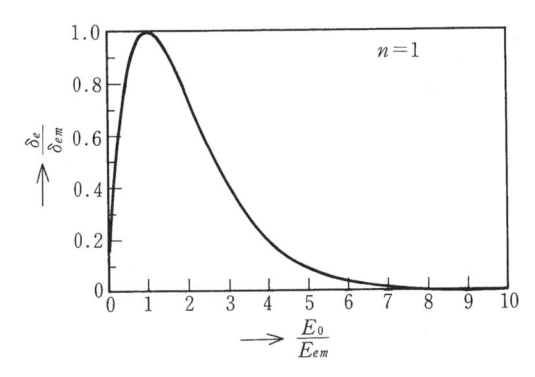

図 3.16 二次電子放出比のエネルギー依存性
（$n=1$のとき）

事関数を低下させて二次電子放出比の大きな表面を得ることが可能である。**表 3.4**に，種々の金属に表面処理したものや化合物の最大二次電子放出比の例を示す。

表 3.4 化合物および表面処理した物質の二次電子放出比

物質	δ_{em}	物質	δ_{em}	物質	δ_{em}
NaF	5.7	BeO	3.4	BaO·SrO	5〜12
NaCl	6〜6.8	SrO	2.6	Cs·Cs$_2$O·Ag	10.3
KCl	7.5	BaO	2.3	Rb·Rb$_2$O·Ag	8.8
RbCl	5.8	Al$_2$O$_3$	1.5〜4.8	K·K$_2$O·Ag	7.1
CsCl	6.5	Ag$_2$O	1〜1.2	Na·Na$_2$O·Ag	4.6
CaF$_2$	3.2	SiO$_2$	2.1〜2.9		

　二次電子の中には，原子特有のエネルギーを持つ**オージェ電子**（Auger electron）が含まれている。一次電子と原子との衝突によって内殻のK殻などの電子が外れて空位ができると，つぎのL殻からK殻へ遷移すると同時にL殻のもう一つの電子が静電相互作用によって外部に放出される。そのとき放出されるオージェ電子のエネルギーが原子特有の値を持つので，二次電子のエネルギー分布を詳細に調べることによって，どのような原子が固体に含まれているかを定量することができる。オージェ電子の数は非常に少ないが，そのエネルギー幅は

狭く急峻な分布を示すので，分布を微分することによってオージェ電子の信号を選び出し，分析に利用できる．

(b) **イオン衝突による二次電子放出**　高速イオンが固体表面に衝突すると，表面近傍の電子が励起されて二次電子が放出される．入射イオン1個当りの放出二次電子数を二次電子放出比γと表し，電子衝突による二次電子放出比と区別する．図 **3.17** に，白金およびSiO_2表面を炭素正・負イオンで衝撃したときの二次電子放出比を示す．

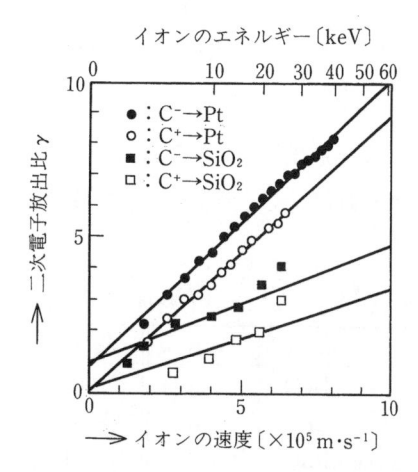

図 **3.17**　白金およびSiO_2表面を炭素正・負イオンで衝撃したときの二次電子放出比

高速イオンによる二次電子放出には，正・負イオン共通の機構とそれぞれ特有の機構がかかわっている．共通の機構としては，イオンと固体原子との粒子間衝突によって固体中の電子にエネルギーが付与され，電子放出が生じる機構である．正・負イオン特有の機構としては，正イオンの場合には電離電圧分励起されたエネルギーによる電子放出機構であり，負イオンの場合には電子親和力の弱い結合力の負イオン電子が衝突により放出される機構である．

共通の機構であるイオンと固体原子の粒子間衝突の中心は原子核どうしの衝突であるため，固体電子の励起効率は低く，イオンのエネルギーが keV 以上に

おいてのみ明確に現れる．イオンから固体中の電子へのエネルギーの移行量，すなわち電子阻止能はイオンの速度に比例するので，この機構による二次電子放出はイオンのエネルギーの平行根に比例し，**カイネティック放出**（kinetic emission）と呼ばれている．

正イオンの電離電圧エネルギーが作用する二次電子放出機構は，**ポテンシャル放出**（potential emission）と呼ばれている．この機構は，金属表面近傍に高いポテンシャルエネルギーに励起された状態の粒子があると，オージェ中和の過程によって電子が放出されるものである．ポテンシャル放出による二次電子放出比 γ の近似式は，キシネブスキーによって与えられている．

$$\gamma = \frac{0.2(0.8V_i - 2\phi)}{E_f}. \tag{3.41}$$

例えば，アルミニウムの場合，$V_i = 15.8\,\text{eV}$，$\phi = 4.25\,\text{eV}$，$E_f = 11.6\,\text{eV}$ であるから，$\gamma = 0.07$ となる．このように1価イオンのポテンシャル放出の寄与は小さいが，電離電圧の大きな多価イオンでは，この機構による電子放出が大きくなる．

負イオン衝突の場合には，負イオンの電子離脱断面積が $10^{-15}\,\text{cm}^2$ 程度と大きいため，固体表面の第1層原子との相互作用で負イオンの電子が離脱し，それが真空中に放出される．したがって，負イオンのエネルギーを0に外挿した二次電子放出比は約1になる．

コーヒーブレイク

電極から放出される二次電子を抑制したいときには，その電極の手前に電極に対して $-50\,\text{V}$ 以上の電位がかかるようにすればよい．また，二次電子放出過程の時定数は非常に小さく，$7 \times 10^{-11}\,\text{s}$ 以下であるので，二次電子放出を利用した高速の電子装置（例えば，二次電子増倍管）をつくることができる．

3.2 電子ビームの形成

電子ビーム断面は有限であるため，ビームの電荷が存在する領域とビーム外の電荷が存在しない領域ができる。

限られた面積の陰極から加速方向のそろった電子の束，すなわち電子ビームを引き出すためには，ビーム領域とビーム外領域の境界において電位分布の乱れがあってはいけない。すなわち，境界において両電位分布が一致する必要がある。ビーム外領域に適当な構造の電極を配置することにより，このような要求を満たす方法をピアスが提案した。この方法を用いた電子ビーム形成法をピアス型電子銃と呼ぶ。

電子ビームが加速されたあと，無電界空間を進行する場合においても，ビーム内電荷により発生する電界によりビームが進行とともに発散する。電子ビームが発散する力を軸方向磁界によるローレンツ力により打ち消す方法をブリユアンが提案した。このような方法でビームの発散を抑制したビームをブリユアンの流れという。

3.2.1 ピアス型電子銃

陰極から電子が空間電荷制限で陽極へ引き出されるとき，電子ビーム内電位はビーム進行方向距離 z に対して $z^{4/3}$ で変化する。電子ビームの外になにもなければ，その領域の電位は z に対して直線的に変化するので，ビーム内外の境界で電位の差が生じ，電子ビームは発散する。電子のない部分に適当な電極を配置し，ビーム外の電位をビームの境界において $z^{4/3}$ で変化させることができる。電子の加速空間にこのような電極を配置し，発散せず平行に直進する電子ビームを形成する引出し電極系をピアス型電子銃という。

図 **3.18** に示すようなシート状ビーム断面を持つ電子引出し電極系を考える。電子が電極 1（陰極：電位 0）から電極 3（陽極：電位 V_0）に向かって，z 軸に平行に発散することなく直進加速するものと仮定する。陰極（電極 1）から初速

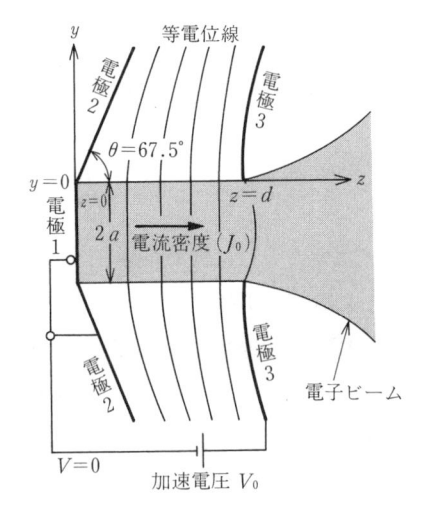

図 *3.18* シート状電子ビームの引出し

度 0 の電子が放出され，空間電荷制限電流が引き出されているとすれば，電子ビーム内の位置 z における電位 V ($0 \leq V \leq V_0$) は次式で表される。

$$V = Az^{4/3}. \tag{3.42}$$

ここで

$$A = \left(\frac{9J_0}{4\varepsilon_0}\sqrt{\frac{m_e}{2e}}\right)^{2/3} \tag{3.43}$$

である。

　一般に複素関数 $f(w)$ ($w = z + iy$ であり，$f(w = z + iy) = \phi + i\Psi$ とおく) が正則 (ϕ, Ψ が全微分可能でコーシー・リーマンの関係式を満たす) であれば，ϕ は z, y に関するラプラスの方程式を満たすことが証明されている。z-y 複素領域を図 *3.18* におけるビーム外の領域に適用する。この領域における複素関数として，式 (3.42) の z を w で置き換えた関数を考えると，この関数は正則であるから，ビーム外領域の電位をこの関数の実数部によって表現できる。

$$V = A(z^2 + y^2)^{2/3} \cos\left(\frac{4}{3}\tan^{-1}\frac{y}{z}\right). \tag{3.44}$$

　上式において電位が 0 となるのは，$\cos\{(4/3)\tan^{-1}(y/z)\} = 0$，すなわち

$(4/3)\tan^{-1}(y/z) = \pi/2$ の条件の位置であるので，その位置に電位 0 の電極 2 を配置すればよい．電極 2 の断面は直線で表され，それが z 軸となすべき角度 θ $(=\tan^{-1}(y/z))$ は

$$\theta = \frac{3}{4} \times \frac{\pi}{2} = 67.5° \tag{3.45}$$

となる．電極 2 は，ピアス電極あるいは補助電極と呼ばれている．

このように発散を抑制した状態で引き出された電子ビームも，陽極を通過するとき，強電界の空間から無電界空間に移行するため，静電レンズ効果によってビームが発散してしまう．この発散性の静電レンズの焦点距離は陰極と陽極の距離の約 3 倍である．陽極を出たあとのビームを平行に進行させるには，電子の引出し領域で多少集束性のビームを形成しておく必要がある．

3.2.2 ビーム発散抑制法（ブリユアンの流れ）

進行方向に電界のない空間を電子ビームが進行する場合，ビーム内の空間電荷によって発生する径方向の電界によってビームが発散する．ビームを直進させるため，空間電荷による発散力を抑える種々の方法が考えられる．周期性磁界や周期性電界は，集束レンズを連続的に配置して発散を抑える方法である．イオンによる空間電荷中和は，発散のもとになる原因を消滅させる方法である．一方，ビームの進行方向に一様な磁界をかけて生じるローレンツ力による向心力を用いて，電子ビームの発散を抑制することも可能である．この方法はブリユアンによって提案された．以下に一様な磁界による電子ビームの発散抑制法について考えてみる．

図 **3.19** に示すように，円形断面の電子ビームを考える．ビーム内の電子密度分布が断面内で一様であるとし，無磁界空間から一様な軸方向磁界 B の空間へ，磁界に平行に電子が入射するとする．ビーム内で中心軸から径方向に r だけ離れた電子が受ける径方向の力としては，空間電荷によって生じる内部電界 E_r による外向きの力，電子の θ 方向回転運動 v_θ によって生じる遠心力の外向きの力，θ 方向回転運動と軸方向磁界により生じるローレンツ力である内向きの力

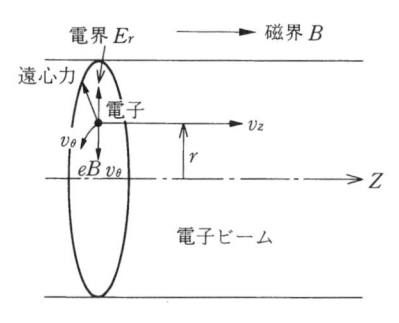

図 3.19 一様磁界による電子ビーム
発散の抑制法(ブリユアンの流れ)

がある。

外向きの力と内向きの力が等しいとき，ビーム発散力はなくなり，電子ビームの径は位置 z に対して変わらなくなる。このような状態をブリユアンの流れという。そのための条件は次式で表される。

$$eBv_\theta = \frac{m_e v_\theta^2}{r} - eE_r. \tag{3.46}$$

電子ビームの半径を a，電子ビーム電流を I_0，加速電圧を V_0 とすると，空間電荷によって生じる径方向電界 E_r は

$$E_r = -\frac{r}{a^2}\frac{I_0}{2\pi\varepsilon_0\sqrt{\dfrac{2eV_0}{m_e}}} \tag{3.47}$$

となる。また，電子ビームが無磁界空間から一様な磁界空間に入射したとき，電子は次式に示す θ 方向の回転速度を得る (*5.1.2 項の中の"磁界レンズの近軸軌道方程式"を参照*)。

$$v_\theta = r\frac{eB}{2m_e}. \tag{3.48}$$

式 (3.46), (3.47), (3.48) から，発散抑制に必要な磁界を求めることができる。

$$\begin{aligned}B^2 &= \frac{\sqrt{2}I_0}{\pi\varepsilon_0\left(\dfrac{e}{m_e}\right)^{3/2}V_0^{1/2}a^2}\\ &= \frac{0.69\times 10^{-6}\times I_0\,\text{[A]}}{V_0^{1/2}\,\text{[V]}\,a^2\,\text{[m]}}\quad \text{[T}^2\text{]}.\end{aligned} \tag{3.49}$$

上式はブリユアンの流れに必要な磁束密度を表している．式中に半径 r がないので，電子ビーム中のすべての半径位置にある電子に対して同じ磁界でよいことを示している．例えば，加速電圧 5kV，電流 100mA，直径 5mm の電子ビームに対しては，ブリユアンの流れに必要な磁束密度は 1.25×10^{-2} T（= 125 G）となる．

章 末 問 題

(1) 熱電子放出材料のよさを決める指針となるものとして，どのような値が用いられるか，理由を付して説明せよ．
(2) 熱電子放出電極を陰極としたダイオードの電流電圧特性を図示し，なぜそのような特性になるか説明せよ．
(3) 金属表面からの熱電子放出を容易にするため，どのような工夫が行われているか列挙せよ．
(4) 電界放出に必要な電界はどの程度かを示し，そのような電界を金属表面に形成するための方法を述べよ．
(5) 電流電圧特性から，電界放出が生じていることを確かめる方法について説明せよ．
(6) 電界放出エミッタを微小にすることによって生じる利点について説明せよ．
(7) 固体表面への電子照射，正，負イオン照射による二次電子放出特性について述べよ．
(8) リボン状の電子ビームを陰極から空間電荷制限条件で引き出す場合，平行ビームとして引き出すために用いられる補助電極の形状はどのようなものであるかを理由を付けて説明せよ．
(9) 電子ビームの軸方向に一様な磁界をかけて電子ビームの発散を抑制する，ブリユアンの流れの条件を導出せよ．

4. イオンの発生とビーム形成

　中性原子あるいは分子から電子を取り去れば正イオンに，電子を付着すれば負イオンになる。そのための電子の供給および捨て場をどこに求めるかによって，イオンの発生法を大きく二つに分けることができる。移動が自由な電子が多量に存在する場所として，真空中（準位）および金属のフェルミ準位がある。

　電子ビームにより原子や分子を衝突電離すると遊離電子は真空中に放出されるが，イオンのつくるクーロン場に捕らえられてプラズマができる。真空中あるいはプラズマ中に浮遊する低エネルギー電子が原子や分子に付着すると負イオンができる。このように，電子の供給および捨て場を真空中とするイオンの発生法では，プラズマが関与する。

　金属表面とそのごく近傍に位置する原子との間では，電子のトンネリングが生じる。原子の電離電圧準位の電子が金属のフェルミ準位の空き準位に移動すれば正イオンが，金属のフェルミ準位の電子が原子の電子親和力の空き準位に移動すれば負イオンが発生する。この移動を積極的に生じさせるために，正イオンの発生には金属表面に強電界を印加し，負イオンの発生には金属の仕事関数を低下させる方法が用いられる。このような電子の供給および捨て場として金属のフェルミ準位を利用するイオン発生法を表面効果法と呼んでいる。

　ここでは，これら電子衝突および表面効果によるイオンの発生法と，プラズマからのイオンビームの形成について説明する。

4.1　イオン源プラズマにおけるイオンの発生

　原子や分子から電子を引き離してイオンを発生させるためには，同じ質量を持つ電子との衝突電離が最も効果的であるため，この電離法がイオン源のためのプラズマ生成法として用いられている。イオン源で扱うプラズマを特定して，

イオン源プラズマと呼ぶことがある．特殊な用途を除けば，工学応用では一価イオンで十分であるため，ここでは一価イオンを主としたイオン源プラズマについて考える．

4.1.1 電離衝突によるイオン源プラズマの生成

電子との電離衝突によってプラズ生成室においてイオン源プラズマを生成するとき，プラズマ密度がどのような物理量の関数として表されるかを考える．プラズマ密度は，イオンの発生量と消滅量の釣合いによって決まる．単位時間当りのイオンの発生量は電離電子の密度と速度，電離断面積，中性粒子密度に比例する．

一方，イオンの消滅は，プラズマ電子との再結合よりも，イオンがプラズマ生成室壁面に衝突して消滅する割合が圧倒的に多い．このような場合の単位時間当りのイオンの消滅量は，イオン密度をイオン閉込め時間で割った値に比例する．したがって，イオン密度の時間変化は次式のように表される．

$$\frac{dn_i}{dt} = n_0 \langle \sigma \cdot v_e \rangle n_e - \frac{n_i}{\tau_{ci}}. \tag{4.1}$$

ここで，n_0は中性粒子密度，σは電離断面積，v_eは電子の速度，τ_{ci}はイオン閉込め時間を表す．また$\langle\ \rangle$は，電子密度の分布関数によって重みを付けた積分を行う平均操作をすることを表す．

定常状態では$dn_i/dt = 0$であるので，式(4.1)からイオン密度すなわちプラズマ密度が求まる．

$$n_i = \tau_{ci} n_0 \langle \sigma \cdot v_e \rangle n_e. \tag{4.2}$$

高密度のプラズマを得るためには，イオン閉込め時間を長く，中性粒子密度を高く，電離に適したエネルギーを持つ電子の密度を高くすることが必要になる．

イオン閉込め時間は，プラズマ生成室の構造によって決まるものであり，イオン消滅の原因となる金属表面の面積が少ないほどこの値は大きく，不必要な金属面ができるだけ少ない構造が望ましい．また，中性粒子密度に関しては中性粒子密度が高いほどガス効率が悪くなるので，ガス効率を数%～数十%とす

るためには，ガス圧力にして $10^{-1} \sim 1\,\mathrm{Pa}\,(=10^{-3} \sim 10^{-2}\,\mathrm{Torr})$ に保つ必要がある。

イオン閉込め時間を大きくしたりガス圧力を高くすることには限度があり，これらによる大幅なプラズマ密度の増加が望めない。イオン源に適した $10^{12}\,\mathrm{cm}^{-3}$ 程度の高い密度のプラズマを得るために最も重要なことは，大きな電離断面積を持つ電子をプラズマ中に高密度に存在させることである。

電離電圧の数倍のエネルギー（50〜100eV）の電子は，電離断面積が最も大きいが，そのような電子でもガス圧力が $10^{-1} \sim 1\,\mathrm{Pa}$ における電離衝突の平均自由行程は，プラズマ生成室の寸法より数けた大きい。したがって，電離のための電子の軌道を壁面に衝突しないよう操作してプラズマ生成室領域内に閉じ込め，等価的に電子の密度を数けた上げることにより効率のよいプラズマ生成を行う必要がある。

〔1〕　**電子閉込め法と対応するイオン源**　電離のための電子の閉込めは，表 4.1 に示すように，電界，直交電磁界，磁界，不均一磁界などが利用できる。イオン源の各名称は，この閉込め方法に由来するものが多い。

（a）**静電界の利用**　静電界を利用するものでは，図 4.1 のニールセン型イオン源のように，陰極（フィラメント）と同電位の反射電極との間で電子を往復運動させる原理のものや，図 4.2 のホローカソード型イオン源のように，円筒状カソード（フィラメントを螺旋状に巻いたもの）の中にプラズマをつくり，プラズマ電位で電子を引き出して閉じ込める原理のものがある。

コーヒーブレイク

電離層のような広い空間に分布するプラズマとイオン源プラズマのように比較的小さな容器内に存在するプラズマでは，イオンの消滅過程がまったく異なる。電離層のプラズマでは，ランダム運動するイオンが移動できる距離は非常に長いので，その間に電子と衝突し電子との再結合によって消滅する。しかし，イオン源プラズマのように狭い容器に囲まれたプラズマであると，イオンが移動できる距離が短いため，電子と再結合するより先に容器の壁面に衝突しその表面でイオンが消滅してしまう。

4. イオンの発生とビーム形成

表 4.1 電離のための電子の閉込め方法

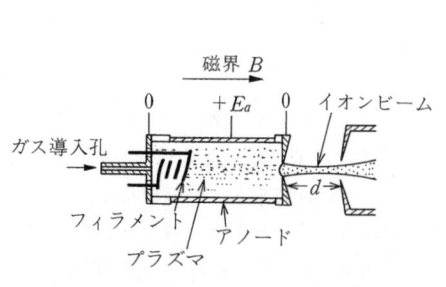

電界の利用	電子の振動運動	
電界と磁界 (直交電磁界) の利用	電子のトロコイダル運動	
不均一磁界の利用	電子のミラー磁界での反射運動	

図 4.1 ニールセン型イオン源の動作原理図

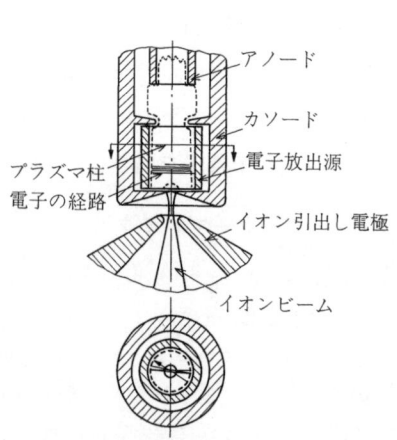

図 4.2 ホローカソード型イオン源の動作原理図

4.1 イオン源プラズマにおけるイオンの発生

(b) 直交電磁界の利用　直交電磁界を利用するものの原理は，マグネトロンにおける電子の軌道と同様な方法で，図4.3に示すように，トロコイダル運動をエンドレスにする方法である．トロコイダル運動を同軸円筒（外半径：r_b，内半径：r_a）内に閉じ込めるために必要な最小磁界 B_c は，次式で表される．

$$B_c = \frac{\sqrt{\frac{8m_e}{e}}}{r_b\left\{1-\left(\frac{r_a}{r_b}\right)^2\right\}}\sqrt{V_a} = \frac{6.74}{r_b\left\{1-\left(\frac{r_a}{r_b}\right)^2\right\}}\sqrt{V_a}. \quad (4.3)$$

ただし，r_a, r_b は〔cm〕，V_a は〔V〕，B_c は〔G〕を単位とする．例えば，$r_a \cong 0$，$r_b = 1\,\text{cm}$，$V_a = 100\,\text{V}$ のとき，$B_c = 67\,\text{G}$ となる．この電子閉込め法を用いたイオン源の具体例として，図4.4に示すカウフマン型イオン源がある．

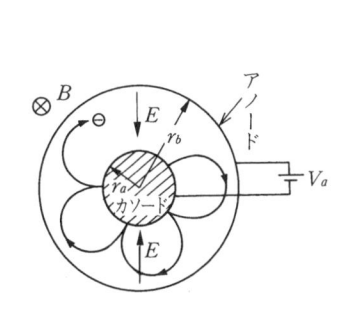

図4.3　マグネトロンモードによる電離電子の閉じ込め

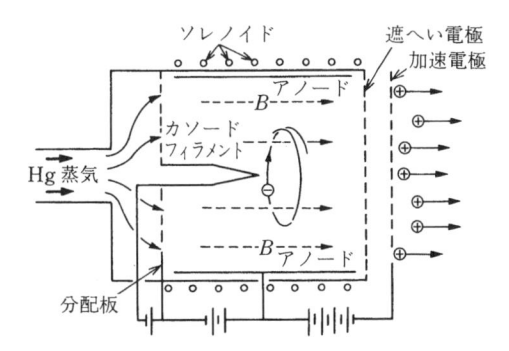

図4.4　カウフマン型イオン源の動作原理図

直交電磁界を利用する代表的イオン源構造として **PIG**（penning ionization gauge）**構造**がある．これは図4.5に示すような電極構造で，カソード（陰極）と反射電極付近ではマグネトロンモード，中央では電界による反射モードを利用する．一般的には，B_c よりはるかに高い磁界を用い，印加電圧も高い．図4.6に PIG 型イオン源の例を示す．

直交電磁界で電子の軌道を制御するイオン源の一つとして，図4.7に示すフリーマン型イオン源がある．このイオン源では，径方向電界に直交する2成分の磁界が存在する．一つは外部磁界であり，ほかの一つはフィラメント電流に

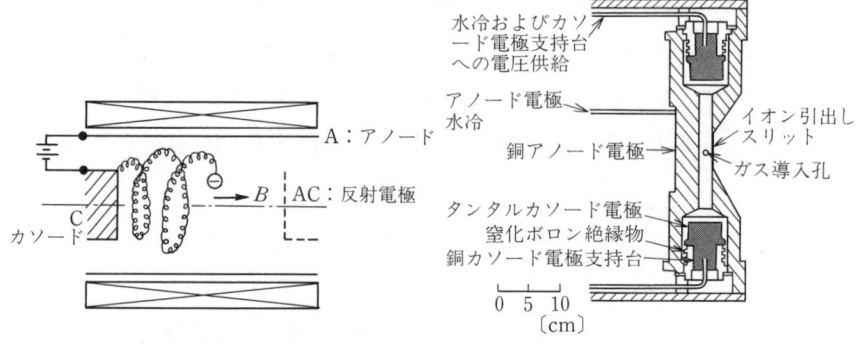

76   4. イオンの発生とビーム形成

図 4.5　PIG構造による電離電子の閉込め

図 4.6　自己加熱型陰極，径方向引出し方式のPIG型イオン源

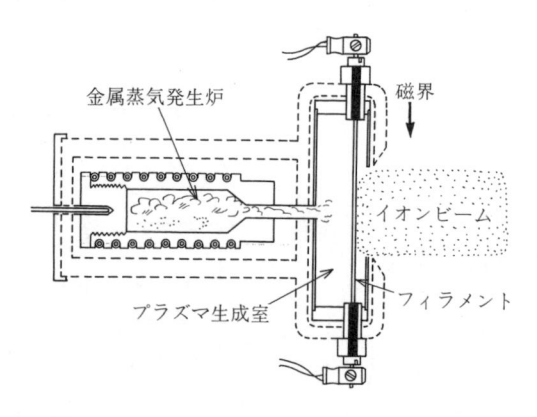

図 4.7　フリーマン型イオン源の動作原理図

よって生じるフィラメント周りの回転磁界である。

(c)　**不均一磁界の利用**　不均一磁界が存在する領域では，電子の閉込め領域の大きさを L [cm]，電子のエネルギーを E [eV] として，磁界 B [G] が $BL \gg 3E^{1/2}$ の条件を満たすとき，磁気モーメント μ

$$\mu = \frac{\frac{mv_\perp^2}{2}}{B} \tag{4.4}$$

が保存される。粒子の運動エネルギー

$$\frac{m(v_\parallel^2 + v_\perp^2)}{2} \tag{4.5}$$

も保存されるから，図 4.8 に示すように，磁界の強くなる部分に移動すると $v_\parallel$ が小さくなり，$v_\parallel = 0$ となる位置で電子は反射する。このようにして電子の閉込めができる。磁界の強さは数 kG で十分であり，ミラー比 B_m/B_0 が大きいほど閉込め効果が大きい。

この方法は，図 4.8 のような磁界分布による電子の閉込めだけでなく，図 4.9 に示すように，壁面に何本もの棒状の永久磁石を並べてカスプ磁界をつくり，壁面への電子移動を抑える手法としてもよく用いられる。

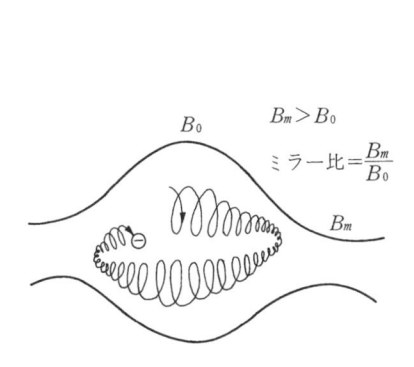

図 4.8　ミラー磁界による電離電子の閉込め

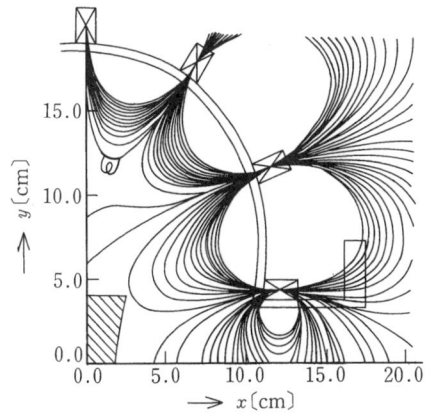

図 4.9　壁面のカスプ磁界による電子の閉込め

〔2〕　**電離のための電子の発生法**　一方，これら電離のための電子をどのように発生するかということも重要である。直流放電を利用する場合には，電子源として，冷陰極，熱陰極（フィラメント），プラズマ陰極が用いられる。熱陰極は電子放出制御性がよいので最もよく用いられるが，酸素のような活性なガス中ではすぐに酸化され，イオン源としての寿命を十分得ることができない。フィラメントのない冷陰極では，この問題をある程度避けることができるが，放電が不安定であるという問題がある。それに対して，不活性ガスの放電

やマイクロ波放電で生成したプラズマから電子を引き出せば，陰極の寿命の問題が解決される。

MHzオーダーの周波数（よく用いられるのは13.56 MHz）を用いる高周波放電では，1周期の間に電子が電極間（プラズマ生成室寸法）を移動できるが，イオンはほとんど動くことはできない。しかし，放電現象としては冷陰極直流放電の延長と見ることができる。フィラメントがないので，活性なガスの放電が可能である。

マイクロ波放電（よく用いられる周波数は2.45 GHz）では，1周期の間にはイオンも電子もプラズマ生成室寸法の距離を動くことはできない。電子がマイクロ波からエネルギーを効果的に得る過程は，**電子サイクロトロン共鳴吸収**（electron cyclotron resonance, **ECR**）である。ECRを生じさせるために，共鳴用の磁界が必要である。周波数が2.45 GHzの場合，この磁界の大きさは875 Gである。マイクロ波放電も，フィラメントが不要であるため，活性なガスの放電が可能である。

4.1.2 体積生成による負イオンの発生

負イオンは，原子や分子に電子が1 eV程度の電子親和力で弱く付いた状態であるため，数eV以上のエネルギーを持った電子が多数存在するプラズマ中では，すぐに電子と分離してしまう。したがって，特別の工夫をしていないイオン源プラズマでは，その中に含まれる負イオンの量はきわめて少ない。

振動励起分子（特に水素分子）は，図 *4.10* に示すように，1 eV程度の低エネルギー電子との解離性付着による負イオンの断面積が大きい。また，振動励起分子を生成するためには，図 *4.11* に示すように，40 eV程度の電子を分子に衝突させるのが効率がよい。最適な電子のエネルギーの大きさが異なるこれら二つの過程を効果的に生じさせるため，振動励起分子の発生空間と解離性電子付着空間を，図 *4.12* に示すように磁気フィルタ（数十Gの横磁界）で分離する方法が用いられる。

振動励起分子の発生空間には通常の正イオンの場合と同様な電子源があり数

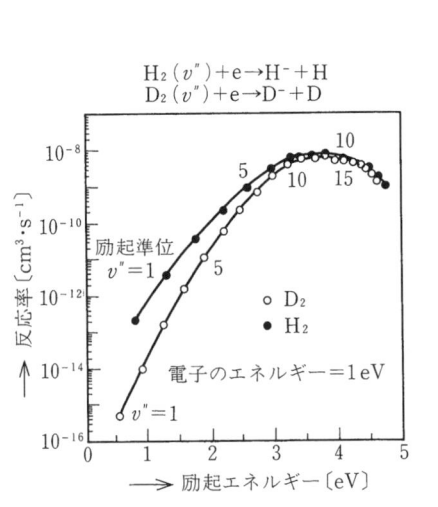

図 4.10 振動励起分子の解離性電子付着反応率

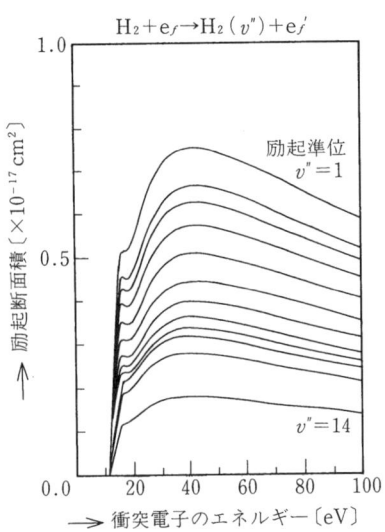

図 4.11 電子による水素分子の励起衝突断面積

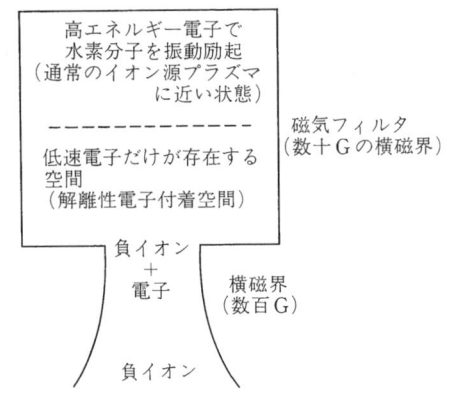

図 4.12 磁気フィルタにより電子のエネルギーの異なる2空間を形成する負イオン生成法

十 eV の電子が存在するが,このような比較的エネルギーの高い電子は磁気フィルタを横切ることができないので,振動励起分子と低エネルギー電子だけが解離

性電子付着空間へ拡散することになり，この領域で負イオンを効率よく発生させることができる。このような負イオン発生法を**体積生成**（volume production）と呼んでいる。解離性電子付着空間に開けた小孔から負イオンを引き出すと，電子も一緒に引き出されるので，引出し領域に数百Gの横磁界をかけて電子を分離し，負イオンだけを引き出す。

核融合プラズマの中性粒子入射加熱のために，体積生成法を用いた大電流の水素負イオン源が開発されている。図4.13はそのようなイオン源の一例である。

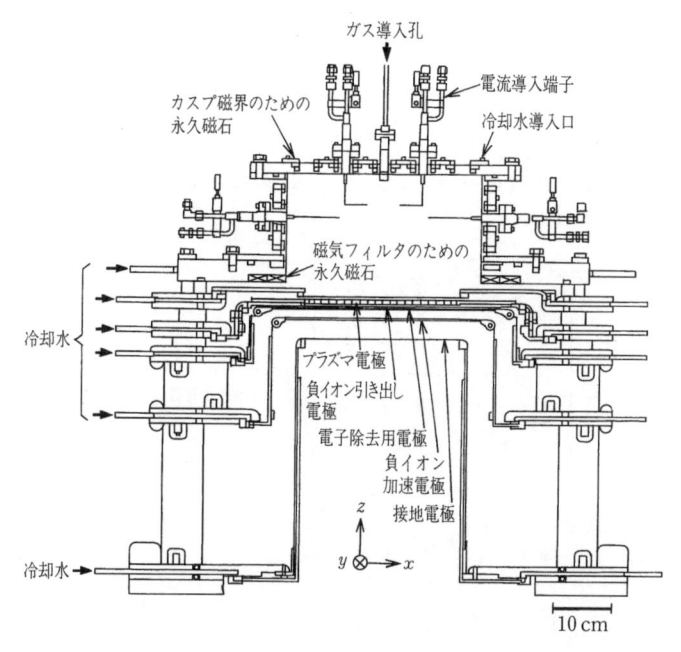

図 4.13 体積生成法を用いた大電流負イオン源

4.2 表面効果法によるイオンの発生

表面効果法は，電子の供給源および捨て場を金属のフェルミ準位付近の電子および空き準位に求めたイオン発生法である。金属表面近傍に原子が位置する

とき，電子に対するエネルギー障壁は**図4.14**のようになる．電離過程に，仕事関数，電子親和力，電離電圧，表面電界，粒子放出速度がどのようにかかわるかによって，電離機構およびその名称が**表4.2**のように異なる．

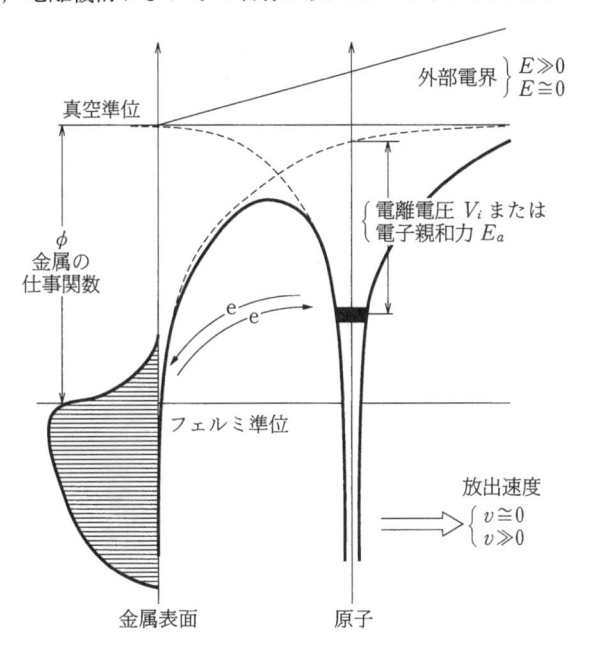

図4.14 金属表面近傍原子における電子の
エネルギー障壁

表4.2 表面効果を利用した種々のイオン生成法と主要な物理量の関係

電離機構	イオンの種類 (正・負)	金属の仕事関数 ϕ	電子親和力 E_a	電離電圧 V_i	表面電界 E	粒子放出速度 v
表面電離	正	より高く	——	$V_i \leq \phi$	$\cong 0$	$\cong 0$
	負	より低く	$E_a \geq \phi$	——	$\cong 0$	$\cong 0$
電界電離	正	\multicolumn{4}{l	}{$V_i - \phi \cong xE$ (x:金属と原子間距離)}	$\cong 0$
電界蒸発	正	\multicolumn{4}{l	}{$\Lambda + \Sigma V_i - n\phi - \sqrt{\dfrac{n^3 e^3}{4\pi\varepsilon_0}} E^{1/2}$ (Λ:昇華エネルギー)}	$\cong 0$
二次イオン放出	負	より低く	より高く		$\cong 0$	より速く
		\multicolumn{5}{l	}{$\eta^- \cong \dfrac{2}{\pi} \exp\left(\dfrac{-\pi(\phi - E_a)}{2av_\perp}\right)$}

4. イオンの発生とビーム形成

各種元素の電離電圧，仕事関数，電子親和力を数直線上に表すと，図 **4.15** のようになる。

表面電離によって，$\phi \geq V_i$ の組合せで正イオンが生成され，$\phi \leq E_a$ の組合せで負イオンが生成される。しかし，この組合せによって生成が可能な元素は，正イオンでは電離電圧の小さなアルカリ金属，負イオンでは電子親和力の大きなハロゲン元素に限られるのであまり実用的でない。そこで，原子が正イオンになりやすい状況にするために強電界を印加し，負イオンになりやすい状況にするために金属表面の仕事関数を下げ，粒子を高速で飛び出させることによってイオン源として十分な量のイオンを発生させる発生法として利用できる。

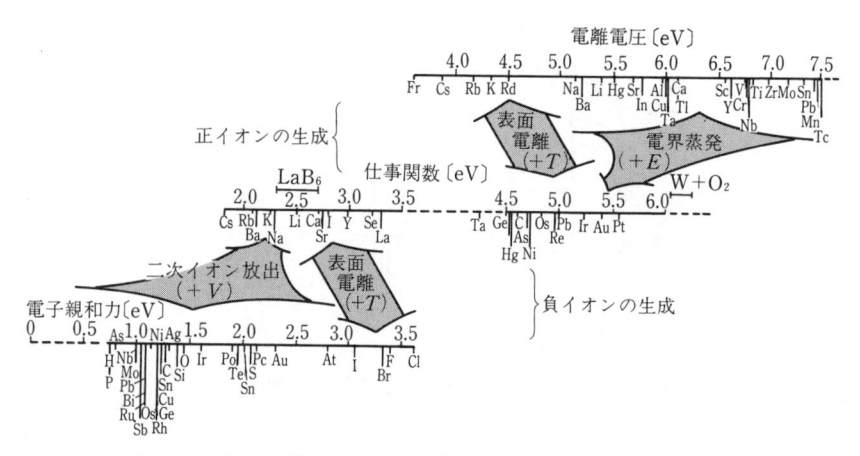

図 **4.15** 各種元素の電離電圧，仕事関数，電子親和力の関係と，表面効果を用いた正・負両イオン生成における電離可能領域

4.2.1 電界蒸発による正イオンの発生

正イオンの発生を助けるためには数十 V/nm の強電界が必要である。このような強電界を発生させるためには，曲率半径が μm 程度にとがった針の先端局所を用いるしかない。微小な局所から，イオン源として利用できる程度の電流を得るためには，イオン化物質の供給形態としてガスより密度が数けた高い液体状態である必要がある。

タングステンなど高融点金属の針先端に液体状に溶融した金属を付着させて

電界を印加すると，図**4.16**に示すように，液体金属は電界による応力によって先端がさらに細くなり，電界蒸発しやすい状態が自動的に実現される。先端曲率半径が r_t の表面に表面張力 γ の液体金属が着いているとき，表面張力による液面内側への応力は式(4.6)で表される。

$$\sigma_\gamma = \frac{2\gamma}{r_t}. \tag{4.6}$$

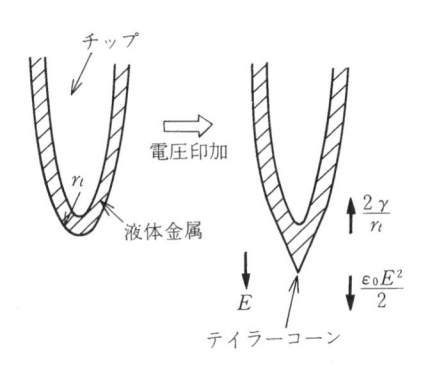

図 4.16 液体金属に電界を印加したときの変化

一方，電界 E による液面外側への応力は，式(4.7)で表される。

$$\sigma_E = \frac{\varepsilon_0 E^2}{2}. \tag{4.7}$$

両応力が釣り合ったとき，液体金属を液体内にとどめようとする力がなくなり，表面形状は真空中へよりとがり，最終的には半頂角が 49.3°の円錐(**テイラーコーン**(Taylor cone))が形成される。このときの臨界電界は次式で表される。

$$E_{th} = \sqrt{\frac{4\gamma}{\varepsilon_0 r_t}} = 4.75 \times 10^5 \times \sqrt{\frac{2\gamma}{r_t}} \quad \text{[V/m]}. \tag{4.8}$$

対面電極間距離を d とし電極間電圧を V としたとき，回転放物面先端の電界は，つぎのように表すことができる。

$$E = \frac{2V}{r_t \ln \frac{4d}{r_t}} \quad (4d \text{ は，引出し電極に孔が開いているとき}).$$

$$\tag{4.9}$$

式 (4.8), (4.9) から, 液体粒子放出開始電圧 V_{th} を見積もることができる.

$$V_{th} = \sqrt{\frac{\gamma r_t}{\varepsilon_0}} \ln \frac{4d}{r_t}$$
$$= 3.36 \times 10^5 \sqrt{\gamma \text{ [N/m] } r_t \text{ [m]}} \ln \frac{4d \text{ [m]}}{r_t \text{ [m]}} \quad \text{[V]}. \quad (4.10)$$

例えば金の場合, $\gamma = 1.0$ N/m であるので, $r_t = 1 \times 10^{-5}$ m, $d = 2 \times 10^{-3}$ m とすると, V_{th}=7.1 kV となる.

高電界下において, 熱運動エネルギーを持つ金属元素が電位障壁 Q を越えて金属表面から放出される電流密度は, 次式で表される.

$$i = eNA \exp\left(-\frac{Q}{kT}\right). \quad (4.11)$$

ここで, N は有効放出状態密度数でほぼ液体金属の表面原子密度であり, A は比例係数で束縛原子の回転周波数～10^{12} [s^{-1}] である. 電位障壁は, **イメージハンプモデル**（image hump model）によれば次式のようになる.

$$Q = U_0 + \sum_{j=1}^{n} V_{ij} - n\phi - \sqrt{\frac{n^3 e^3}{4\pi\varepsilon_0}} E^{1/2}. \quad (4.12)$$

U_0 は電界蒸発原子の昇華エネルギー, V_{in} は n 価の電離電圧を表す. $Q = 0$ となる電界が, 実質的なイオン生成に必要な電界とみなすことができる. 代表的金属の昇華エネルギー, 電離電圧, 仕事関数および各電荷の蒸発電界値を, **表 4.3** に示す.

表 4.3 代表的金属の昇華エネルギー U_0, 電離電圧 V_i, 仕事関数および各電荷の蒸発電界値 E_i

元素	U_0 [eV]	仕事関数 [eV]	V_1 [eV]	V_2 [eV]	V_3 [eV]	E_1	E_2	E_3
Li	1.85	2.5	5.39	75.64	122.45	14	520	
B	3.20	4.5	8.28	28.12	37.60	63	95	113
Al	3.23	4.1	5.89	18.83	28.45	19	35	50
Si	4.14	4.8	8.15	16.35	33.50	47	34	60
Ti	4.70	4.0	6.82	13.58	27.49	41	26	43
Cu	3.37	4.6	7.73	20.92	36.83	30	43	77
Ge	3.85	4.8	7.88	16.12	34.10	35	29	58
Ag	2.84	4.6	7.58	21.49	34.83	24	45	72
W	8.29	4.5	7.98	18.00	24.00	102	57	52
Au	3.65	4.3	9.23	20.50	30.00	53	54	66

〔注〕 E_1, E_2, E_3 の単位は〔V/nm〕である.

電界蒸発による電離の特徴として，元素によっては，価数の高いものほど蒸発電界値が低いものがあることである．蒸気圧の高い金属の場合には，共晶合金の低融点化を利用して，低温度で動作させることができる．1本の針先端から，$1 \sim 100\ \mu$A 程度の金属イオン電流が得られる．複数本の針先端からイオンを放出させると，mA 程度の電流を得ることができる．

4.2.2 二次負イオン放出による負イオンの発生

二次負イオン放出では，金属表面の Cs 被覆による低仕事関数化と 粒子の高速放出機構 (反射とスパッタリング) を積極的に行って，効率よく負イオンを生成する．二次イオン放出では，図 **4.17** に示すような方法で負イオンを生成す

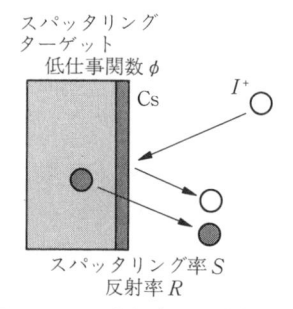

図 **4.17** 二次負イオン放出による負イオン生成法の説明図

コーヒーブレイク

針先端近傍にできた数十 V/nm 強電界の領域にガス粒子が入り，ガス粒子の電離電圧準位が上昇して金属のフェルミ準位以上であれば，ガス粒子から金属へ電子がトンネリングしてガス粒子が正イオンとなる．この電離現象は電界電離と呼ばれるが，このような条件を満足する領域がきわめて狭いため，この領域に入ってくるガス粒子の数が非常に少ない．一般に電界電離により得られる電流は pA〜nA と少ないため，特殊な用途にしか利用できない．

る。この生成法によって得られる負イオン電流は，次式のようになる。

$$I^- = I^+ k\eta^-. \tag{4.13}$$

ここに，kはスパッタリング率Sまたは反射率Rであり，I^+は表面への正イオン電流，η^-は負イオン生成確率を表す。

負イオン生成確率は

$$\eta^- \cong \frac{2}{\pi}\exp\left(\frac{-\pi(\phi - E_a)}{2av_\perp}\right) \tag{4.14}$$

で与えられる。式中のaは**崩壊係数**（decaying factor）と呼ばれ，水素では$a = 2 \times 10^{-5}$ eV·s/m 程度の値をとる。また，この式が適用できる放出粒子の垂直速度成分として，10^4 m/s 以上の必要がある。

その理由はつぎのようである。原子や分子が電子を得て負イオンとなるための電子親和力準位は，真空準位より約 1 eV 下がったエネルギー位置にあるが，金属表面の電位障壁は表面に近いほど低いので，原子が表面ごく近傍に近づくと，金属中のフェルミ準位にある電子のエネルギー位置より原子の電子親和力準位のほうが低くなり，ほとんどの原子は負イオンとなる。この負イオンが金属表面から離れる際，負イオンの放出速度が電子親和力準位電子の軌道速度より十分遅ければ負イオンから金属表面へ電子が戻ってしまうが，軌道速度と比較できる程度以上になると一部の電子が戻れず，負イオンのまま放出されて負イオン生成確率が増す。負イオン放出速度が 10^4 m/s より大きければ，負イオンの生成は上述の機構だけで記述できるが，スパッタによって金属表面から飛び出す原子や分子の平均速度は 10^3 m/s 台であるため，上述の負イオン生成促進機構だけの記述では不十分で，表面電離機構も考慮した記述が必要となる。

金属表面上へのセシウム原子層厚みに対する仕事関数の変化の概略を図 **4.18** に示す。電気二重層が形成されて，実効的な仕事関数が変化する。その最小値は次式で表される。

$$\phi_{\min}\,[\text{eV}] = 0.62(V_i\,[\text{eV}] + E_a\,[\text{eV}]) - 0.24\phi_0 \quad [\text{eV}]. \tag{4.15}$$

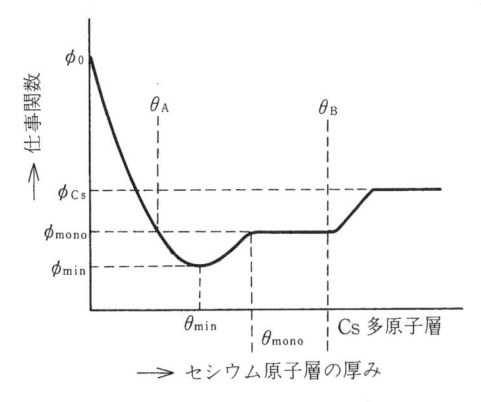

図 4.18 金属表面上へのセシウム原子層厚み
に対する仕事関数の変化の概略

ただし，V_i, E_a は，セシウムの電離電圧，電子親和力であり，$0.62(V_i + E_a) = 2.70$ となるので，ϕ_0 を $4 \sim 5.5$ eV とすると，$\phi_{\min} = 1.4 \sim 1.7$ eV となる。

リチウム正イオンをセシウム被覆 W(110) 面に斜め入射したとき，反射してきたリチウム負イオン生成効率を図 4.19 に示す。反射型の場合には，反射粒子がランダムな方向に初速度を持って飛び出すので，生成された負イオンのエネルギー幅が大きくなる。反射粒子のエネルギー幅は入射エネルギーの $1/2 \sim$

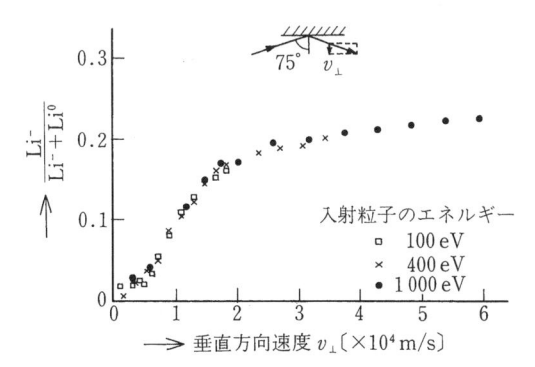

図 4.19 セシウムで被膜した W 表面での
リチウム正イオン・負イオン生成確率

1/3 に達するが，生成される負イオンは，表面に吸着した粒子が飛び出してきたものもあるので，動作条件によってそのエネルギー幅は変化する。

スパッタリングりにより負イオンを生成した場合の負イオン生成効率を，**表 4.4**に示す。スパッタリングにより生成される負イオンのエネルギー幅は，スパッタ粒子の昇華エネルギーより少し大きい程度の値であり，多くの元素で10〜20 eV 程度である。

表 4.4 スパッタリングりにより負イオンを生成した場合の負イオン生成効率

C	Si	Ge	Cu	W
18.3 %	15.6 %	13.6 %	12.1 %	8.0 %

図 4.20は，二次負イオン放出の原理を用いたマルチカスプ型水素負イオン源の構造である。電子衝撃で密度が 10^{12} cm^{-3} 程度の水素プラズマを生成し，表面に Cs を吹き付けた変換器（8cm×25cm）に－130V の電圧を印加する。変換器表面で生成される負イオン電流は1A に達する。**図 4.21**は，rfプラズマスパッタ型負イオン源の構造である。高周波で Xe プラズマを生成し，表面に Cs を吹き付けたターゲット（約4cm直径）に－数百 V を印加し，ターゲット材料をスパッタさせる。生成される負イオン電流は，連続動作で Cu$^-$：12mA，Si$^-$：3.8mA，B$_2^-$：1mA などである。

コーヒーブレイク

一般に負イオンは壊れやすいので生成が難しいといわれてきた。そのため，真空中のイオンといえば正イオンのことを指すのが従来の常識であったが，ここで説明したように，表面効果法の二次負イオン放出機構をうまく利用することで，正イオンと同程度の量の金属イオンが比較的容易に生成できるようになってきた。これからは負イオンも正イオンと同様にいろいろな応用に使われるので，従来の常識を少し変えなくてはならない。

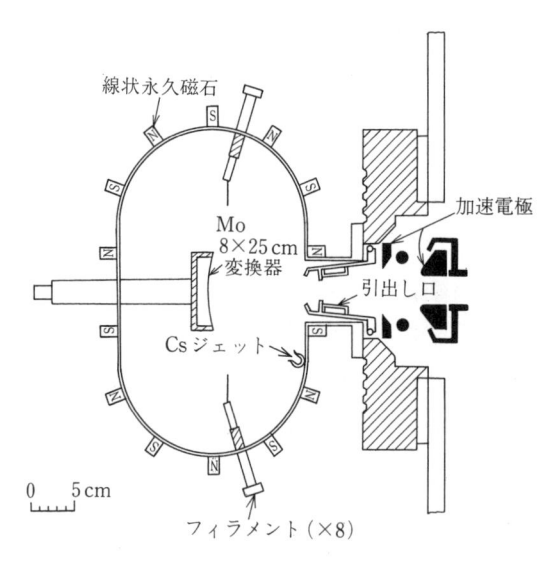

4.2 表面効果法によるイオンの発生

図 4.20 マルチカスプ型水素負イオン源

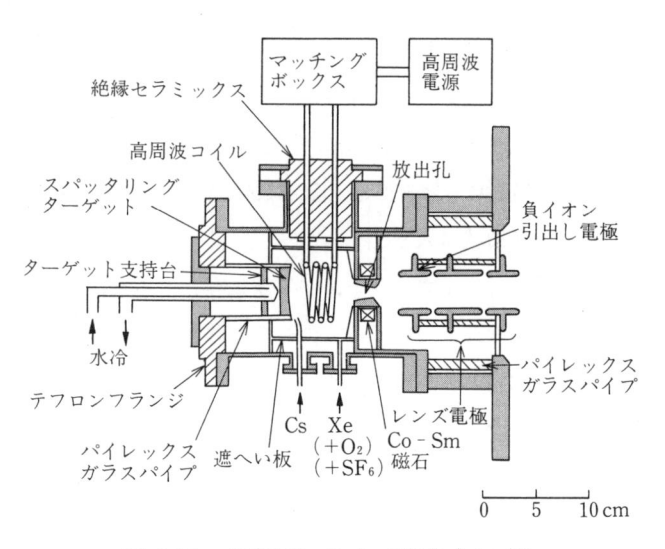

図 4.21 rfプラズマスパッタ型負イオン源

4.3 プラズマからのイオンの引出しとビーム形成

表面効果により固体表面に発生したイオンの引出しは，3.2 節の電子ビームの形成に準じるが，プラズマからのイオンビームの引出しはイオン放出面の形状が外的条件によって変化するため，複雑である．

4.3.1 イオン飽和電流

プラズマは正イオンと電子の密度が等しく，正と負の空間電荷量が釣り合った電気的に安定な状態にある．その近傍にプラズマ電圧に対して負の電圧を持つ電極があると，正イオンは引き付けられ電子は反発するため，正イオンだけが存在する**シース**（sheath）ができる．このイオンシースを通してプラズマから引き出し得る電流量を**イオン飽和電流**（ion saturation current）と呼ぶ．

プラズマ密度（plasma density）が n_p，**電子温度**（electron temperature）が T_e のイオン源プラズマを考える．ただし，**イオン温度**（ion temperature）T_i は電子温度に比べて無視できるほど低いものとする．また，プラズマ中では，プラズマ密度はイオン密度および電子密度と同じである．プラズマ中の電子はイオンに比べて移動度が大きく，エネルギー分布を持っているために，イオンがプラズマから引き出されるときには，**図 4.22**に示すような遷移領域を経てからイオンだけのシース領域に入る．

イオン飽和電流密度は，イオンシースが安定に存在する条件から求めることができる．ポアソン方程式を用いて，これらの遷移領域における空間電荷の分布と電圧の関係を 1 次元モデルにより求めてみる．

$$\frac{d^2 V}{dz^2} = \frac{e(n_i - n_e)}{\varepsilon_0}. \tag{4.16}$$

ここに，$n_i(z)$ はイオン密度，$n_e(z)$ は電子密度である．電子温度が T_e のプラズマ電子は，電圧 $V(z)$ の位置においてその密度が次式のように分布する．

$$n_e = n_{e0} \exp\left(\frac{-e(V - V_0)}{kT_e}\right). \tag{4.17}$$

4.3 プラズマからのイオンの引出しとビーム形成

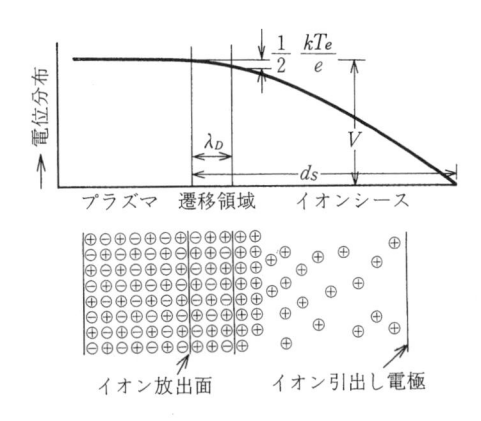

図 4.22 1次元モデルによるプラズマからのイオン引出し系

ここで，k は**ボルツマン定数** ($k = 1.3807 \times 10^{-23}$ J·K^{-1}) であり，V_0 は遷移領域とイオンシースの境界にあたる場所での電圧である。n_{e0} をその場所における電子密度とする。

一方，イオン密度 n_i は，z 方向に流れる正イオン電流密度，すなわちイオン飽和電流密度 J_{pi} とイオンの速度 v_i との関係 $J_{pi} = en_iv_i$ を用い，また電流はいたるところで連続であることを考慮すると

$$J_{pi} = en_i\sqrt{\frac{2eV}{m_i}} = en_{e0}\sqrt{\frac{2eV_0}{m_i}} \tag{4.18}$$

が成り立つから

$$n_i = n_{e0}\sqrt{\frac{V_0}{V}} \tag{4.19}$$

となる。式 (4.19) は，イオンが加速されるほどその密度が低くなることを示している。式 (4.17) および式 (4.19) をポアソン方程式 (4.16) に代入すると次式が得られる。

$$\frac{d^2V}{dz^2} = \frac{en_{e0}}{\varepsilon_0}\left(\sqrt{\frac{V_0}{V}} - \exp\left(\frac{-e(V-V_0)}{kT_e}\right)\right). \tag{4.20}$$

この式をプラズマシース方程式と呼ぶ。式 (4.20) の両辺に dV/dz を掛けて積分し，プラズマの端 $V = V_0$ において $dV/dz = 0$ であることを考慮すると，つ

ぎのようになる。

$$\left(\frac{dV}{dz}\right)^2 = \frac{2en_{e0}}{\varepsilon_0}\left\{2V_0\left(\sqrt{\frac{V}{V_0}}-1\right)\right.$$
$$\left.+\frac{kT_e}{e}\left(\exp\left(\frac{-e(V-V_0)}{kT_e}\right)-1\right)\right\}. \quad (4.21)$$

式 (4.21) の左辺はつねに正であるから，V が V_0 の近傍においても成り立たなくてはならない。$\triangle V = V - V_0$ として式 (4.21) を $\triangle V$ に関して展開すると，$\triangle V$ の 0 次および 1 次の項は消え，残った 2 次の項が次式のようになる。

$$\left(\frac{dV}{dz}\right)^2 \cong \frac{en_{e0}}{\varepsilon_0}\left(\frac{e}{kT_e}-\frac{1}{2V_0}\right)(\triangle V)^2. \quad (4.22)$$

安定な解があるためには右辺も正である必要があるから

$$V_0 \geqq \frac{kT_e}{2e} \quad (4.23)$$

でなければならない。この条件を**ボームの条件**（Bohm's criterion）と呼ぶ。式 (4.23) は，等号のとき遷移領域の電圧が最もなめらかに変化するので，多くのプラズマではそのような状態になっているものと考えられ，等号の場合の条件を使用することが多い。

ここで，プラズマの中心付近のプラズマ密度 n_p と遷移領域とイオンシースの境界における密度 n_{e0} の関係は，プラズマの中心付近の電圧は 0 であり，電子密度と電圧の関係式 (4.17) を考慮すると

$$n_{e0} = n_p \exp\left(-\frac{1}{2}\right) \quad (4.24)$$

となる。イオン飽和電流密度の式 (4.18) に，式 (4.23) の等号の関係および式 (4.24) の関係を代入すると

$$J_{pi} = en_p\sqrt{\frac{kT_e}{m_i}}\exp\left(-\frac{1}{2}\right) \quad (4.25)$$

のように，プラズマ中の密度と電子温度によって表すことができる。

イオン飽和電流密度を [mA/cm^2]，プラズマ密度を [cm^{-3}]，電子温度を [eV] で表し，イオンの質量数を M で表すと，この式は次式のようになる。

$$J_{pi} = 9.6 \times 10^{-11} \times \left(\frac{1}{M}\right)^{1/2} (T_e)^{1/2} n_p \quad [\text{mA/cm}^2] \qquad (4.26)$$

このように,プラズマからのイオン放出能力はプラズマ密度の1乗と電子温度の平方根に比例する.1価のイオンの生成を対象としたイオン源プラズマでは,電子温度は普通数 eV であるので,より多くのイオン電流密度を得たい場合には高い密度のプラズマを必要とする.ただし,次項で述べるよう,イオンビームはプラズマ条件とイオン引出し条件が整合したとき初めて最大の電流が得られることを考慮すると,水素の原子状イオンであるプロトンで換算した電流密度にして,最大イオン飽和電流密度は $250\,\text{mA/cm}^2$ 程度である.これは,プラズマ密度にして約 $10^{12}\,\text{cm}^{-3}$ に相当する.

4.3.2 最適イオンビームの引出し

イオン源プラズマからイオンビームを引き出す際には,図 **4.23** に示すような電極構成で行う.イオン放出面の形状は,引き出されるイオンビームの軌道を決める重要な因子である.プラズマとイオンシースとの境界面がイオン放出面であるが,プラズマと引出し電極間距離であるイオンシース距離は,プラズマの条件と引出し条件の兼合いによってきまる.

1次元モデルにおいてイオンシース距離 d_s を求めてみよう.イオン引出し領域における電流は空間電荷制限電流 I_{si}

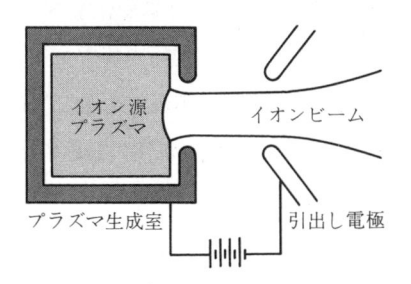

図 **4.23** プラズマからのイオンの引出し電極構成

$$I_{si} = S\frac{4}{9}\varepsilon_0 \sqrt{\frac{2Ze}{m_i}}\frac{V^{3/2}}{d_s^2} \tag{4.27}$$

である。ここでSはイオンビームの断面積である。また簡単化のためにイオンの初速度を0と仮定している。

電流は連続であることから，イオン放出面においてこの空間電荷制限電流とイオン飽和電流I_{pi}

$$I_{pi} = Sn_iZe\sqrt{\frac{kT_e}{m_i}}\exp\left(-\frac{1}{2}\right) \tag{4.28}$$

は一致しなくてはならない。$I_{si} = I_{pi}$の条件から，イオンシース距離d_sが求まる。

$$\begin{aligned}d_s &= \frac{2}{3}\exp\left(\frac{1}{4}\right)\sqrt{\frac{\sqrt{2}\varepsilon_0}{e}}\frac{V^{3/4}}{n_i^{1/2}(ZT_e)^{1/4}} \\ &= 7.6\times 10^2 \times \frac{V^{3/4}}{n_i^{1/2}(ZT_e)^{1/4}} \quad \text{[cm]}.\end{aligned} \tag{4.29}$$

ただし，引出し電圧Vは〔V〕，プラズマ密度n_iは〔cm^{-3}〕，電子温度T_eは〔eV〕を単位とする。またZはイオンの価数を表す。例えば，$n_i = 10^{12}$cm^{-3}，$Z = 1$，$T_e = 10$ eV，$V = 10$ kVのとき，$d_s = 0.43$ cmとなる。

上述のイオンシース距離は1次元モデルにおける値であるが，イオン引出し孔は3次元構造をしており，引出し電極からの電界の影響が孔の中心と縁では異なる。したがって，イオンシース距離と実際の引出し電極間隙dとの大小関係によって，イオン放出面は図**4.24**のように変化する。

引き出されたイオンビームは，引出し電極の静電レンズ効果（発散レンズ）のために，図**4.25**に示すように，引出し電極を通過したあと発散する。そのため，引出し電極までは集束性とし，引出し電極の発散の影響を相殺させる必要がある。

曲面のイオン放出面から集束性のイオンビームが引き出される場合を考えるため，球座標を用いる。同心球面間の空間電荷制限電流（外側の球面がイオン放出面）を円錐状に切り取ったもの（イオンのないところの電界の補償はピアスの補助電極のようなもので行われているものとする）をイオンビームとする。

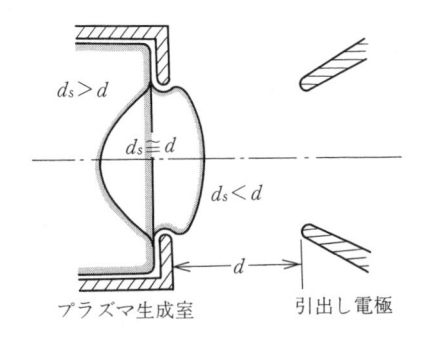

図 4.24 イオンシース距離 d_s と電極間隙 d の大小関係とイオン放出面の形状の関係

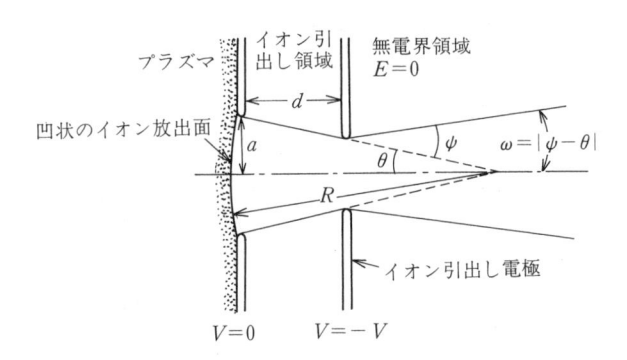

図 4.25 プラズマからのイオン引出し光学系 (球座標系)

このとき単孔電極から引き出されるイオン電流は次式で与えられる。

$$I_{si} = \frac{8\pi\varepsilon_0}{9}\sqrt{\frac{2Ze}{m_i}}\frac{V^{3/2}}{(-\alpha)^2}(1-\cos\theta)$$

$$= 6.84\times 10^{-7}\times\sqrt{\frac{Z}{M}}\frac{V^{3/2}}{(-\alpha)^2}\sin^2\frac{\theta}{2} \quad [\text{A}]. \tag{4.30}$$

ただし，θ はイオンの流れを切り取る円錐の半角を表す。

外側の球面の半径を R，電極間距離を d とすると，$R\cos\theta \cong R$ として，α は次式で表される。

$$\alpha = \ln\left(1 - \frac{d}{R}\right) - 0.3\left\{\ln\left(1 - \frac{d}{R}\right)\right\}^2$$
$$+ 0.075\left\{\ln\left(1 - \frac{d}{R}\right)\right\}^3 \cdots. \tag{4.31}$$

イオン引出し電極の単孔レンズ（発散レンズ）の焦点距離が $3d$ であることから，ビーム発散角 ω は次式により表される．

$$\omega = \frac{1}{4}\frac{2a}{d}\left|1 - \frac{5}{3}\frac{P}{P_c}\right| \quad [\text{rad}]. \tag{4.32}$$

ここで，P は引出し系のパービアンス（$I_{pi}/V^{3/2}$），P_c は平行平板電極引出し系を仮定した場合のパービアンス（電極構造によって決まる値）を表す．

式 (4.32) は，平行平板電極で予想される関係式より，イオン飽和電流であれば 0.6 倍に小さく，引出し電圧であれば 1.4 倍に高くする条件で，イオン放出面がプラズマ側に凹んで発散角が 0 になることを示している．ただし，ここで気を付けなければならないのは，**図 4.26** に示すように，パービアンスの相対的な変化に対する発散角の変化がイオン引出し系のアスペクト比 $2a/d$ に比例していることである．すなわち，パービアンスの大きな大電流引出しほど，ほんの少しの条件の変化に対してこの発散角が大きく変動する．

その意味ではアスペクト比の大きい引出し系であるほど，イオンビームの質が悪くなると見ることができる．このように，ビームの質と量には相反の関係

コーヒーブレイク

プラズマからのイオンビーム引出しにかかわる物理量の中で最も弱い物理量はイオンシース距離である．イオンシース距離の大小によってイオン放出面の形状が変化し，その結果イオンビームの軌道が左右されるので，プラズマからのイオン引出しは"やっかいなもの"というイメージがある．しかし，イオンシース距離に関連するプラズマ密度や引出し電圧などをうまく変化させれば，好みのイオンビーム軌道に制御できるというように発想を転換すれば，これが逆に利点として利用できる．イオン注入装置などにおいて，イオンビーム特性のフィードバック制御のパラメータとして，この利点が利用されている．

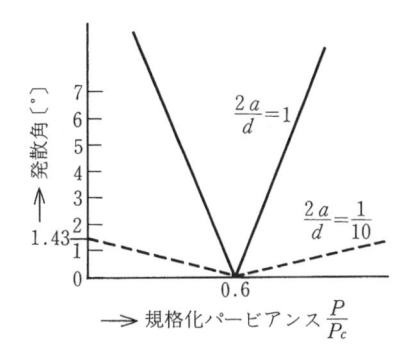

4.3 プラズマからのイオンの引出しとビーム形成

図 **4.26** 規格化パービアンスとビーム発散角の関係

があるので，アスペクト比の大きな引出し系では，プラズマ密度や引出し電圧のより正確な制御が必要である。

4.3.3 多孔電極引出し

単孔から引き出し得る電流をパービアンス表示すると，次式のようになる。

$$P \equiv \frac{I_i}{V^{3/2}} = \left(\frac{d}{d_s}\right)^2 \left(\frac{2a}{d}\right)^2 \frac{\pi\varepsilon_0}{9}\sqrt{\frac{2Ze}{m_i}}$$

$$\cong \left(\frac{2a}{d}\right)^2 \times 4.3 \times 10^{-8} \times \sqrt{\frac{Z}{M}} \quad [\text{A·V}^{-3/2}]. \tag{4.33}$$

良好なイオンビームの引出しを行うためには，$d \cong d_s$ の条件が必要である。また，$2a/d$ はアスペクト比であり，良好なイオン光学系を保つためにはその最大

コーヒーブレイク

多孔電極引出しを初めて採用したのは，カウフマン型イオン源を開発したカウフマンである。彼は，NASA でイオンエンジン（イオンビームを放出することで推進力とする推進器）の開発研究をしていたが，推進力を増すためにアンペア級の電流が欲しかった。その必要性から，多孔電極引出し系の発想が生まれたのである。

値は約1程度までである。したがって，パービアンスの最大値は引出し系の寸法に依存せず，次式のようになる。

$$P_{max} = 4.3 \times 10^{-8} \sqrt{\frac{Z}{M}} \quad [\text{A·V}^{-3/2}]. \tag{4.34}$$

電流に直すとつぎのようになる。

$$I[\text{A}] \cong 4.3 \times 10^{-8} \times V^{3/2}[\text{V}] \left(\frac{Z}{M[\text{a.m.u.}]}\right)^{1/2}. \tag{4.35}$$

これは，単孔から引き出し得る最大電流はその寸法によらないことを示している。もし寸法を大きくしても，光学系を良好に保つためにはプラズマ密度を低くしなければならないので，結局電流は増えないことになる。問題は，単孔から引き出し得る最大電流値が小さいことである。水素イオン(プロトン)換算すると，10 kV引出しで43 mAであり，最適引出し条件を加えると26 mAである。質量の重いXeイオンでは2mAとなってしまう。

このように単孔からの最大電流が決まっているため，電流を増加するには孔

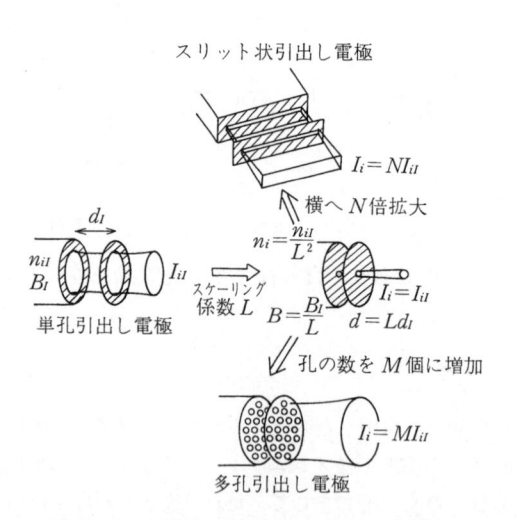

図 **4.27** 多孔電極引出し系を用いる場合の電極の基本的変形法

を増やすしか方法がない。図 **4.27** に，多孔電極引出し系を用いて引出し電流を増加する種々の方法を示す。引出し孔を 1 次元的に並べることは，スリット形状を用いることと同じであり，その電流増倍率はスリットの縦横比倍となる。引出し孔を 2 次元的に配置する場合には，一般に多孔電極引出しと呼ばれ，孔の個数倍の電流増倍率が得られる。

章 末 問 題

(1) 効率よく高密度のイオン源プラズマを得るために必要な事柄はどのようなことか，理由を付して説明せよ。
(2) 二つのイオン源の名称を挙げ，その動作原理を説明せよ。
(3) 二次負イオン放出による負イオンの発生法について述べよ。
(4) イオン飽和電流の式を導出せよ。
(5) 単孔から引き出されるイオン電流の最大値は，どのようにして決まるか説明せよ。
(6) プラズマからアンペア級のイオン電流を引き出すために用いられる方法について説明せよ。

5. ビーム輸送と操作

電子やイオンビームの輸送とは，これらを発生源から最終利用位置までの間において，必要とするビーム形状やエネルギーなどに整える操作をいう。これらの操作は荷電粒子の軌道制御にほかならないので，電界や磁界を用いて行う。ビーム形状を整えるためには，静電界や静磁界による電子レンズが用いられる。ビームの方向制御には，静電偏向や静磁偏向を用いる。イオンビームでは，イオンの選択を必要とする場合があり，そのために静磁界や高周波電界内における軌道差を利用する。エネルギーの増減には，ビーム進行方向の電界による加速・減速が用いられる。

5.1 電磁界レンズ

電子やイオンビームにおけるレンズ作用は，光学における光線のレンズ作用に似ている部分があることから，電子光学およびイオン光学と呼ぶことがある。電磁界レンズには，静電界を用いる方法と静磁界を用いる方法がある。

5.1.1 静電レンズ

〔1〕 **静電レンズと光学レンズの類似性**　光学レンズにおいて軌道を決定するのは，**スネルの法則**（Snell's law）であることはよく知られている。スネルの法則は，**図 5.1** (a) において，光が屈折率 n_1 の媒質から屈折率 n_2 の媒質に入る場合，その入射角 θ_1 と屈折角 θ_2 の間には，式 (5.1) の関係があることを示している。

$$n_1 \sin\theta_1 = n_2 \sin\theta_2. \tag{5.1}$$

いま図 (b) に示すように，電位の異なる二つの領域 1, 2 がほとんど距離をおかず接している仮想的な状況を考える。荷電粒子が領域 1 から入射角 α_1 で境界に

5.1 電磁界レンズ

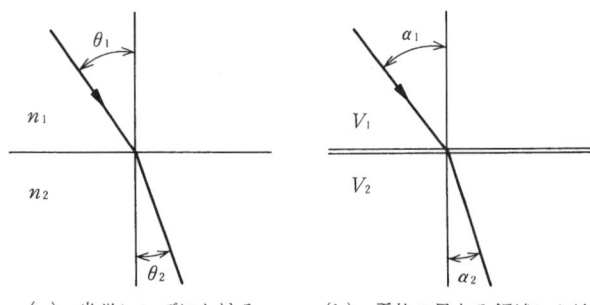

(a) 光学レンズにおけるスネルの法則

(b) 電位の異なる領域における荷電粒子の軌道

図 5.1 光と荷電粒子の屈折における類似性

入射し，領域2へ出射角 α_2 をもって通過するとき，境界には横方向の電界は存在しないから，荷電粒子の横方向の速度成分は変わらない．荷電粒子の速度は領域の電位の平方根に比例するから

$$\sqrt{V_1}\sin\alpha_1 = \sqrt{V_2}\sin\alpha_2 \tag{5.2}$$

が成り立つ．

式 (5.1) と式 (5.2) を比較すると，静電レンズでは電位の平方根が光学レンズの屈折率に対応していることがわかる．このことは，光学レンズによる光の屈折と同じように静電レンズにより荷電粒子の軌道制御ができることを示している．しかし，実際には図 5.1 (b) に示すような電位が急激に変化する境界面を形成したり，境界面の形状を任意の形につくることはできないので，光学レンズとまったく同じにはならない．

光学レンズでは，レンズ表面での屈折だけを考えればよいので幾何光学的に焦点などを求めることができるが，静電レンズでは，荷電粒子の進む軌道上の電位は徐々に変化するので，屈折の効果を積分して求める必要があると同時にその分肉厚のレンズとなる．このような光学レンズと静電レンズの対応関係は，電気回路の集中定数回路と分布定数回路の対応関係に似ている．

また，光学レンズでは，屈折率が n_1, n_2 の媒質を通過して再び屈折率が n_1 の媒質中で利用するため，レンズの左右の焦点距離が変わらない．しかし，静電

レンズでは，荷電粒子の通過領域は電位が変化するだけで利用に際して障害となるものがないので，領域1の空間から領域2の空間へ移動するだけでもレンズ効果を利用することができる。そのような場合には，左右のレンズの焦点距離は異なる。

〔2〕 **電位分布形状から見る荷電粒子の軌道** ビームの進路において電位が急激に変わる部分をつくると，前項で説明したように屈折率に相当する電位が変わることになるから，荷電粒子の軌道が変化する。最も単純な図5.2に示す静電レンズを考える。このレンズでは，ビームの進行に対して電位が V_1 から V_2 に変わる系である。一定の電位を与える2枚の開口のある円筒電極により構成されるので，二重開口レンズと呼ばれる。電極1と2の間隙直下には電位差 $V_1 - V_2$ による等電界が形成されるが，中心軸近傍では電極と離れているため電界が無電界空間にしみ出し，図5.3に示すような左右対称の等電位線分布形状ができる。

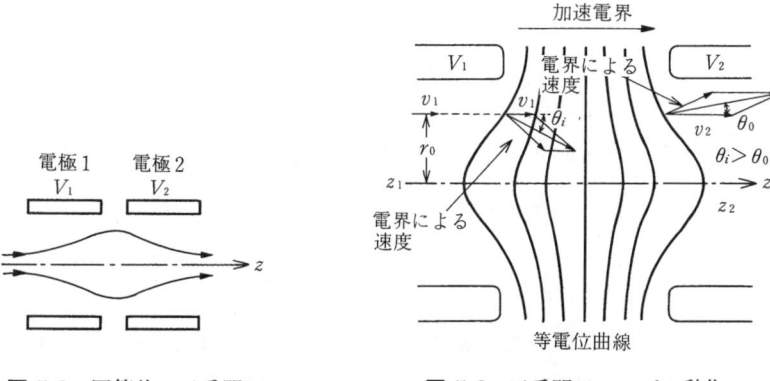

図5.2 円筒状の二重開口レンズ

図5.3 二重開口レンズの動作原理

いま，荷電粒子が半径 r_0 の軌道を左から右へ加速されながら進むと仮定する。したがって，電極1側では z 方向の速度が遅く，電極2側で z 方向の速度が速くなる。荷電粒子がこの領域を進行中，電界による力を受ける。電界は等電位線に対して垂直方向であることを考慮すると，電極1側では中心軸方向に向か

う力（集束性）を受け，電極2側では中心軸と反対の向きへの力（発散性）を受ける。

荷電粒子の軌道は，z方向の速度が遅いときほどr方向の傾きが大きく変化するから，電極1側の集束力が電極2側の発散力を上回り，レンズ全体の効果として集束性を示すことになる。電極の電位が荷電粒子を減速する状態であるときも，速度が遅いときに集束性，速度が速いときに発散性の力が働くので，結果的には集束性のレンズとなる。

このように，静電レンズではラプラスの関係式に従って勝手に等電位線（面）の形状が決まるので，レンズの種類には制約がある。

〔3〕 **静電レンズの近軸軌道方程式** 静電界中における荷電粒子の軌道は運動領域の電位分布によって決定されるが，軸対称ビームの場合には，中心軸に近い領域の電位分布は中心軸上の電位分布で表すことができるため，軸上の1次元電位情報だけでレンズの性質を議論することができる。これは電位の3次元情報がラプラス方程式で結ばれており，たがいに独立ではなく相関があることによる。軸上電位分布だけで中心軸に近い荷電粒子の軌道を表す式を**近**

コーヒーブレイク

二重開口レンズは，光学レンズに対応させると，光線が空気中からレンズのガラス中に入ったところで利用しているという状況と考えたらよい。いわゆる光学レンズの片面だけの効果を使っていると見ることができる。光学レンズであれば，その片面が凸レンズか凹レンズであるかに応じて，光線はそれぞれ集束，発散する軌道をとるが，静電レンズでは荷電粒子はつねに集束する軌道しかとらないのはなぜだろうか？

静電レンズでは，このレンズの片側領域において屈折率に相当する電圧が徐々に変化し，レンズの境界と考えられる等電位線の形状が**図 5.3**に示すように両側に凸状の形状をしており，凸レンズとも凹レンズとも解釈できるような二つの可能性を持っている。しかし，等電位線の両側の電位の大小（光学レンズでは屈折率）関係からつねに凸レンズの作用が凹レンズの作用を上回り，集束作用が勝る結果となるからである。

軸軌道方程式（paraxial ray equation）という．

軌道が円筒対称となる円形断面のビームを考える．ビーム進行方向の中心軸を z 座標，径方向を r 座標とし，θ 方向には変化がない円筒座標系を用いる．このとき荷電粒子の運動方程式は次式で表される．

$$m\frac{d^2r}{dt^2} = q\frac{\partial V(z,r)}{\partial r}, \tag{5.3}$$

$$m\frac{d^2z}{dt^2} = q\frac{\partial V(z,r)}{\partial z}. \tag{5.4}$$

荷電粒子の運動エネルギーとポテンシャルエネルギーの和は保存されるから，次式のエネルギー保存則が成り立つ．

$$\frac{1}{2}m\left\{\left(\frac{dr}{dt}\right)^2 + \left(\frac{dz}{dt}\right)^2\right\} = qV(z,r). \tag{5.5}$$

式 (5.3)，(5.4)，(5.5) から時間 t を消去して，軌道方程式を得るために

$$\begin{aligned}\frac{d^2r}{dt^2} &= \frac{d}{dt}\left(\frac{dr}{dt}\right) = \frac{d}{dt}\left(\frac{dz}{dt}\frac{dr}{dz}\right) \\ &= \frac{dz}{dt}\frac{dz}{dt}\frac{d}{dz}\left(\frac{dr}{dz}\right) + \frac{d^2z}{dt^2}\frac{dr}{dz} \\ &= \left(\frac{dz}{dt}\right)^2\frac{d^2r}{dz^2} + \frac{d^2z}{dt^2}\frac{dr}{dz},\end{aligned} \tag{5.6}$$

$$\left(\frac{dr}{dt}\right)^2 + \left(\frac{dz}{dt}\right)^2 = \left(\frac{dz}{dt}\right)^2\left\{1 + \left(\frac{dr}{dz}\right)^2\right\} \tag{5.7}$$

の関係を使うと，荷電粒子の軌道を表す一般式が得られる．

$$\frac{d^2r}{dz^2} + \frac{1+\left(\frac{dr}{dz}\right)^2}{2V(z,r)}\frac{\partial}{\partial z}V(z,r)\frac{dr}{dz} - \frac{1+\left(\frac{dr}{dz}\right)^2}{2V(z,r)}\frac{\partial}{\partial r}V(z,r) = 0. \tag{5.8}$$

式 (5.8) は荷電粒子が運動する領域の電位だけによって表され，荷電粒子の電荷および質量が含まれていない．したがって，どのような質量電荷比を持つ電子やイオンでも，同じ軌道をとることがわかる．

電位が与えられている電極の半径に比べ，r が小さい z 軸近傍の荷電粒子の運動を考える．簡単化のため，荷電粒子の空間電荷を無視する．電位 $V(z,r)$ は

ラプラス方程式を満たす。

$$\frac{\partial^2 V(z,r)}{\partial z^2} + \frac{1}{r}\frac{\partial}{\partial r}\left(r\frac{\partial V(z,r)}{\partial r}\right) = 0. \tag{5.9}$$

式 (5.9) の関係を用いて，電位 $V(z,r)$ を r のべき級数展開する。

$$V(z,r) = V(z,0) - \frac{r^2}{4}\frac{d^2V(z,0)}{dz^2} + \frac{r^4}{64}\frac{d^4V(z,0)}{dz^4} - \cdots. \tag{5.10}$$

式 (5.10) から，z 軸近傍の電位勾配を軸上電位 $V(z,0)$ によって表すことができる。

$$\frac{\partial V(z,r)}{\partial r} \cong -\frac{r}{2}\frac{d^2V(z,0)}{dz^2}, \quad \frac{\partial V(z,r)}{\partial z} \cong \frac{dV(z,0)}{dz}. \tag{5.11}$$

式 (5.11) の関係を式 (5.8) に入れ，ビームの仮定 $(dr/dz)^2 \ll 1$ を使うと，荷電粒子の近軸軌道方程式が得られる。

$$\frac{d^2r}{dz^2} + \frac{1}{2V(z,0)}\frac{dV(z,0)}{dz}\frac{dr}{dz} + \frac{1}{4V(z,0)}\frac{d^2V(z,0)}{dz^2}r = 0. \tag{5.12}$$

〔4〕 **静電レンズの特性** 近軸軌道方程式 (5.12) から，静電レンズの焦点を求めてみよう。式 (5.12) を変形すると次式が得られる。

$$\sqrt{V(z,0)}\frac{d}{dz}\left(\sqrt{V(z,0)}\frac{dr}{dz}\right) = -\frac{r}{4}\frac{d^2V(z,0)}{dz^2}. \tag{5.13}$$

上式は電荷が負のときに成り立つ式であるが，電荷が正のときには $V(z,0) \to -V(z,0)$ と置き換えればよい。

電極がつくる電界の及ぶ範囲を z_1 から z_2 の間とする。z_1, z_2 間の距離が短く，この間で荷電粒子の軌道の r 方向の値 r_0 はほとんど変わらず，その傾きだけが変わるものと近似し，荷電粒子が電極 1 側から z 軸に平行に入射する場合を考える。これらの仮定の下で，式 (5.13) を z_1 から z_2 の間で積分する。

コーヒーブレイク

近軸軌道方程式では，中心軸上の 1 次元情報だけでビームの軌道が計算できる。2 次元情報が 1 次元情報に減るということは，例えば，2 次元情報で 100×100 の情報量が 1 次元情報では 100 の情報量で済むことを意味するので，その減少効果は非常に大きい。

$$\sqrt{V(z_2,0)}\left.\frac{dr}{dz}\right|_{z=z_2} = -\frac{r_0}{4}\int_{z_1}^{z_2}\frac{1}{\sqrt{V(z,0)}}\frac{d^2V(z,0)}{dz^2}dz. \qquad (5.14)$$

荷電粒子がレンズの左側から右側へ通過する場合の焦点距離を f_2 とすると, $f_2 = -r_0/(dr/dz)_{z=z_2}$ と表すことができるから, f_2 を次式のように求めることができる.

$$\frac{1}{f_2} = \frac{1}{4\sqrt{V(z_2,0)}}\int_{z_1}^{z_2}\frac{1}{\sqrt{V(z,0)}}\frac{d^2V(z,0)}{dz^2}dz. \qquad (5.15)$$

このとき,光学レンズと同様に,焦点距離が正値を持てば集束性,負値を持てば発散性のレンズを表す.

前項で述べた二重開口レンズの特性を,焦点距離を計算する式 (5.15) を用いて検討してみよう.二重開口レンズの軸上電位分布とその微係数の例を図 **5.4** に示す.$d^2V(z,0)/dz^2$ の分布は電位の低い側で正,電位の高い側で負の値を持ち,対称な形状をしている.しかし,式 (5.15) の積分の中にあるように,これを $\sqrt{V(z,0)}$ で割った値は大小関係ができ,その積分値は正となる.このことは,二重開口レンズはつねに集束性であることを示している.これを,式 (5.15) の変形によって確かめてみよう.

式 (5.15) を部分積分する.

$$\frac{1}{f_2} = \frac{\frac{1}{\sqrt{V(z_2,0)}}\frac{dV(z_2,0)}{dz} - \frac{1}{\sqrt{V(z_1,0)}}\frac{dV(z_1,0)}{dz}}{4\sqrt{V(z_2,0)}}$$
$$+ \frac{1}{8\sqrt{V(z_2,0)}}\int_{z_1}^{z_2}\frac{1}{(V(z,0))^{3/2}}\left(\frac{dV(z,0)}{dz}\right)^2 dz. \qquad (5.16)$$

二重開口レンズの場合には,$dV(z_1,0)/dz \cong dV(z_2,0)/dz \cong 0$ であるから,右辺の第 1 項がなくなり,つぎのようになる.

$$\frac{1}{f_2} \cong \frac{1}{8\sqrt{V(z_2,0)}}\int_{z_1}^{z_2}\frac{1}{(V(z,0))^{3/2}}\left(\frac{dV(z,0)}{dz}\right)^2 dz. \qquad (5.17)$$

上式の右辺はつねに正の値を持つ.

二重開口レンズでは,荷電粒子の入射側と出射側の電位が異なるため,レンズの左右の焦点距離が違ってくる.右から左に通過する場合の焦点距離を f_1 と

5.1 電磁界レンズ

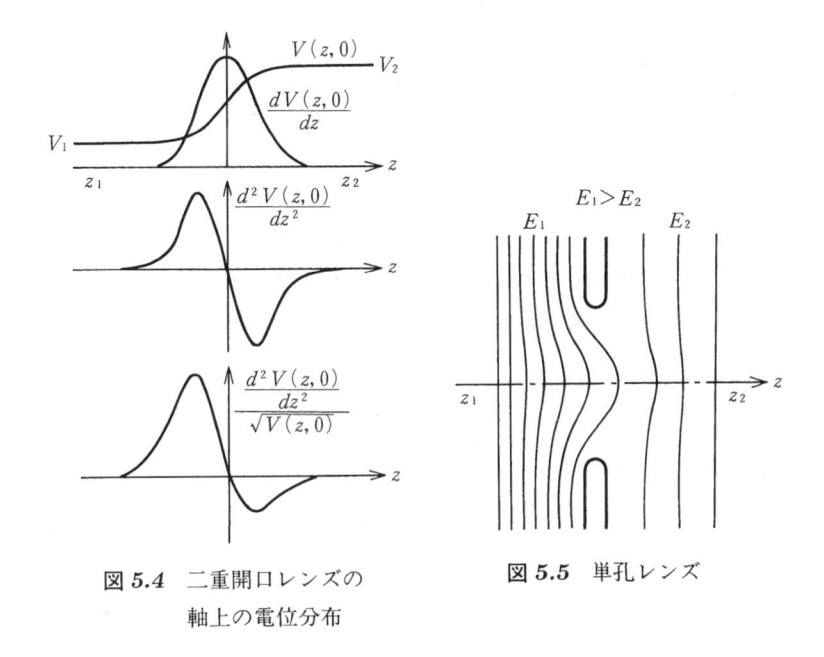

図 5.4 二重開口レンズの軸上の電位分布

図 5.5 単孔レンズ

すると，f_1 は式 (5.17) の積分外の電位 $\sqrt{V(z_2,0)}$ を $\sqrt{V(z_1,0)}$ に代えることによって得られる。したがって，f_1 と f_2 の間には次式の関係がある。

$$\frac{f_2}{f_1} = \frac{\sqrt{V(z_2,0)}}{\sqrt{V(z_1,0)}}. \tag{5.18}$$

ビームの通る孔の開いた 1 枚の電極板（単孔レンズ）の前後で電界が異なる場合にも，レンズ効果を生じる。ラプラス電界は強電界側から弱電界側へ必ず電界がしみ出すので，単孔レンズにおける孔近傍の等電位線は図 5.5 のようになる。荷電粒子の電荷の極性と電界の方向によって，粒子への加速・減速の種々の組合せがあり，集束性・発散性いずれのレンズも存在する。

レンズが集束性であるか発散性であるかは，電界によって受ける力の向きが内側であるか外側であるかによって判断できる。単孔レンズの焦点距離は，焦点距離の一般式 (5.16) において $z_1 \cong z_2$ と考え，右辺の第 2 項を省略することにより得られる。

$$\frac{1}{f_2} = \frac{\dfrac{dV(z_2,0)}{dz} - \dfrac{dV(z_1,0)}{dz}}{4V(z_2,0)}. \tag{5.19}$$

一般に静電レンズと光学レンズには対応関係がある場合が多いが，単孔レンズに相当する光学レンズ系はない。

〔5〕 **静電レンズ特性の行列表示** 荷電粒子ビームの軌道は，通過する各領域の影響を順番に受けながら進行するので，各領域の特性を行列表示できれば，全体の特性を行列の掛算により表すことができる。

一般に粒子の運動は，位置と運動量の二つの情報がわかれば記述できる。荷電粒子ビームの軌道を記述する二つの物理量として，ビームの径方向位置 r と径方向運動量に比例する $\sqrt{V}dr/dz$ を選ぶ。図 **5.6** に示すように，レンズ特性を持つある領域の入口（i の添字）でビームが位置 r_i，傾き $r_i' = dr_i/dz$ を持っていたものが，出口（0 の添字）で位置 r_0，傾き $r_0' = dr_0/dz$ を持つとしたとき，次式のように表すことができる。

$$r_0 = a_{11}r_i + a_{12}\sqrt{V_i}r_i', \tag{5.20}$$

$$\sqrt{V_0}r_0' = a_{21}r_i + a_{22}\sqrt{V_i}r_i'. \tag{5.21}$$

ここで，V_i，V_0 は，それぞれ入口，出口における荷電粒子の加速電圧である。

式 (5.20) および式 (5.21) は，行列表示によりつぎのように表すことができる。

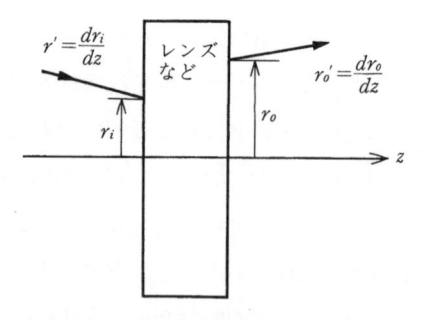

図 **5.6** 行列表示を用いる場合の各係数の説明図

$$\begin{bmatrix} r_0 \\ \sqrt{V_0}r_0' \end{bmatrix} = \begin{bmatrix} a_{11} & a_{12} \\ a_{21} & a_{22} \end{bmatrix} \begin{bmatrix} r_i \\ \sqrt{V_i}r_i' \end{bmatrix}. \tag{5.22}$$

この行列

$$M = \begin{bmatrix} a_{11} & a_{12} \\ a_{21} & a_{22} \end{bmatrix} \quad (a_{11}a_{22} - a_{12}a_{21} = 1) \tag{5.23}$$

は，この領域のレンズ特性を表すことになる．また，いくつもの領域がつなぎ合わさっていれば，それぞれの行列 M_i の掛算で全体の特性を得ることができる．

$$M = M_n M_{n-1} \cdots M_3 M_2 M_1. \tag{5.24}$$

また，レンズの焦点距離は，$1/f_0 = -a_{21}/\sqrt{V_0}$ の関係から求めることができる．

領域内に電界がなく距離 L だけ進むドリフト空間の行列は

$$M = \begin{bmatrix} 1 & \dfrac{L}{\sqrt{V}} \\ 0 & 1 \end{bmatrix} \tag{5.25}$$

と表せる．1枚の電極からなる単孔レンズの特性を表す行列は

$$M = \begin{bmatrix} 1 & 0 \\ -\dfrac{F_2 - F_1}{4\sqrt{V}} & 1 \end{bmatrix} \tag{5.26}$$

となる．

図 **5.7** に示す二枚電極からなるレンズ（二重開口レンズと同じ）は，単孔レンズ，電界が存在する距離 d の空間，単孔レンズの直列接続である．

$$M_{12} = \begin{bmatrix} 1 & 0 \\ \dfrac{V_1 - V_2}{4d\sqrt{V_1}} & 1 \end{bmatrix},$$

$$M_{34} = \begin{bmatrix} 1 & 0 \\ \dfrac{V_2 - V_1}{4d\sqrt{V_2}} & 1 \end{bmatrix},$$

$$M_{23} = \begin{bmatrix} 1 & \dfrac{2d}{\sqrt{V_1} + \sqrt{V_2}} \\ 0 & 1 \end{bmatrix}.$$

これらを掛け合わせることにより，全体の特性を表す行列表示が得られる．

$$M_{14} = \begin{bmatrix} \dfrac{3\sqrt{V_1} - \sqrt{V_2}}{2\sqrt{V_1}} & \dfrac{2d}{\sqrt{V_1} + \sqrt{V_2}} \\ \dfrac{3(V_2 - V_1)}{8d} \dfrac{\sqrt{V_1} - \sqrt{V_2}}{\sqrt{V_1 V_2}} & \dfrac{3\sqrt{V_2} - \sqrt{V_1}}{2\sqrt{V_2}} \end{bmatrix}. \quad (5.27)$$

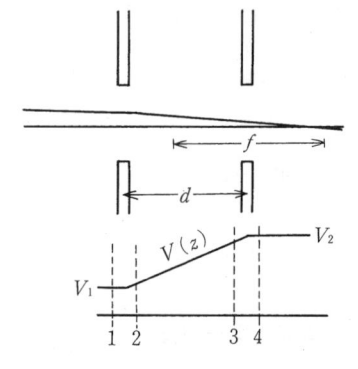

図 5.7 二枚電極レンズ（二重開口レンズ）

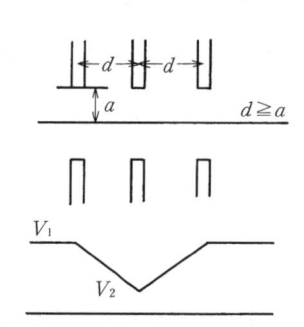

図 5.8 アインツェルレンズの構成

図 5.8 に示すような，三枚電極レンズの電極間隔を同じにし両端の電位を同じにしたアインツェルレンズ（またはユニポテンシャルレンズ）は，レンズの前後でエネルギーを変えることなくビーム形状だけを変えることができるので，よく用いられる静電レンズである．これは二枚電極レンズを 2 回組み合わせた形となるので，行列は次式のようになる．

$$M = \begin{bmatrix} \dfrac{8\sqrt{V_1 V_2} - 3V_1 - 3V_2}{2\sqrt{V_1 V_2}} & \dfrac{4d}{\sqrt{V_1} + \sqrt{V_2}} \dfrac{3\sqrt{V_2} - \sqrt{V_1}}{2\sqrt{V_2}} \\ \dfrac{3}{8} \dfrac{(V_1 - V_2)}{d} \dfrac{\sqrt{V_2} - \sqrt{V_1}}{\sqrt{V_1 V_2}} \dfrac{3\sqrt{V_1} - \sqrt{V_2}}{\sqrt{V_1}} & \dfrac{8\sqrt{V_1 V_2} - 3V_2 - 3V_1}{2\sqrt{V_1 V_2}} \end{bmatrix}.$$

$$(5.28)$$

5.1.2 磁界レンズ

荷電粒子ビームの進行方向の磁界は，径方向速度をもつ荷電粒子に作用し，サイクロトロン運動を誘起する．サイクロトロン運動は径方向速度の大きさにかかわらず同じ周期Tを持つので，1点から種々の径方向速度を持って広がったビームは，時間Tのあと，距離Tv_0離れた地点で再び1点に集束する．ただし，v_0はビームの進行方向の速度である．このようにビームの進行方向磁界は，集束レンズ効果を持っている．

磁界レンズは，電子のような軽い荷電粒子に対しては著しい効果があるが，質量の重いイオンに対してはあまり有効でない．

[1] **磁界レンズの近軸軌道方程式**　軸対称磁界中を荷電粒子ビームが運動する場合を考える．軸上の磁界分布から中心軸近傍の磁界を近似的に求めて，荷電粒子の軌道，すなわち磁界レンズ特性を計算する．静電レンズの場合と同じ解析方法を用いるために，ラプラス方程式を満たす磁位Uを考える．

z軸近傍の磁位$U(z,r)$は，式(5.10)と同様に，rのべき級数展開によって軸上磁位$U(z,0)$とrによって表される．

$$U(z,r) = U(z,0) - \frac{r^2}{4}\frac{d^2 U(z,0)}{dz^2} + \frac{r^4}{64}\frac{d^4 U(z,0)}{dz^4} - \cdots. \quad (5.29)$$

z方向およびr方向の磁界は，それぞれ$B_z = \partial U/\partial z$および$B_r = \partial U/\partial r$の関係がある．したがって，$B_z, B_r$の近似はつぎのようになる．

$$B_z \cong B(z,0), \quad B_r \cong -\frac{r}{2}\frac{dB(z,0)}{dz}. \quad (5.30)$$

磁界レンズは電子ビームに利用される場合がほとんどであるため，以下では負電荷の粒子運動として式の符号を記述する．式(5.30)で表される磁界中でのθ方向の運動方程式は

$$\frac{m}{q}\frac{1}{r}\frac{d}{dt}\left(r^2\frac{d\theta}{dt}\right) = B(z,0)\frac{dr}{dt} + \frac{r}{2}\frac{dB(z,0)}{dz}\frac{dz}{dt} \quad (5.31)$$

となる．これをtについて積分し，$t=0$のとき$d\theta/dt = 0$の初期条件で解くと

$$\frac{d\theta}{dt} = \frac{q}{m}\frac{B(z,0)}{2} \quad (5.32)$$

が得られる．このθ方向の運動は，軸方向磁界の変化が径方向磁界を発生し，その径方向磁界によって荷電粒子のθ方向運動が誘起されたものである．

r方向の運動方程式は

$$\frac{m}{q}\left\{\frac{d^2r}{dt^2} - r\left(\frac{d\theta}{dt}\right)^2\right\} = -B(z,0)r\frac{d\theta}{dt} \tag{5.33}$$

で与えられる．式 (5.33) に式 (5.32) を入れ，ビームであるので $d^2r/dt^2 \cong (d^2r/dz^2)(dz/dt)^2$ と近似できることを使うと，磁界レンズの近軸軌道方程式が得られる．

$$\frac{d^2r}{dz^2} + \frac{q}{8mV_0}B(z,0)^2 r = 0. \tag{5.34}$$

ここに，V_0は荷電粒子の加速電圧を表す．

〔2〕 **磁界レンズの特性**　磁界レンズの焦点距離を求めてみよう．磁界の及ぶ範囲がz_1からz_2の間であり，その間では荷電粒子のrの位置が変わらないと仮定する．式 (5.34) をzについて積分する．

$$\left.\frac{dr}{dz}\right|_{z=z_1} - \left.\frac{dr}{dz}\right|_{z=z_2} = \frac{qr}{8mV_0}\int_{z_1}^{z_2} B(z,0)^2 dz. \tag{5.35}$$

z軸に平行に入射する荷電粒子ビームは$dr/dz|_{z=z_1} = 0$であるから，レンズの焦点距離fをつぎのよう求めることができる．

$$\frac{1}{f} = -\frac{\left.\frac{dr}{dz}\right|_{z=z_2}}{r} = \frac{q}{8mV_0}\int_{z_1}^{z_2} B(z,0)^2 dz. \tag{5.36}$$

式 (5.36) の右辺の被積分値は磁界の2乗でつねに正値であるから，磁界レンズの焦点距離はつねに正となり必ず集束する．磁界が存在する領域で焦点を結ばせることはないので，磁界レンズの焦点距離は左右どちらから見ても同じである．式 (5.36) の右辺には質量電荷比の項があり，焦点距離が質量電荷比に比例するので，質量の大きな粒子には磁界レンズは効かないことがわかる．また，いろいろな質量電荷比が混在するイオンビームでは，イオンの種類によって焦点が異なってしまう．このようなことから，磁界レンズは質量が小さくその効果が著しい電子ビームに主に使われる．また，磁界は真空容器を容易に通過す

るので，真空容器外に磁界レンズを設置できる便利さもある。

磁界レンズでは，レンズの通過中荷電粒子にθ方向の運動が発生するので，像が回転することになる。像の回転角は，式 (5.32) を積分することにより得られる。$d\theta/dt \cong (d\theta/dz)(dz/dt)$ であることを使って

$$\theta = \left(\frac{q}{8mV_0}\right)^{1/2} \int_{z_1}^{z_2} B(z,0)\ dz \tag{5.37}$$

となる。

〔**3**〕　**いろいろな磁界レンズ**　図 **5.9** に示す空芯ソレノイドによる磁界レンズの焦点距離を求めてみよう。半径 R，巻数 N，電流 I のソレノイドが中心軸上につくる磁界は

$$B(z,0) = \frac{NI}{2}\frac{\mu_0 R^2}{(R^2+z^2)^{3/2}} \tag{5.38}$$

で与えられる。式 (5.38) を式 (5.36) に入れて計算すると，空芯ソレノイド磁界レンズの焦点距離が得られる。

$$f = \frac{256mV_0 R}{3\pi q\mu_0^2 N^2 I^2}. \tag{5.39}$$

ここに，μ_0 は真空の透磁率である。

加速電圧を V_0〔V〕，半径を R〔m〕，電流を I〔A〕とすると，電子ビームに対して焦点距離はつぎのようになる。

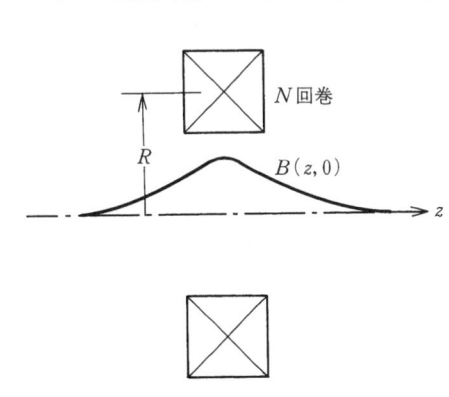

図 5.9 空芯ソレノイドによる磁界レンズ

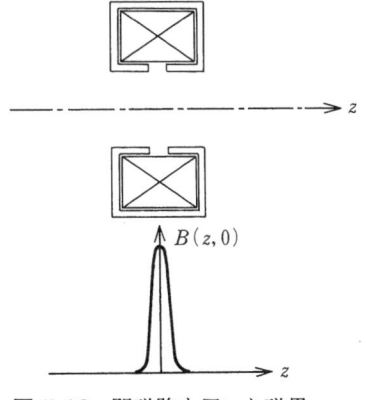

図 5.10 閉磁路を用いた磁界レンズ

$$f = \frac{97.9VR}{(NI)^2} \quad [\mathrm{m}]. \tag{5.40}$$

式 (5.36) の被積分関数は磁界の 2 乗となっているので, 狭い領域に強い磁界が集中すると効率のよいレンズができることを示している。ソレノイドの周りを高い透磁率 μ を持つ材料で囲み, **図 5.10** のような閉磁路構造にすることで, 狭い領域に強磁界部分をつくることができる。電子顕微鏡で使用する磁界レンズは, このようなレンズを真空容器外に何段も設置して, 高倍率の像を得ている。

簡単化のために, 磁界の軸方向分布が式 (5.41) で表されるつりがね状であるとする。

$$B(z,0) = \frac{B_0}{1+\left(\dfrac{z}{w}\right)^2}. \tag{5.41}$$

このとき焦点距離はつぎのように求めることができる。

$$f = \frac{w}{\sin\dfrac{\pi}{\sqrt{1+K}}} \quad \left(K = \frac{q(wB_0)^2}{8mV_0}\right). \tag{5.42}$$

5.2 電磁界偏向

荷電粒子の軌道を曲げるために, 静電界を使う**静電偏向**（electrostatic deflection）と静磁界を使う**電磁偏向**（electromagnetic deflection）がある。静電偏向は印加電圧に対する偏向量の精度のよいことが特長であり, 電磁偏向は高エネルギーに加速した電子でも効率よく曲げることができることが特長である。

5.2.1 静電偏向

〔1〕 **静電偏向の特性** 荷電粒子の進行方向に対して直交する方向に外部電界が存在すると, 正電荷のビームは電界の方向に負電荷のビームは電界の逆方向に偏向される。**図 5.11** に示すように, 速度 v_0（加速電圧 V_0）の荷電粒子の進行方向を z 軸とし, その通過領域の一部に長さ b, 間隔 a の平行平板電極（偏向板）を置き, それらに $\pm V_d/2$ の電圧を印加して, y 軸方向に一様な外部電界を発生させる。

5.2 電磁界偏向

偏向板領域内における，質量 m，電荷 q の荷電粒子の運動方程式は

$$m\frac{dz}{dt} = m\sqrt{\frac{2qV_0}{m}} = mv_0, \tag{5.43}$$

$$m\frac{d^2y}{dt^2} = \frac{qV_d}{a} \tag{5.44}$$

で与えられる．荷電粒子が偏向板領域を通過する時間は $T = b/v_0$ であるから，偏向板出口における y 方向の速度 v_y，荷電粒子の中心軸となす角 θ および変位 d は

$$v_y = \pm\frac{qbV_d}{amv_0}, \quad \tan\theta = \pm\frac{bV_d}{2aV_0}, \quad d = \pm\frac{b^2V_d}{4aV_0} \tag{5.45}$$

となる．ただし，正電荷の粒子に対しては $-$ の符号を，負電荷の粒子に対しては $+$ の符号を選ぶ．

荷電粒子の偏向中心は，$d/\tan\theta = b/2$ の関係から，偏向板の中央になる．偏向中心からターゲットまでの距離を ℓ とすれば，ターゲットにおける偏向量 D は次式で与えられる．

$$D = \pm\frac{\ell b}{2a}\frac{V_d}{V_0}. \tag{5.46}$$

式 (5.46) に示すように，静電偏向においては偏向量は偏向電圧 V_d に正確に比例する．

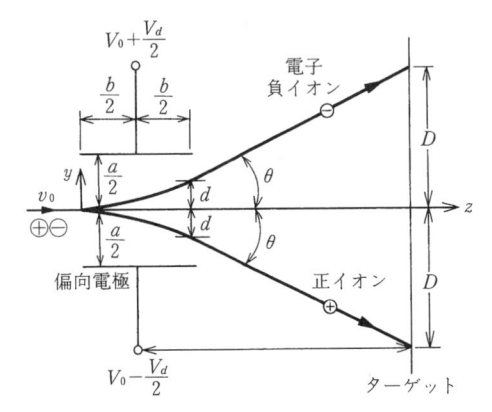

図 5.11 静電偏向の原理

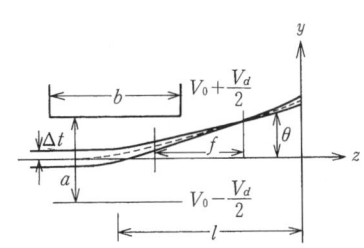

図 5.12 静電偏向におけるビームの集束

しかし，偏向量が加速電圧に反比例して悪くなるので，高エネルギーの荷電粒子の偏向には適しない．静電偏向において偏向量が荷電粒子の質量電荷比に無関係であることは，静電レンズの場合と同様に，静電界中の荷電粒子の軌道に対して一般的にいえることである．

偏向板に入射する荷電粒子の位置が z 軸上になく，傾きを持っている（位置 y_i，傾き $\tan\theta_i$）一般的な入射条件の場合，偏向量と偏向角は次式で与えられる．

$$\begin{bmatrix} D \\ \tan\theta \end{bmatrix} = \begin{bmatrix} 1 & \pm\left(\ell+\dfrac{b}{2}\right) \\ 0 & 1 \end{bmatrix} \begin{bmatrix} y_i \\ \tan\theta_i \end{bmatrix} + \begin{bmatrix} \pm\dfrac{V_d}{V_0}\dfrac{b}{2a}\ell \\ \pm\dfrac{V_d}{V_0}\dfrac{b}{2a} \end{bmatrix}. \tag{5.47}$$

ビーム径が偏向板距離 a に対して無視できない太さの場合には，荷電粒子が中心軸からのずれに応じた偏向電位で加速・減速される（図 **5.12**）．中心軸から Δt ずれたビームは，エネルギーが $\pm(\Delta t/a)V_d$ だけ増加するから

$$\Delta\theta = -\frac{2\theta^2}{b}\Delta t \tag{5.48}$$

だけ余分に偏向を受ける．電荷の符号と同じ極性の電極に近いビームは減速されてより偏向が増し，異なる極性の電極に近いビームは加速されて偏向が少なくなるので，ビームはある位置で焦点を結ぶ．その焦点位置は偏向中心から

$$f = \frac{b}{2\theta^2} \tag{5.49}$$

の距離である．ターゲット位置はこの焦点の位置も考慮して決める必要がある．

〔**2**〕　**静電偏向を利用したエネルギーアナライザ**　静電偏向において一定の偏向量を得るための条件は，偏向電圧と荷電粒子の加速電圧が比例することである．この関係は，偏向電圧によって荷電粒子の運動エネルギーを分析できることを示している．しかも，静電偏向では偏向量が荷電粒子の質量電荷比によらないので，質量電荷比の異なる粒子が混在している場合にも一緒にエネルギー分析することが可能である．

エネルギーアナライザとしては単なる偏向系でなく，例えば図 **5.13** に示す

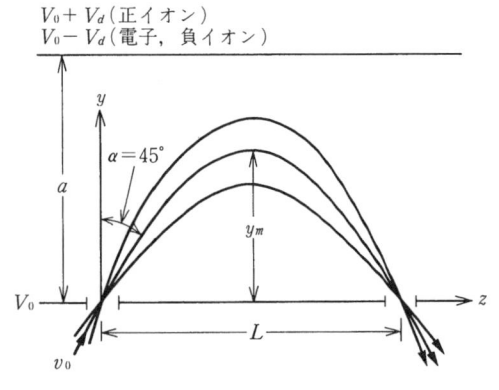

図 **5.13** 静電型エネルギーアナライザの例

ような平行平板電極構造を用いて分解能力を高める。2 枚の電極は距離 a だけ離れており，その一方の電極に開けた孔から荷電粒子ビームを斜めに入射する。荷電粒子の加速電圧を V_0，入射角度を α とする。もう一方の電極には荷電粒子を減速する電圧 $\pm V_d$ を与える。このとき電極間内における荷電粒子の軌道は次式で表される。

$$y = -\frac{V_d}{4V_0 a} \frac{z^2}{\sin^2 \alpha} + \frac{z}{\tan \alpha}. \tag{5.50}$$

この軌道の y 方向の最大値 y_m は $(V_0 a/V_d)\cos^2 \alpha$ であるが，その値が a より小さければ荷電粒子はもとの電極に押し戻される軌道となる。このとき入射位置から距離 L だけ離れた位置に戻る。

$$L = \frac{2V_0 a}{V_d} \sin 2\alpha. \tag{5.51}$$

距離 L 離れた位置に荷電粒子の出口の孔を設ければ，電圧 V_d と荷電粒子の加速電圧 V_0 が対応するエネルギーの分析ができる。荷電粒子の入射角度に分布があっても，ほぼ同じ距離に到達すれば高分解能のエネルギー分析ができる。その条件は $dL/d\alpha = 0$，すなわち $\alpha = 45°$ である。

5.2.2 電磁偏向

〔1〕 **サイクロトロン運動** 磁界中において荷電粒子は $\boldsymbol{f} = q(\boldsymbol{v} \times \boldsymbol{B})$

の力を受ける。つまり，磁界 B と磁界に直交する荷電粒子の速度成分 $v_\perp$ に対してのみ力が働き，平行な速度成分 $v_\parallel$ には力が働かない。磁界が一様であれば，磁界に平行な運動は $v_\parallel$ のまま等速度運動する。磁界に直交する面において，つねに速度に直交する方向に力 $qv_\perp B$ が働き，それが遠心力と釣り合って円運動，すなわちサイクロトロン運動をする。

この円運動の半径 R (サイクロトロン半径) は式 (5.52) で与えられる。

$$R = \frac{mv_\perp}{qB}. \tag{5.52}$$

サイクロトロン運動の 1 周期 T は

$$T = \frac{2\pi R}{v_\perp} = \frac{2\pi m}{qB} \tag{5.53}$$

で表されるように，荷電粒子の速度に無関係となる特徴がある。サイクロトロン周波数 f_c は 1 周期 T の逆数である。

電子およびイオン (質量数 M，価数 Z) のサイクロトロン半径および周波数は，つぎのようになる。ただし，速度 $v_\perp$ は加速電圧 V により生じるものとする。

電子に対して

$$R_e = 3.4 \times 10^{-6} \times \frac{\sqrt{V \text{ (V)}}}{B \text{ (T)}} \quad \text{(m)}, \tag{5.54}$$

$$f_{ce} = 2.8 \times 10^{10} \times B \text{ (T)} \quad \text{(Hz)}. \tag{5.55}$$

イオンに対して

$$R_i = 1.45 \times 10^{-4} \times \frac{\sqrt{\dfrac{MV \text{ (V)}}{Z}}}{B \text{ (T)}} \quad \text{(m)}, \tag{5.56}$$

コーヒーブレイク

荷電粒子ビームのエネルギー分析に静電場における軌道差が使われるのは，質量電荷比の違いがあっても軌道が変わらない特長を利用しているからである。しかし，磁界中の運動もエネルギーによって変わるので，その性質をエネルギー分析に使うこともできる。

$$f_{ci} = 1.52 \times 10^7 \times \frac{ZB\,[\text{T}]}{M} \quad [\text{Hz}]. \tag{5.57}$$

〔2〕 **電磁偏向の特性** サイクロトロン運動の一部を利用して荷電粒子の偏向を行う方法を電磁偏向という．電磁偏向では，荷電粒子の偏向量が質量電荷比に依存し質量が大きいほど曲がりにくいので，おもに質量の小さな電子の偏向に利用される．

電子の電磁偏向について考えよう．図 **5.14** のように，加速電圧 V_0（速度 v_0）で加速された電子が，長さ b の偏向磁界領域を通過するものとする．

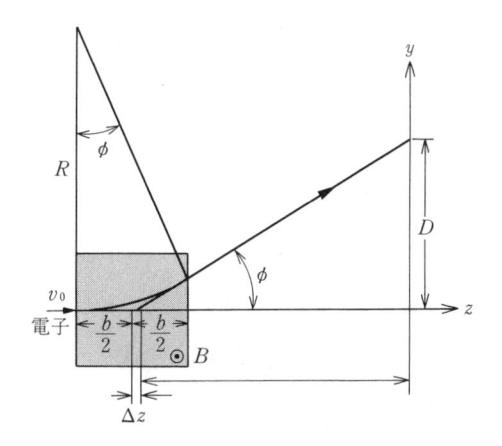

図 **5.14** 電子の電磁偏向の原理

式 (5.52) からサイクロトロン半径はつぎのようになる．

$$R = \sqrt{\frac{2m_e V_0}{e}}\,\frac{1}{B}. \tag{5.58}$$

偏向量を D，偏向中心からターゲットまでの距離を ℓ とする．偏向角 ϕ が小さければ

$$D = \ell \tan\phi \cong \ell\phi, \tag{5.59}$$

$$b \cong R\phi \tag{5.60}$$

と近似することができる．したがって，偏向角 ϕ，偏向量 D はつぎのように求められる．

$$\phi \cong Bb\sqrt{\frac{e}{2m_eV_0}}, \tag{5.61}$$

$$D \cong Bb\ell\sqrt{\frac{e}{2m_eV_0}}. \tag{5.62}$$

電磁偏向では偏向量が加速電圧の平方根に逆比例するから，加速電圧が高くても偏向感度があまり落ちないことがわかる．したがって高加速電圧の電子ビームの偏向によく用いられる．

偏向角が大きいときには，偏向量が磁界の2乗に比例する非線形の項を無視できなくなる．

$$\phi = \sin^{-1}\frac{b}{R} = \frac{b}{R} + \frac{1}{6}\left(\frac{b}{R}\right)^3 + \cdots$$
$$\cong Bb\sqrt{\frac{e}{2m_eV_0}}\left(1 + \frac{B^2b^2e}{12m_eV_0}\right). \tag{5.63}$$

また，偏向中心の位置ずれΔzも増加する．

$$\Delta z = \frac{b}{8}\left(\frac{b}{R}\right)^2 = \frac{ebB^2}{16m_eV_0}. \tag{5.64}$$

5.3 質量分離・分析

イオン源からのイオンの引出しは，静電界を用いた軌道制御の一種であるから，引き出されたビーム中には質量電荷比の異なるイオン種が混在する．そのため，目的とするイオン種を選択する必要がある．イオンの加速エネルギーが同一の場合，軌道に関連する物理量で質量によって差を生じるのは運動量または速度であるから，これらの違いによって明確に軌道が異なる光学系を利用すれば，質量分離を行うことができる．

イオンの軌道は磁界中ではその運動量によって，また直交電磁界中ではその速度によって軌道が異なるので，これらの中での軌道差を用いた分離器がよく用いられる．また高周波電界により受ける作用が速度や質量により異なったり，一定区間を走行する時間が速度により異なったりすることを利用して，質量分析することもできる．

5.3.1 扇形磁石による質量分離

一様な磁界中では，磁界の方向に直交する方向から入射するイオンの軌道は，加速エネルギーが同一の場合，イオンの運動量の大きさに応じて軌道半径が決まる。加速エネルギーが同一であればイオン運動量と質量は一対一の対応関係があるから，この軌道半径の差を利用して質量分離を行うことができる。質量分離には円運動の軌道の一部を利用するので，磁界を発生するために必要な磁石の形状が扇形になる。

円運動軌道の一部として，どのような角度でも切り取ることができるが，質量分離器として最もよく用いられる角度90°のものについて考える。図 **5.15** に示すように，回転半径 R の扇形磁石があり，その外部の点 A から加速電圧 V_0 によって加速されたイオンが z 方向に進み，磁石に入射するものとする。

磁界中でのイオンの中心軌道は半径 R の円を描き，90°回転して出口に到達する。そのときイオンの進む方向は $-y$ 方向に変わる。点 A と磁石の入口までの距離を L_1，磁石の出口からターゲットまでの距離を L_2 とする。このとき，質量 m_i の一価イオンが中心軌道を通過するように磁界が調節されているものとする。

質量が $m_i + \Delta m_i$ のイオンの軌道を考えてみる。質量 m_i のイオンの軌道は，出口において位置が $(z, y) = (R, -R)$，角度が $\psi = -\pi/2$ であるが，質量 $m_i + \Delta m_i$ のイオンの軌道は，位置が

$$z = R + \frac{\Delta m_i}{2m_i} R, \quad y = -R \tag{5.65}$$

角度 ψ が

$$\psi = -\frac{\pi}{2} + \frac{\Delta m_i}{2m_i} \tag{5.66}$$

となる。したがって，磁石の出口から距離 L_2 離れたターゲット上において，質量 m_i と $m_i + \Delta m_i$ の両イオンの軌道には，Δz_2 の差が生じる。

$$\Delta z_2 = \frac{1}{2}(R + L_2)\frac{\Delta m_i}{m_i}. \tag{5.67}$$

ターゲット上に Δz_2 より狭い幅のスリットを置けば，質量 m_i のイオンと m_i

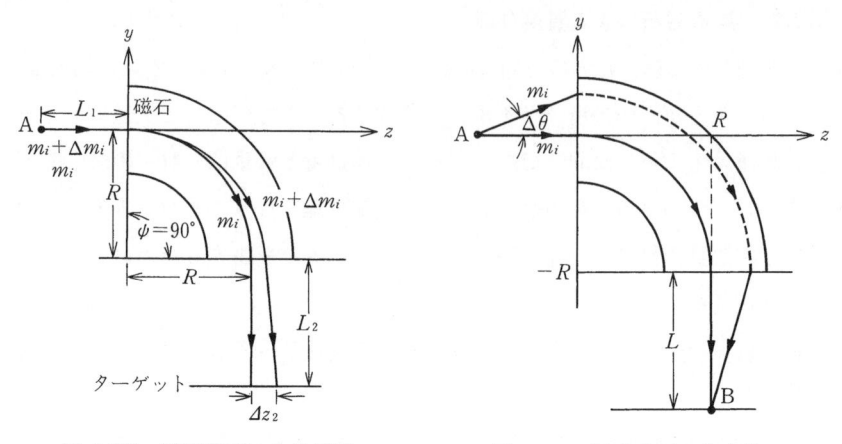

図 5.15 扇形磁石による質量分離器

図 5.16 扇形磁石の集束作用

$+\Delta m_i$ のイオンを選別できることになる．Δz_2 をスリット幅と考えたときの $m_i/\Delta m_i$ を質量分離器の分解能と呼ぶ．

図 5.16 に示すように，点 A から微小角 $\Delta\theta$ を持って磁石に入射する質量 m_i のイオンの軌道を考える．このイオンの磁石出口における位置は

$$z = R + R\Delta\theta, \quad y = -R \tag{5.68}$$

角度 ψ は

$$\psi = -\frac{\pi}{2} - \frac{L_1}{R}\Delta\theta \tag{5.69}$$

となる．微小角を持つイオンは，より長く磁界中を通過するため，曲がる角度が 90°より増える．このイオンの軌道は，中心軌道を通るイオンの軌道と点 B で交わることになる．

磁石出口と交点 B の距離を L とすると，L は次式に示すように微小角 $\Delta\theta$ と無関係な値を持つ．

$$L = \frac{R^2}{L_1}. \tag{5.70}$$

このことは，種々の角度をもって点 A から出発したイオンは同じ点 B に集束することを示している．この性質を利用して，分解能のよい質量分離を行うこと

ができる。

5.3.2 直交電磁界を用いた質量分離

図 **5.17** に示すように，紙面に向かう垂直方向に磁界 B, y 方向に電界 E があり，質量 m_i, 電荷 q を持つ荷電粒子が z 方向の初速度 v_0 を持って入射する場合の運動を考える。荷電粒子の運動方程式はつぎのようになる。

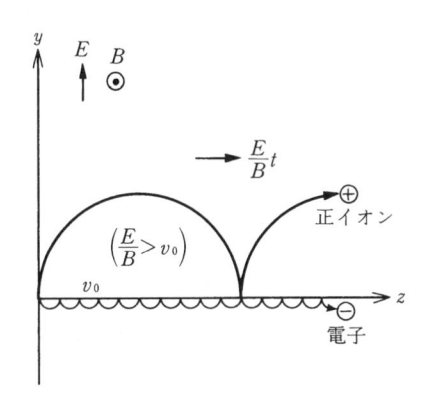

図 5.17 直交電磁界中の荷電粒子の運動

$$\frac{d^2y}{dt^2} = \frac{q}{m_i}\left(E - B\frac{dz}{dt}\right), \tag{5.71}$$

$$\frac{d^2z}{dt^2} = \frac{q}{m_i}B\frac{dy}{dt}. \tag{5.72}$$

式 (5.71), (5.72) を z, y について解くと次式が得られる。

$$z = -\frac{1}{\omega_c}\left(\frac{E}{B} - v_0\right)\sin\omega_c t + \frac{E}{B}t, \tag{5.73}$$

$$y = \frac{1}{\omega_c}\left(\frac{E}{B} - v_0\right)(1 - \cos\omega_c t). \tag{5.74}$$

ここで，$\omega_c = (q/m_i)B$ とおいている。

式 (5.73) から，直交電磁界中においては，荷電粒子は z 方向へ等速度運動で進みながら回転運動を伴うことがわかる。この運動をトロコイド運動という。こ

の等速度運動のドリフト速度は，荷電粒子の質量電荷比や初速度によらず，電界と磁界の比で決まる一定値 E/B を持つ特徴がある．また，回転運動の半径 R は次式のようになる．

$$R = \left| \frac{1}{\omega_c} \left(\frac{E}{B} - v_0 \right) \right|. \tag{5.75}$$

〔1〕 **$E \times B$ 型質量分離器** 直交電磁界において電界Eと磁界Bに直交する方向から質量 m_i，電荷 q，初速度 v_0 のイオンが入射すると，イオンは電界方向に電界による力 qE，磁界による力 $-qv_0B$ を受ける．この二つの力が釣り合う条件は

$$v_0 = \frac{E}{B} \tag{5.76}$$

であり，このときイオンは電磁界中において偏向を受けずに速度 v_0 で直進する．このことは，式 (5.73)，(5.74) に式 (5.76) の条件を入れることによっても理解できる．

イオンの速度が v_0 以外の場合には，イオンの軌道が曲がって直進しないため，直進するイオンだけをスリットなどを用いて選択すれば，イオンの速度による分離を行うことができる．イオンの加速電圧が同一の場合，質量・電荷比と速度は一対一対応するので質量分離することができる．この方法を用いた質量分離器を $E \times B$ 型質量分離器と呼ぶが，ウィーンフィルタや速度分離器と呼ぶこともある．

イオンの直進条件 (5.76) をイオンの質量と加速電圧 V_0，電界，磁界の関係に書き換えると

$$m_i = \frac{2qV_0B^2}{E^2} \tag{5.77}$$

が得られる．したがって，質量分離するために，磁界を変えても電界を変えてもよい．

図 **5.18** に $E \times B$ 型質量分離器の構成を示す．質量走査を磁界の強さを変えて行うものでは磁極は電磁石が，電界の強さを変えて行うものでは永久磁石が用いられる．磁極面は同一電位のため，一様な電界を形成するための障害にな

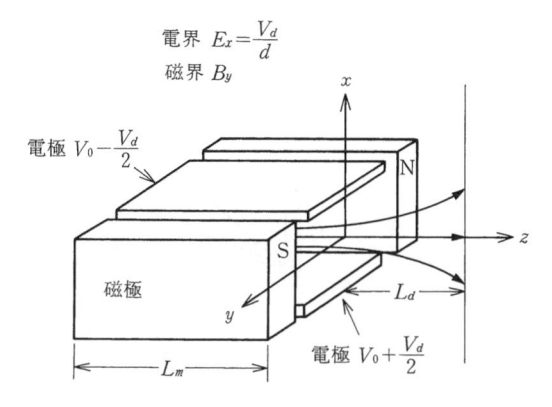

図 5.18 $E \times B$ 型質量分離器

る.そのため,電極の形状を工夫してより一様な電界を得るための工夫が行われるが,太いビームに対してはその効果があまりなく,質量分解能が下がる.

分離器の長さを L_m,分離器の出口からターゲットまでの長さを L_d とする.質量 m_i のイオンが式 (5.76) の直進条件にあるとき,質量 $m_i + \Delta m_i$ のイオンのターゲット上での変位 Δx は

$$\Delta x = x|_{z=L_m} + L_d \frac{dx}{dz}|_{z=L_m}$$
$$\cong \frac{1}{4} \frac{\Delta m_i}{m_i} \frac{E}{V_0} L_m \left(\frac{L_m}{2} + L_d \right) \tag{5.78}$$

で表される.Δx をスリット幅と考えると,式 (5.78) を $m_i/\Delta m_i$ について値を求めれば,それが質量分離器の分解能になる.

〔2〕 **四重極高周波電界による質量分析** 高周波電界内におけるイオンの運動は,質量が異なると高周波への追随のしやすさが異なるため,違った軌道をとるので,質量の分析が可能となる.四重極電極に高周波電界を印加する構造のものを四重極質量分析器という.

図 5.19 に示すような四重極電極 (断面は直角双曲線,ただし実用的には円柱電極の場合が多い) に,直流電圧と高周波電圧を重畳したもの ($\pm(U + V\cos\omega t)$) を印加すると,四重極電極内の電位は

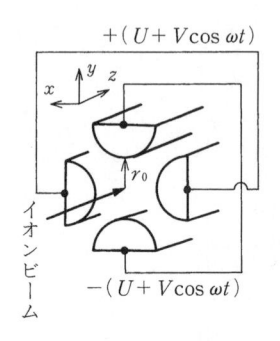

図 5.19 四重極質量分析器の構成

図 5.20 四重極質量分析器における安定解領域

$$\Psi = (U + V\cos\omega t)\frac{(x^2 - y^2)}{r_0^2} \tag{5.79}$$

で与えられる。この中を z 方向に通過するイオンは，x 軸方向，y 軸方向に周期的な力を受けて振動しながら進む。このような場合のイオンの軌道は，マチュー関数で与えられ，その解として無限時間の間イオンが一定振幅を越えない安定軌道をとるものと，時間とともに振幅が指数関数的に増大する不安定軌道をとるものがある。

いま

$$a = \frac{8eU}{m_i r_0^2 \omega^2}, \quad q = \frac{4eV}{m_i r_0^2 \omega^2} \tag{5.80}$$

とすると，**図 5.20** の三角内の領域が安定解のある領域となる。質量に無関係な

コーヒーブレイク

$E \times B$ 型質量分離器は，太いビームに対しては分解能が非常に悪くなるが，ビーム径が非常に細ければ問題はない。そのため，ビーム径が μm 台の集束イオンビーム装置の質量分離に用いられる。集束イオンビーム装置では，ビームの軸合せも非常に重要なため，直進ビームの質量分離が可能な $E \times B$ 型質量分離器が最適である。

$a/2q\,(=U/V)$ なる直線(質量走査線という)を考えると,この直線上にすべての異った質量のイオンが並ぶ.U/V の比が 0.167 84 のとき,この領域の頂点を通り,ある特定の質量のイオンだけが電極系を通過できることになる.質量は電圧,周波数により変化する(質量数 $M = 0.14V\,\text{(V)}\,/\,(f^2\,\text{(MHz)}\cdot r_0^2\,\text{(cm)})$)が,実用的には周波数を一定にして,高周波電圧(と直流電圧)を変える場合が多い.

分解能を上げるためには,イオンが四重極電極内に滞在している間に高周波から受ける振動回数が多いほうがよいため,四重極電極の長さを長くするほか,f を増すかイオン加速電圧を低くする必要がある.イオンエネルギーが数百 eV 程度の質量分析に用いることが多い.

〔3〕 **タイムオブフライト質量分析** イオンの加速電圧が同じであれば,質量の重いイオンほど一定距離の走行時間は長い.この走行時間差を利用してイオンの質量分析を行うことができる.この手法を用いた質量分析法を**タイムオブフライト** (time-of-flight method) **法**と呼んでいる.

この分析法は連続のイオンビームでなく,パルスビームの質量分析に用いられる.図 **5.21** に示すように,イオンビームをパルス化(パルス幅= Δt)して無電磁界空間(長さ L_d)を走行させると,イオン粒子の速度に応じてパルスイオン集極への到着時間が異なる.

$$t = \frac{L_d}{v} = L_d \left(\frac{m_i}{2eV}\right)^{1/2}. \tag{5.81}$$

したがって,パルスイオン集極への電流を出発点での時間を起点にして測定す

コーヒーブレイク

　静磁界や直交電磁界を使う質量分離では,質量の大きなイオンの分離は難しいが,イオンの飛行時間差を利用するタイムオブフライト法では,質量の大きなイオンでも分解能が落ちない.そのため,質量数が何十万もある高分子イオンの分析にも用いることができる.

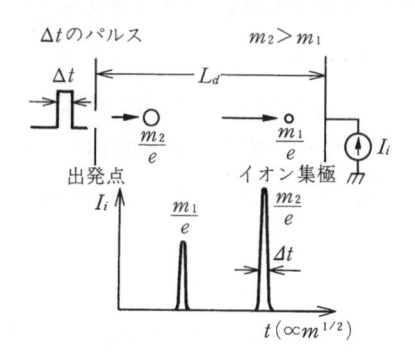

図 5.21 タイムオブフライト法の原理

れば，イオンの質量分析が可能となる．分解能は $t/\Delta t$ に比例するから，L_d が長く，速度の遅いイオン粒子ほど分解能が上がる．

5.4 加速と減速

荷電粒子ビームを加速するためには，その荷電粒子の進行方向に，加速電界が存在すればよい．連続的なビームを加速する場合には，静電的な加速方法が用いられるが，パルス状でもよい場合には，高周波を用いてパルス状荷電粒子が存在するときだけ加速電界をかける工夫をして加速することができる．減速は加速の逆を行えばよい．ここでは，荷電粒子ビームとしてイオンビームを主として考える．

5.4.1 静電加速

図 **5.22** のように，2枚の電極間に加速のための電圧を印加すれば，軸方向に荷電粒子を加速する静電界が形成される．このような一つの間隙によって加速できる電圧は，せいぜい数十 kV 程度であり，また比較的強い静電レンズ効果が伴う．さらに高いエネルギーまで加速したい場合には，図 **5.23** に示すように，複数の電極を等間隔に並べ，それらの間に等しい電圧を印加して，軸方向に等加速電界を作る方法が用いられる．このような複数の電極により構成され

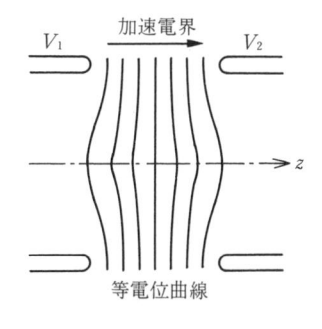

figure 5.22　2枚の電極による加速

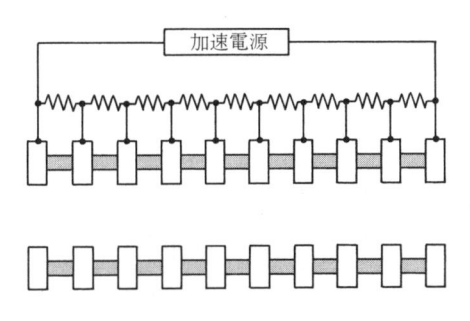

図 5.23　加速管の構造

る円筒を加速管と呼ぶ。

　加速管の外部が大気であると，加速管には 500 kV 以上の電圧は印加できない。これは，これ以上の電圧では大気との間でコロナ放電が始まるからである。500 kV 以上の加速電圧をかけるためには，加速管の外部を高圧窒素や絶縁性気体（例えば，SF_6 ガス）で覆えばよい。

　イオンビームを高電圧に加速するためにタンデム方式の静電加速も用いられる。タンデム方式の加速では，まず負イオンを接地電位でつくる。それを正の高電圧に向かって静電加速し，高電圧電極部に設置した荷電変換セルを通過させて多価正イオンに変換する。通過した多価正イオンを，負イオンを加速した同じ電源によって接地電位側に加速する。荷電変換で Z 価の多価正イオンになれば，イオンの最終加速エネルギーは加速電源電圧の $(1+Z)$ 倍になる。

5.4.2　高周波加速

　〔1〕　**線形加速**　　イオンを直線状に走らせながら高周波を用いて加速する方法で，**ライナック**（linac）とも呼ばれる。イオンの走行に合わせて電極間で電界を受ける空間では，つねに軸方向の加速電界がかかる工夫がなされている。図 5.24(a) に示すように，幅の異なる円筒電極を直線状に並べ，それらを一つおきに電気的に接続して，それらの間に数十～数百 MHz の高周波

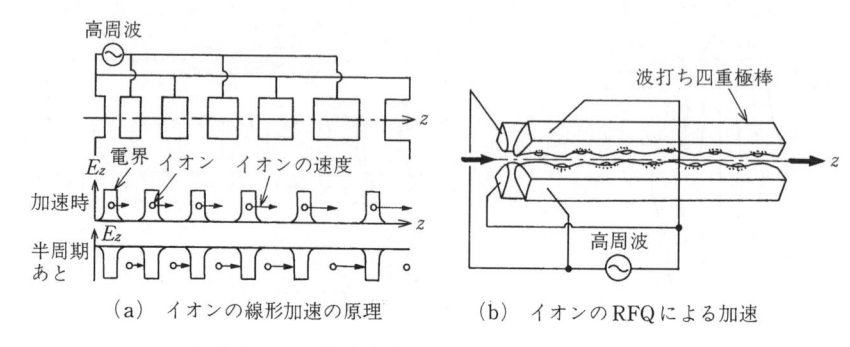

(a) イオンの線形加速の原理　　(b) イオンのRFQによる加速

図 5.24　高周波によるイオンの線形加速法

を印加する。これらの電極間隙で加速されたイオンがつぎの電極間隙でまた加速されるためには，イオンの電極間すき間の走行時間が高周波の周期の半分であればよい。

電極を通過するごとにイオンの速度は速くなるので，イオンの進行に従って電極間距離は長くなる。このような条件に合うように電極間距離および電極を調整する。加速条件に合わない位相のずれたイオンは加速されない。この加速条件は特定の質量電荷比を持つイオンに対してだけ有効である。質量電荷比が異なる場合には，電極構造や周波数などを変えなければならない。

〔2〕　**RFQ加速**　　図 5.24(b) に示すような四重極が正弦波状に変化している構造の電極を用いて，イオンビームを加速することができる。この電極系は **RFQ**（radio frequency quadrapole）と呼ばれ，イオンビームの集群・集束作用と，高周波加速を同時に行うことができる。この加速方法では，入射したイオンのすべてが集群して加速されるので，イオンビームの利用効率が100％と非常に高い。

高周波を用いる加速においては，加速されたイオンビームは高周波と同じ周波数のパルス状ビームとなる。

5.4.3　減 速 法

数 eV から数百 eV の非常に低いエネルギーのイオンビームは，空間電荷効

果により発散しやすいので長距離輸送することができない。したがって，長距離の輸送中は高いエネルギーで輸送し，ターゲットである減速電極直前で低エネルギーに減速する方法が用いられる。図 5.25 に減速電極系の一例を示す。

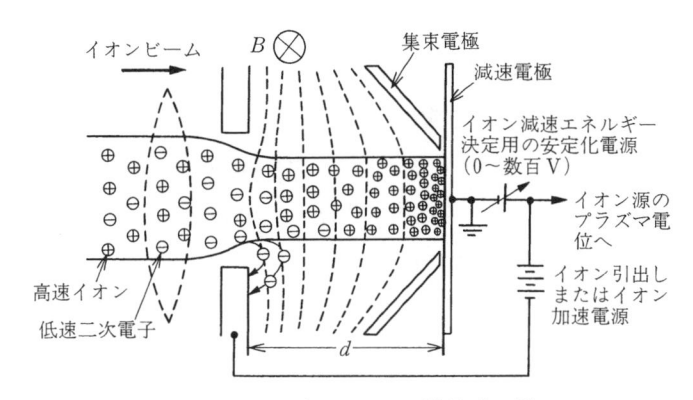

図 5.25　正イオンビーム減速系の例

このような電極系におけるイオンビームの減速では，減速空間の入口において無電界空間から強電界空間へ移行するので，発散レンズ効果が生じる。また，イオンビーム速度が 0 近くになる減速電極近くで強い空間電荷効果を生じ，ビームが発散する。これらのビームの発散を抑制するため，ビームが減速空間に入る前にレンズで集束性にしたり，ターゲット上にピアスの補助電極に相当する電極を置いて空間電荷効果を打ち消す方法がとられる。

多くの場合，イオンビーム中には低速電子が取り込まれているが，それが減速電界で加速されて減速電極に高速で入射し，低速イオンビーム中に混入する。高速電子を取り除くため，減速空間にイオンビーム軌道を変えない程度の弱い横方向磁界をかける方法が用いられる。

5.5　エミッタンスと輝度

ビームの質を比較できる物理量として，エミッタンスや輝度が用いられる。これらの物理量は，ビームを構成する粒子の運動のそろいの程度を定量的に表現できるものであり，エミッタンスは小さいほど，輝度は大きいほどビームの

質がよいことを示す．またこれらの量は，適当な規格化をすればビームの行路中不変量となるので，ビームに備わった量として使うことができるので便利である．ここでは，イオンビームに関して述べる．

5.5.1 エミッタンスと輝度の定義

〔1〕 **エミッタンスの不変性** 粒子の運動に関するリウビルの定理は，図 5.26 に示すように，運動する粒子群の位相空間体積は時間に対して不変であることを示している．ビームを構成する粒子の運動が x, y, z 軸に対して独立であると仮定する．図 5.27 に示すように，規格化エミッタンスの定義はビーム粒子の位相空間体積×定数であり，規格化輝度の定義は電流とエミッタンスの比で表されるので，これらの量はビーム行路中不変量となる．

〔2〕 **規格化エミッタンスと規格化輝度** 通常実測される2次元エミッ

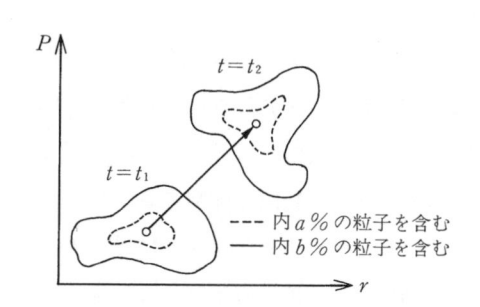

図 5.26 位相空間体積の不変性を説明する図

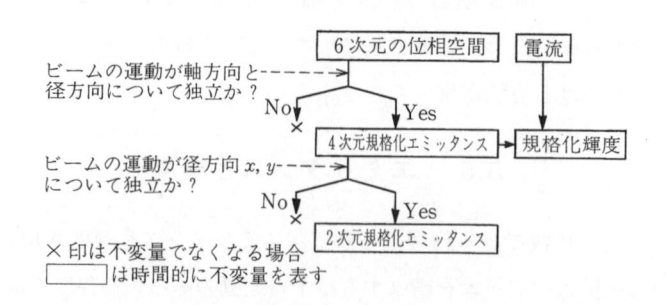

図 5.27 位相空間体積と種々の不変量の関係

タンスは，図 5.28 に示すように，ビーム断面において軸からビームの進行方向に垂直な距離 x におけるビームの広がり角 α を計測し，ビーム位置 x と広がり角 α の関係を描くと図 5.29 のような位相図が得られる。

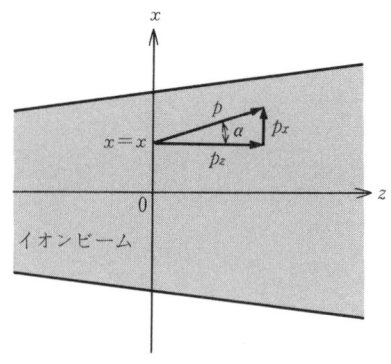

p：運動量
x：イオンビーム断面の1次元座標軸
p_x：イオンビーム径方向運動量
p_z：イオンビーム軸方向運動量
α：位置 x における広がり角

図 **5.28** ビームと通常のエミッタンスの関係図

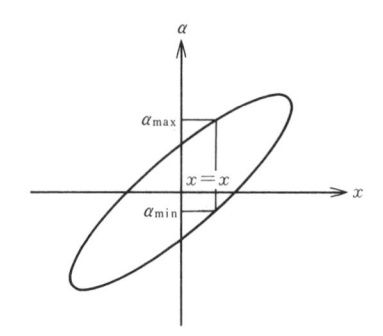

図 **5.29** 通常のエミッタンス図

この位相図における面積に比例する量を一般にエミッタンスと呼ぶ。規格化していないエミッタンスの定義としては次式で表される量を指す。

$$\varepsilon_2 = \frac{1}{\pi} \int \alpha(x) dx. \tag{5.82}$$

ビーム径方向を x として，位置 x におけるビームの広がり角を $\alpha(x)$ としたときの位相空間面積を π で割るのは，位相空間面積が楕円であることが多いからである。

このような通常計測されるエミッタンスに対して，2次元の規格化エミッタンスは次式のように定義される。

$$\varepsilon_{2n} = \frac{1}{m_{i0}c} \frac{1}{\pi} \iint dp_x dx. \tag{5.83}$$

すなわち，「イオンビーム断面の位置および運動量からなる2次元位相空間体積

を定数 $m_{i0}c\pi$ で割ったもの」と表現できる．ただし，m_{i0} はイオン粒子の静止質量であり，c は光速である．

したがって規格化エミッタンスと通常のエミッタンスの関係は

$$\varepsilon_{2n} = \frac{\beta}{\sqrt{1-\beta^2}} \varepsilon_2 \quad [\text{m·rad}] \tag{5.84}$$

となる．ただし，β は v/c を表す．

同様に定義される4次元規格化エミッタンス

$$\varepsilon_{4n} = \frac{1}{(m_{i0}c)^2} \frac{1}{\pi^2} \iiiint dp_x dp_y dx dy \tag{5.85}$$

を用いて定義される規格化輝度

$$B_n = \frac{I}{\dfrac{1}{(m_{i0}c)^2} \iiiint dp_x dp_y dx dy}$$

$$= \frac{I}{\pi^2 \varepsilon_{4n}} \quad [\text{A·m}^{-2}\text{·rad}^{-2}] \tag{5.86}$$

は，「イオンビーム断面の4次元位相空間体積を定数 $(m_{i0}c)^2$ で割って規格化した値を全イオン電流で割った値」のように表現できる．

2次元規格化エミッタンスで表すと次式のようになる．

$$B_n = \frac{2I}{\pi^2 \varepsilon_{2n}^2}. \tag{5.87}$$

上式の分母に2が付く理由は，四重積分と二重積分につぎのような関係があるからである．

$$\iiiint dp_x dp_y dx dy \cong \frac{1}{2}\left(\iint dp_x dx\right)^2. \tag{5.88}$$

$dp_x dp_y/p_z^2 \cong d\Omega$，$dxdy \cong dS$ と考えると，規格化輝度を次式のように書き換えることができる．

$$B_n = \frac{I}{\left(\dfrac{\beta^2}{1-\beta^2}\right) \iint d\Omega dS}. \tag{5.89}$$

この式は，照明工学における輝度（単位面積当り毎秒単位立体角に入射する光束）に類似しており，一般の輝度の概念を示す図 **5.30** とも一致する．

〔3〕 **エミッタンスとプラズマ特性の関係** エミッタンスが不変量であ

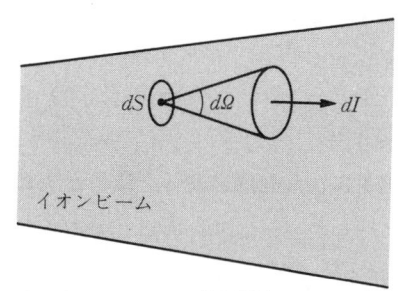

dI：イオンビームの微小電流
dS：イオンビーム断面の微小面積
$d\Omega$：イオンビーム断面 dS における立体角

図 **5.30** 輝度の説明図

るから，イオンビームの引出し面でも保存されるはずである．したがって，プラズマ諸量でエミッタンスを表すことができる．

　この関係を導く際に，1) プラズマのイオン速度分布は正規分布で，速度空間の標準偏差の2倍以内の粒子を対象とする，2) 位置空間の分布はイオン放出面（直径 $2a$）上一様で，直径すべての粒子を対象とする，3) ビーム断面の4次元位相空間体積の形状は回転楕円体であるとする，という仮定をおくと，プラズマ特性により輝度が次式のように計算できる．

$$B_n = (m_{i0}c)^2 \frac{2I}{(\pi a)^2 (\pi p_i)^2}. \tag{5.90}$$

輝度とエミッタンスの関係からエミッタンスとプラズマ特性の関係を得ることができる．

$$\begin{aligned}\varepsilon_{2n} &= 2a \left(\frac{kT_i}{m_i c}\right)^{1/2} \\ &= 6.53 \times 10^{-7} \times a\,[\text{cm}] \cdot \left(\frac{T_i\,[\text{eV}]}{M\,[\text{a.m.u.}]}\right)^{1/2} \quad [\text{m·rad}].\end{aligned} \tag{5.91}$$

5.5.2　空間電荷中和とエミッタンス

〔1〕　**基礎包絡線軌道方程式**　　外部磁界および外部加速・減速電界がな

い場合の円形断面を持つビームの包絡線軌道方程式 ($r_0(z)$ をビーム半径とする) は，次式のように表される．

$$\frac{d^2 r_0}{dz^2} = \frac{K}{r_0} + \frac{\varepsilon_{2n}^2}{\beta^2 r_0^3}. \tag{5.92}$$

右辺第1項は空間電荷による発散を表し，第2項はエミッタンスによる発散を表す．また，Kはビームのパービアンスで，次式で表すことができる．

$$K = \frac{I_b}{4\pi\varepsilon_0 V_b^{3/2} \sqrt{\dfrac{2e}{m}}}(1-h)$$

$$= 6.49 \times 10^5 \times \frac{I_b}{V_b^{3/2}}(1-h)M^{1/2} \quad [\text{A}\cdot\text{V}^{-3/2}]. \tag{5.93}$$

ここで，ε_{2n}は規格化二乗平均エミッタンス，βはビームの速度と光速の比 (v/c)，I_bはビーム電流，V_bは加速電圧である．また，hは空間電荷中和係数で，範囲は $0 \leq h \leq 1$ であり，0のとき中和はなく，1のとき完全中和となる．

〔2〕 **エミッタンス支配型と空間電荷支配型のビーム**　空間電荷中和がない場合の包絡線軌道方程式の右辺第1項と第2項の大小比較をするために，その比をαとする．

$$\alpha = \frac{\dfrac{\varepsilon_{2n}^2}{\beta^2 r_0^3}}{\dfrac{K}{r_0}} = 3.08 \times 10^{-6} \times \left(\frac{R}{r_0}\right)^2 \frac{V_b^{1/2} T_i}{I_b M^{1/2}}. \tag{5.94}$$

ただし，Rはビーム源の半径である．

　一般に，電子ビームや高エネルギーイオンビームはαの値が1より非常に大きく，エミッタンス支配型のビームである．しかし，大電流イオン注入装置では，10 keV，10 mA 程度のボロンや砒素イオンが利用される．例えば，ボロンイオンの場合，イオン温度を 1 eV と仮定するとα= 1/100 となる．また，イオンビームアシスト蒸着では，1~40 keV，100 mA 程度の窒素分子やアルゴンイオンが用いられる．例えば，1 keV の窒素分子イオンの場合α= 1/6 000 となる．

　このように，大電流イオンビームでは，もし空間電荷中和がなければほとん

ど空間電荷の力によってビーム軌道が支配されるので，ビーム輸送には空間電荷中和が必須であることがわかる。

〔3〕 ガスとの衝突がある場合の包絡線軌道方程式 ガスとの衝突によりビームが一部空間電荷中和され，ビーム端電位が ϕ_w であったとする（ビーム中心電位=0）。空間電荷中和係数との関係は，$1 - h = -\phi_w/\phi_i$ と表すことができる。ただし，ϕ_i は空間電荷中和のない場合のビーム端電位で，$-n_b e r_0^2/4\varepsilon_0$ である。ことのきビームパービアンスは，式 (5.93) より $K = -\phi_w/V_b$ となる。

ガスとの衝突がある場合のビーム電位は，衝突電離によって発生した電子やイオンのビーム内への取込みと拡散のバランスによって決まり，ガス圧力が比較的低い場合には次式により表される。

$$\phi_w = -\frac{n_b}{N}\frac{\sigma_u V_b}{2\sigma_e}. \tag{5.95}$$

ただし，N はガス粒子密度，σ_u, σ_e はそれぞれイオンビームが低速電子にエネルギーを与える断面積およびイオンとガス衝突による電離断面積を表す。

ビームが行路中，加速や減速されない場合には，$K = (-\phi_w/V_b) \sim n_b \sim$ const.$/r_0^2$ となるので，$K = (-\phi_{wi}/V_b)(R^2/r_0^2)$ の関係があることと，エミッタンスとプラズマイオン温度 T_i の関係を使って，包絡線軌道方程式を次式のように書き換えることができる。

$$\frac{d^2 r_0}{dz^2} = \frac{1}{r_0^3}\left(-\frac{\phi_{wi}}{V_b}R^2 + \frac{2T_i}{V_b}R^2\right). \tag{5.96}$$

ただし，ϕ_{wi} はビーム出発点（ビーム源）におけるビーム端電位を表す。上式は，ビーム軌道方程式が $1/r_0^3$ だけの関数となって取り扱いやすい。

イオンビームにおける ϕ_{wi} の値は，大電流イオンビームで空間電荷中和がほとんどなければ容易に kV 程度になる。これは，通常 1eV 程度のイオン温度に比べれば非常に大きな値であるから，ビームの広がりの原因はほとんど空間電荷によることがわかる。イオンビームの通過領域のガス圧力が 10^{-2} Pa（10^{-4} Torr）台のような条件では，イオンビームにより残留ガスが電離され，空間電荷中和がほぼ完全になされる。

しかし，それでも電位が完全に0になることはなく，ビーム端における電位

(飽和ビーム電位 ϕ_s) が存在する．この飽和ビーム電位の値は，関連する実験から算定すると，20 kV, 100 mA, 10 cm 直径のビームに対して，水素ガスの場合 4 V，アルゴンガスの場合 11 V，ヘリウムガスの場合 13 V 程度である．このように，空間電荷中和がほぼ完全になされた条件においても，空間電荷によるビームの広がりの効果は，エミッタンスによる広がりの効果と同程度残ることになる．

章末問題

(1) 静電レンズは，光学レンズと比べてどのようなところが類似しており，またどのようなところが異なっているか説明せよ．

(2) 静電レンズの二重開口レンズはつねに集束性であることを示せ．

(3) 静電レンズの単孔レンズの焦点を表す式を導け．

(4) 磁界レンズの焦点を表す式を導け．

(5) 電子ビームおよびイオンビームに対して，静電レンズおよび磁界レンズのどちらを使用するのが適しているかを理由を付けて説明せよ．

(6) 電子ビームおよびイオンビームに対して，静電偏向および電磁偏向のどちらを使用するのが適しているかを理由を付けて説明せよ．

(7) 電子ビームおよびイオンビームのエネルギー分析の方法について述べよ．

(8) 扇形電磁石による質量分離器の質量分解能を表す式を導出せよ．

(9) 質量分離器および質量分析器の名称を四つ挙げ，それぞれの動作原理を簡単に説明せよ．

(10) 電子ビームおよびイオンビームにおいて，エミッタンスの原因となるものはどのようなものであるか説明せよ．

(11) 大電流イオンビームを輸送する場合に注意しなければならないことはどのようなことか答えよ．

6. ビームと固体原子の相互作用

電子ビームやイオンビームなどの荷電粒子ビームと固体原子の相互作用は，固体原子の原子核がつくる静電場との相互作用である弾性衝突と，固体内の束縛電子を励起する相互作用である非弾性衝突が複雑に組み合わさったものである。しかし，荷電粒子ビームの運動エネルギーが固体原子間の結合エネルギーより十分大きい場合には，荷電粒子1個と固体粒子1個の2粒子間の相互作用が重ね合わさったものと考えることができる。

固体を構成している粒子は正電荷を持つ原子核と束縛電子であるから，相互作用の基本はクーロン衝突であるが，原子核がつくる静電場は原子核周りの電子の電荷によって遮へいされ，自由空間におけるクーロン場と大きく異なるため，単なるクーロン衝突の重ね合せでは表せない場合もある。

6.1 電子ビームと固体原子の相互作用

大きな運動エネルギーを持った入射電子と固体原子1個の相互作用を考えてみよう。入射電子は，固体原子との相互作用として，1) 原子内粒子とほとんど相互作用しない，2) 固体原子の原子核と弾性衝突する，3) 固体原子の束縛電子と非弾性衝突する，の三つの場合がある。

2.1.1項で述べたように，原子の内部ポテンシャル構造は，中心の原子核近傍では高ポテンシャルから急激に変化するが，距離が原子半径程度のところでは比較的ゆるやかに変化する。原子の内部ポテンシャルが入射電子の運動エネルギーより大きくなる領域に入射電子が近づけば，原子核との弾性衝突が起こるが，その領域の大きさすなわち衝突断面積は，固体原子全体の大きさに比べてきわめて小さい。また，固体原子の束縛電子との衝突断面積は，原子核の衝突断面積よりさらに小さいから，大部分の入射電子は原子内粒子とほとんど相互

作用せずに原子内を通過することになる。このことは，入射電子が固体内部に深く侵入することを意味する。また，固体は，薄膜状の場合には膜を通過することもある。

原子の原子核が存在する中心位置近傍に近づいた入射電子は，原子核がつくる内部ポテンシャルと相互作用し弾性衝突現象を起こす。原子核の質量と入射電子の質量には著しい差があるので，これらの粒子間にはエネルギーの授受はほとんどないが，入射電子の運動量すなわち運動方向が急激に変化する。この現象により入射電子が後方散乱されたり，高エネルギー粒子の運動方向が急激に変化すると起こる電磁波（X線）の制動放射が生じる。

入射電子は低い確率ではあるが固体原子の束縛電子と相互作用する。相互作用粒子の質量が同じであるから，粒子間のエネルギーの授受の量は大きい。入射電子のエネルギー損失はほとんどこの相互作用によるものである。束縛エネルギーの大きな内殻電子と相互作用し，内殻電子が束縛から外れると，オージェ過程によって原子特有のエネルギーを持つ電子（オージェ電子）あるいはX線（特性X線）が放出される。

入射電子が外殻の電子と相互作用してそれらが束縛から外れると，固体内を拡散してその一部は二次電子として表面から放出される。最外殻の電子は原子間の結合に関与しているので，それらが外れたり励起されたりすると，原子間の結合が分離したり，反応性の強い活性基ができて新たな結合が生じたりする。入射電子が束縛電子を励起すると，励起準位に応じた電磁波（光）が発光する場合(カソードルミネセンス)がある。

入射電子は，固体原子と上記の相互作用をつぎつぎと繰り返しながら固体内部に侵入する。入射電子と固体原子間の一次相互作用は非熱平衡的に生じるが，一次相互作用によって生じた二次，三次粒子などと固体原子間の相互作用が十分生じる時間が経過すると，相互作用領域は局部的な熱平衡となり，その部分が加熱された状態となる。

電子ビームを固体に照射したときに生じる種々の現象を図 **6.1** に示す。ここでは，電子のエネルギーとして工学的利用が行われる 10 keV から 1 MeV の範

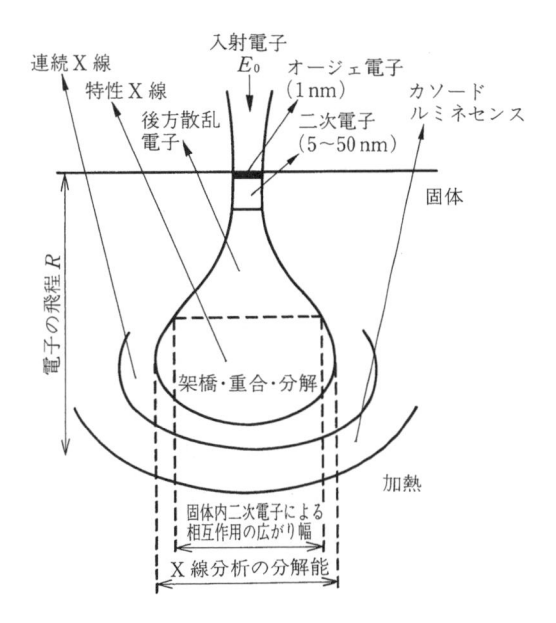

図 6.1 電子ビームを固体に照射したときに生じる種々の現象

囲について考えてみよう。

6.1.1 飛程とエネルギーの伝達

〔1〕 **電子の固体中の飛程** 電子が固体内に侵入する深さは，入射電子が単位距離進むときどれだけのエネルギーを損失するかがわかれば見積もることができる．入射電子のエネルギー損失の主な原因は，前述したように固体中の電子との相互作用によるものである．この相互作用を自由空間における電子間のクーロン斥力で近似できると考えれば，入射電子のエネルギー損失は電子のエネルギー E に反比例することになる．また，相互作用する確率は固体の単位体積中に存在する電子の数に比例するため，エネルギー損失も同様に比例する．

すべての元素にわたり，原子核の陽子数と中性子数はほぼ同じであるから，原子の質量は陽子の数，すなわち原子を構成する電子の数に比例するので，単位

体積中の電子の数は固体の密度 ρ に比例することになる．すなわち，単位距離当りの電子のエネルギー損失は

$$\frac{dE}{dz} \propto -\frac{\rho}{E} \tag{6.1}$$

と表すことができる．

式 (6.1) を積分し，電子のエネルギーを電子の速度に置き換えると，電子ビームの速度 v と固体への入射深さ z の関係式が得られる．

$$v^4 - v_0^4 = -c_T \rho z. \tag{6.2}$$

ここで，v_0 は入射電子の初期速度を表す．c_T は定数となるが，トンプソン・ウイディグトンはその値を $c_T = 5.05 \times 10^{33}$ m^6·kg^{-1}·s^{-4} とした．

式 (6.2) において，$v = 0$ となる深さまで電子が侵入するから，E_0 を入射電子の初期エネルギー，m_0 を電子の静止質量とすると，電子の固体中への飛程 R は

$$R = \frac{v_0^4}{c_T \rho} = \frac{4E_0^2}{c_T \rho m_0^2} \tag{6.3}$$

のように電子の初期エネルギーの 2 乗に比例し，固体の密度の反比例する．上式を実用単位で表すとつぎのようになる．

$$R \sim 2.1 \times 10^{-12} \times \frac{E_0^2 \text{ [eV]}}{\rho \text{ [g·cm}^{-3}\text{]}} \text{ [cm]}. \tag{6.4}$$

固体の密度は，**表 6.1** に示すように，$1 \sim 20$ g·cm^{-3} であるから，例えば入射エネルギーが 100 keV の電子ビームの飛程は，200〜10 μm となる．

以上の議論は入射電子のエネルギーが 100 keV 程度までの電子ビームに対しては正しいが，エネルギーが 100 keV 以上になると原子核との相互作用によっ

表 *6.1* 固体の密度の例

固体	密度 [g·cm^{-3}]	固体	密度 [g·cm^{-3}]	固体	密度 [g·cm^{-3}]
Ag	10.5	Ge	5.5	SiC	3.1
Al	2.7	Pb	11.3	SiO$_2$	2.6
Au	19.3	Pt	21.4	Al$_2$O$_3$	4.1
C	3.5 (ダイヤモンド)	Si	2.4	パイレックスガラス	2.3
	2.3 (グラファイト)	Ti	4.5	ナイロン	1.1
Cu	8.9	W	19.3	ポリエチレン	0.9
Fe	7.9	MgO	3.6	ポリスチレン	1.1

て生じる X 線の制動放射による損失が無視できなくなるので，飛程のエネルギー依存性が 2 乗より小さくなる．1MeV までの電子ビームに対しては，次式に示すエネルギーの 5/3 乗の式を用いることができる．

$$R \sim 6.67 \times 10^{-11} \times \frac{E_0^{5/3}\ [\mathrm{eV}]}{\rho\ [\mathrm{g \cdot cm^{-3}}]}\ [\mathrm{cm}]. \tag{6.5}$$

〔2〕 **電子による固体へのエネルギー伝達**　固体内に入射した電子ビーム電力 P_e は，種々のエネルギーに変換される．

$$P_e = P_1 + P_2 + P_3 + P_4 + P_5. \tag{6.6}$$

ここで，P_1 は固体の加熱に使われる電力，P_2 は入射電子が後方散乱して失われる電力，P_3 は X 線や光放射により失われる電力，P_4 は表面からの二次電子によって失われる電力，P_5 は入射電子の経路に沿って電子を励起または電離することにより原子間結合の変化に費やされた電力である．これらの中で，通常 P_3，P_4，P_5 は全電力の 1 % 以内であり，エネルギーの伝達量としては小さい．電子ビームのエネルギーの多くは，後方散乱によって固体外に失われるか，固体の加熱に消費される．

　入射電子が後方散乱する量は，固体原子の原子番号が大きいほど大きくなる．その理由は，原子番号の大きな原子ほどその原子核の電荷量が多く，後方散乱断面積が大きくなるからである．一般に，入射電子のエネルギーが 10keV 以上では，後方散乱量は電子のエネルギーにあまり依存しない．後方散乱係数を求める簡単なアーチャードの点拡散モデルがある．このモデルでは，すべての電

コーヒーブレイク

　電子ビームの固体中の飛程の考えは，相互作用の相手が気体でも成り立つ．電子の相互作用の相手は原子なので，空気の場合にはその原子密度が低いと考えればよいことになるからである．空気の密度は常温常圧で約 1.3×10^{-3} g·cm^{-3} であるから，100 keV の電子ビームは空気中を約 16 cm 進むことになる．真空中で加速した数百 keV の電子ビームを，薄いチタン合金の箔を通して空気中に取り出し，空気中で電子ビームを固体に当てることができる．

子が一度同じ深さまで入り，そこから飛程長 R だけ均等に拡散すると仮定する。

このモデルによると，後方散乱係数 η は原子番号を Z として

$$\eta = \frac{7Z - 80}{14Z - 80} \tag{6.7}$$

で与えられる。このモデルは，$Z \geq 14$ において後方散乱量の概算を求めるのに使用できる。原子番号が大きくなると後方散乱係数は 0.5 に漸近する。原子番号が 14 (Si) で $\eta \cong 0.15$ となるが，原子番号が 14 以下の場合には，η は原子番号とほぼ比例関係にあるとみてよい。

後方散乱電子のエネルギーは，後方散乱されるまでと衝突によって表面に戻るまでの間，固体中の電子と相互作用するため電子のエネルギーの一部を固体に与え，入射時より多少少なくなる。図 **6.2** は，いろいろな固体からの後方散乱された電子のエネルギー分布を示す。原子番号が多い原子との衝突ほど表面層近くで散乱されるので，散乱電子のエネルギー分布は高エネルギー側にピークを持つ。電子の後方散乱によって反射する電力 P_2 の割合を，図 **6.3** に示す。炭素のように質量の軽い元素では数％の反射電力の割合であるが，鉄では25％，質量の重いタングステンでは38％もの電力が反射する。

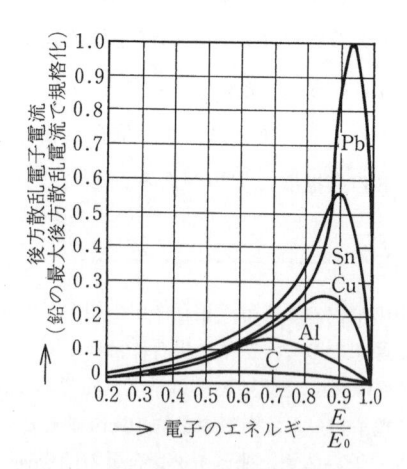

図 **6.2** 種々の固体からの後方散乱された電子のエネルギー分布

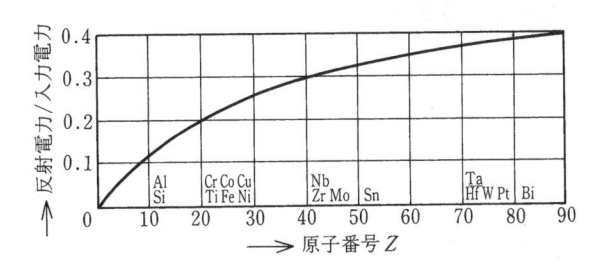

図 6.3 電子ビームの反射電力の割合と原子番号の関係

反射電力を除く大部分の電子ビーム電力が固体の加熱に費やされる。固体の温度上昇は，照射部分に入力される電子ビーム電力と，その部分から熱伝導によって拡散する電力の均衡を保つ条件から決まる。通常電子ビームを固体表面に照射する場合，電子ビームの半径 a に比べて電子の飛程 R が非常に短い場合が多いが，そのような場合には飛程はほとんど無視しても差し支えない。

半径 a 〔cm〕に一様に分布する電子ビームを半無限の大きさを持つ固体表面に連続照射したとき，表面中心の温度上昇 ΔT の定常値は次式で表される。

$$\Delta T = \frac{(1-\eta)V_0 I_0}{\pi K a} \quad 〔℃〕 \tag{6.8}$$

ここで，V_0〔V〕，I_0〔A〕は電子ビームの加速電圧および電流であり，K〔W/(cm·deg)〕は固体の熱伝導率である。

例えば，鉄に $a=0.1\,\mathrm{cm}$ の電子ビームを照射し，溶融（$T=1\,536\,℃$）に必要な温度上昇を得ようとすれば，鉄の熱伝導率が $K=0.82\,\mathrm{W/(cm \cdot deg)}$ であることから，必要な電子ビーム電力は 527 W である。これは 50 kV，10 mA 程度の電子ビームによって得ることができるから，電子ビームによって金属を容易に溶融できることがわかる。実際には，電子ビームは $10^6 \sim 10^8\,\mathrm{W/cm^2}$ のような高密度のエネルギー集中も可能である。固体が絶縁物や高分子の場合には，熱伝導率が金属に比べて約3けた低いので，比較的低いエネルギーの電子ビームの照射によっても融点以上の温度に達する。

6.1.2 物理現象と化学現象

電子ビームと固体表面相互作用において重要な物理現象として，二次電子放出，X線の放出，光の放出（カソードルミネセンス）がある。二次電子放出についてはすでに 3.1.4 項で述べたので，ここでは，X線の放出およびカソードルミネセンスについて述べる。また，電子ビームが固体表面に誘起する化学現象は，固体の化学結合状態の変化であるが，特に高分子材料において鎖状分子の架橋や分解が容易に生じる。

〔1〕 **X 線 放 射** 高エネルギーに加速された電子が，図 **6.4** に示すように固体原子の原子核の近くを通過すると，原子核との間に強いクーロン力（加速度）が働いて電子の軌道が急激に曲げられる。このとき，電子の運動エネルギーの一部が，電子が進行してきた方向に電磁波（X線）として放射される。この現象は**制動放射**（bremsstrahlung）と呼ばれている。

一般に放射される電磁波の波長は電子のエネルギーと加速度の大きさによって決まるが，電子が固体原子と衝突する場合には電子と原子核の間の衝突パラメータは確率的に種々存在するので，加速度の大きさも色々となり，結果として放射されるX線の波長は連続的に広く分布する。制動放射によって放出され

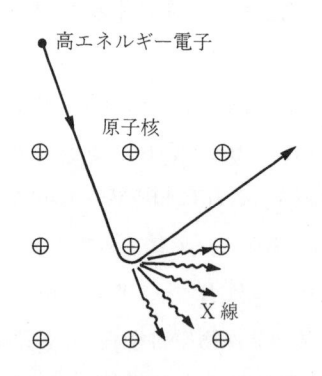

図 **6.4** 制動放射による連続X線の発生

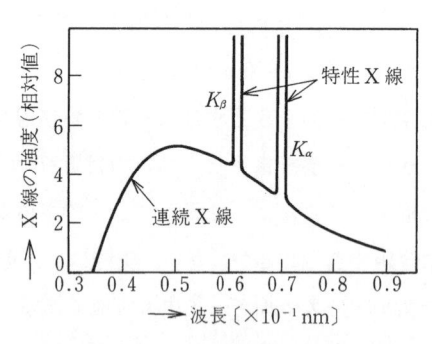

図 **6.5** 電子ビーム照射により発生したX線のスペクトルの例（35keV の電子を Mo に照射）

る X 線の最短波長 $\lambda_{\min}$, すなわち X 線の最大エネルギーは電子の運動エネルギー E_0 である。

$$E_0 = \frac{hc}{\lambda_{\min}}. \tag{6.9}$$

制動放射による X 線は, **図 6.5**中の連続スペクトルとして最短波長より長波長側に分布し, その強度は E_0 の約 60%のエネルギーに対応する波長のところで最大となる。

　高エネルギーに加速された電子が固体原子の内殻軌道の電子を弾き飛ばし, その跡に空孔をつくるような強い相互作用が生じる場合がある。**図 6.6**に示すように内殻に空孔ができると, 原子は高エネルギーに励起された不安定な状態になるので, よりエネルギー準位の低い外殻軌道電子がその空孔を埋めて, より安定な状態に移ろうとする。このとき, 内殻軌道電子のエネルギー準位 E_{n1} と外殻軌道電子のエネルギー準位 E_{n2} にはエネルギー差 $\Delta E = E_{n1} - E_{n2}$ が存在するので, この余分のエネルギー ΔE は電磁波 (X 線) として放出されるか, あるいは電子に運動エネルギーを与えて放出される。このとき放出される X 線を特性 X 線, 電子をオージェ電子と呼ぶ。

　エネルギー準位差はそれぞれの原子が特有の値を持っているので, 特性 X 線は原子特有の波長を持ち, オージェ電子も特有の運動エネルギーを持つ。特性

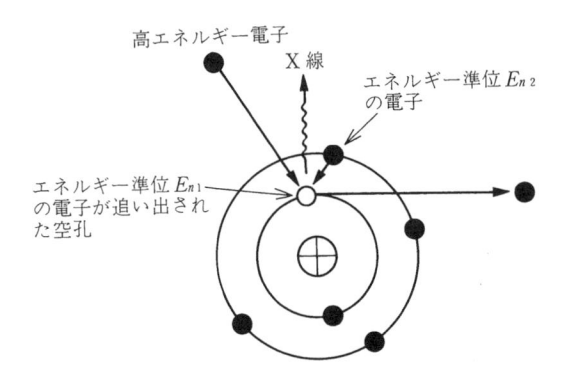

図 6.6 内殻に空孔ができることにより発生する特性 X 線

X線は，図 6.5 中に示すように，特定の波長にエネルギーが集中しているので，制動放射の幅広い連続X線のスペクトル上に鋭いスペクトルとして重畳する。

電子ビーム照射に伴うX線放射において，全放射エネルギーに占める割合は制動放射によるものが大部分であるが，特性X線の波長付近に限れば，特性X線によるものがはるかに大きい。特性X線を特定の波長のX線源として用いたり，X線のエネルギーを分析して原子を特定したりすることができる。

電子のエネルギーがX線のエネルギーへ変換される率 β は

$$\beta = 1.1 \times 10^{-9} \times V_0 Z \tag{6.10}$$

のように表され，電子の加速電圧 V_0〔V〕と固体原子の原子番号 Z に比例する。タングステン（$Z=74$）に 100 keV の電子を照射したときでも，X線へのエネルギー変換率は $\beta = 0.008$ と低い値である。

〔2〕 **カソードルミネセンス** カソードルミネセンスは，電子ビーム照射によって，固体から可視光または可視光に近い光が輻射される現象をいう。光の減衰時間が $\sim 10^{-8}$ s より早いものを蛍光，遅いものをりん光と区別している。カソードルミネセンスを生じる材料は限られており，Zn, Cd, Mg, Ca, Y などの酸化物，硫化物あるいは半導体がよく知られている。これらの母体材料に発光中心をつくるために，Ag, Cu, Mn, Eu, Ce などの付活剤を添加して，効率のよい発光を行わせる。

発光の機構は，電子照射によって伝導帯に励起された電子が，直接あるいは不純物準位を介して正孔と再結合することにより発光する。また，遷移元素の不完全内殻中の準位間の遷移によっても発光が起きる。**表 6.2** に代表的な蛍光

表 6.2 代表的蛍光体のカソードルミネセンス特性

蛍光体：付活剤	電子加速電圧〔kV〕	エネルギー変換効率〔%〕	発光ピーク波長〔nm〕	1/10 残光時間
ZnS：Cu	2.2	12.4	530	20 〜 50 ms
(ZnCd)S：Ag	2.4	18.7	450	30 μs
Y_2O_2S：Eu	1.2	13.0	610 〜 620	0.5 〜 1 ms
ZnO：Zn	5.5	6.5	520	1.5 μs

体のカソードルミネセンス特性を示す.

〔3〕 **架橋・重合・分解** 固体材料に電子ビームを照射すると，電子ビームは固体原子の電子との相互作用により電子にエネルギーを与え，それらの電子を励起したりイオン化したりして活性基をつくり，化学反応を生じさせることがある．このような化学反応が顕著に生じるのは，有機高分子材料に電子ビームを照射した場合である．

たがいに接する二つの高分子に活性基の対ができると，高分子どうしが結合する架橋反応が起きる．高分子どうしが架橋反応によって結合してより大きな高分子ができると，耐熱特性が向上するので，種々のプラスチックに電子ビームを照射することが行われる．一例として，電線被覆材料であるポリエチレンやポリ塩化ビニルは，電線被覆後にそれらを電子ビーム照射して耐熱性を向上させる．

高分子材料に $10^{-4} \sim 10^{-6} \mathrm{A \cdot s/cm^2}$ の電子ビームを照射すると，モノマーが重合したりポリマーが分解したりする．一般に，高分子のエッチング液に対する溶解度は，そのポリマーの分子量が大きいほど遅くなる．この性質を利用して，電子ビーム照射による高分子材料の露光ができる．図 **6.7** に示すように，電子ビーム照射によってポリマーの分解反応が優勢に進む材料は，ポジ型のレジス

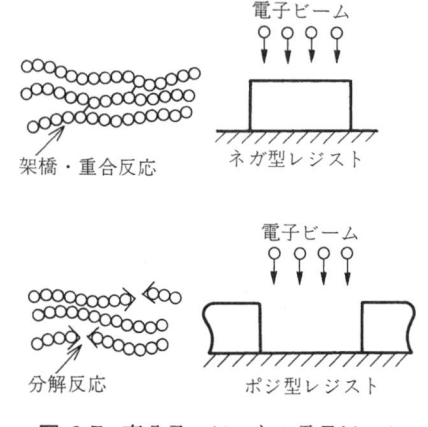

図 **6.7** 高分子レジストの電子ビームによる露光反応

トとして，モノマーの重合反応が優勢に進む材料はネガ型のレジストとして利用できる．

6.2 イオンビームと固体原子の相互作用

イオンビームと固体原子との相互作用は実際には複雑であるが，入射イオンのエネルギーが固体原子間の結合エネルギーより十分大きい場合には，イオン1個と固体構成原子1個の衝突が重ね合わさったものの延長として見ることができる．イオンと固体原子の二体衝突に際して，入射イオンのエネルギーは固体原子の原子核の運動エネルギーへ移るものと固体原子を構成する電子群の励起やイオン化に移るものに分かれる．

前者は弾性衝突であり，イオンの原子核と固体原子の原子核の衝突にほかならない．入射イオンの運動エネルギーが大きいことと，質量にあまり差がない粒子間の衝突であることから，この相互作用によるエネルギーの移動は大きく，特に重要である．原子核の周りのクーロンポテンシャルは，2.1.1項で述べたように，構成電子により遮へいされて特有の形状をしているので，それを考慮した衝突現象を考えなくてはならない．

イオンのエネルギーが超低エネルギーの場合には，イオン衝突時における固体原子間のエネルギーのやり取りが無視できず，正確には多体衝突として考える必要が出てくるが，ここでは複雑さを避けるために多体衝突問題は扱わない．

イオンと固体原子との相互作用では，入射イオンのエネルギーが1eV程度の超低エネルギーからMeV以上の高エネルギー領域に至るまで，幅広いエネルギー範囲で種々の応用に利用されている．図 **6.8** に示すように，イオンのエネルギー領域によって，その物理現象に応じた応用が行われる．材料プロセスにかかわるおもな応用としては，1eV～数百eVのエネルギー領域ではイオンを用いた薄膜形成が重要であり，数百eV～数十keVのエネルギー領域ではイオンビーム加工（イオンビームエッチング，イオンミーリング）に，5 keV～数 MeV のエネルギー領域ではイオン注入に利用されている．これらのそれぞれのエネ

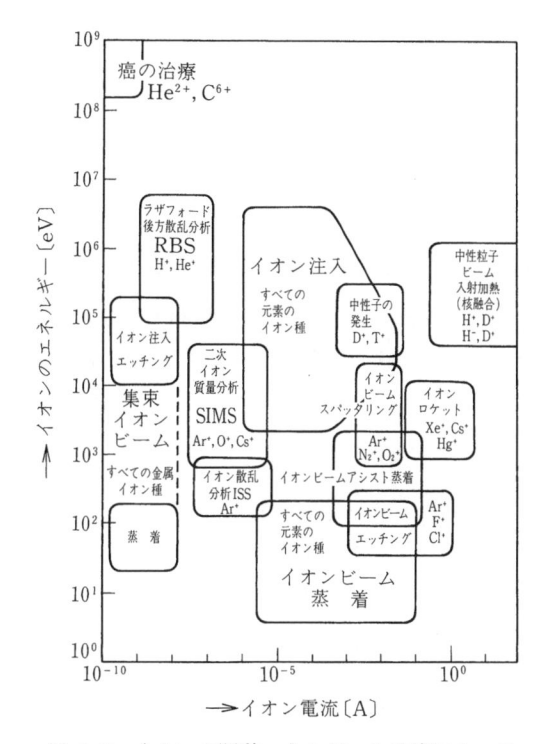

図 6.8 イオンの運動エネルギーと電流によって分類したイオンビームの応用

ルギー領域において，イオンと固体表面との主要な相互作用が異なっている．

超低エネルギー領域では，イオンと固体原子との相互作用は原子核と原子核との衝突現象が主体であり，その衝突断面積は非常に大きいので，イオンは固体の表面一原子層あるいは表面から数原子層以内の原子としか相互作用しない．このエネルギー領域では，入射するイオンの数に比べて，固体からスパッタリングによって散逸する原子数のほうが少ないので，室温で固体である元素のイオンの場合には，固体表面上に堆積(たい)して薄膜を形成することになる．

原子核どうしの衝突では，運動エネルギーの変換効率が高いので，表面原子の位置変化が伴い，形成膜の結晶構造などに大きな影響を与える．室温の熱エネルギーが0.03eV程度であることを考えると，イオンを用いた膜形成では，そ

の数十～数万倍のエネルギーが関与することになる。この手法を用いた膜形成が，非熱平衡的な過程であり，運動力結合によるものであるといわれるのはこの理由による。

イオンの運動エネルギーが数十eVを超えると，原子核衝突によって伝達されるエネルギーも大きくなり，1回あるいは多数回の衝突によって運動エネルギーを得た固体原子の一部には，その運動方向が入射イオンとは反対の方向成分を持つものができ，表面から飛び出す。この現象をスパッタリングという。入射するイオンの数に対して，表面から放出される固体原子の数の比をスパッタリング率という。

イオンの運動エネルギーが数百eVを超えると，スパッタリング率は1より大きくなり，固体が原子単位で削られることになる。スパッタリング率は，イオンの入射エネルギーに依存するが，イオンと固体の種類の組合せにも強く依存する。イオンの運動エネルギーがある程度の大きさまでは，固体の表面層近くで原子核へのエネルギー変換が起こって，スパッタリングが生じ易いため，イオンの運動エネルギーが大きくなるほどスパッタリング率が高くなる。

イオンの運動エネルギーが増すと，表面層に近い原子の原子核とのエネルギーのやり取りは少なくなり，かなり固体奥深くに入ってエネルギーがある程度小さくなったところで原子位置の乱れを生じさせることになる。このとき，衝突によって表面にまでエネルギー粒子が伝わる確率が少なくなるので，イオンの運動エネルギーが高くなるほどスパッタリング率が減少する。逆に，イオンは固体内部に打ち込まれた状態でとどまるので，非熱平衡的にその注入量や注入深さを制御することができ，適当な不純物分布や組成の物質をつくることができる。

イオン注入に利用される運動エネルギーは5keV～数MeVである。エネルギーが5keV～1MeVの範囲では，軽元素を除いた多くのイオンと固体元素の組合せにおいて，注入深さが入射イオンの運動エネルギーにほぼ比例する。固体が結晶である場合には，原子が規則正しく並んでいるので，イオンの特定の入射方向に対しては固体原子との相互作用が極端に少なくなり，かなり奥深く

まで入るチャンネリング現象が生じる。

6.2.1 弾性衝突による飛程とエネルギー伝達の概要

イオンと固体原子との相互作用において，最も重要であるのがイオンの原子核と固体原子の原子核との衝突，すなわち弾性衝突である。ここでは，多少近似を用いてはいるが，できるだけ解析的手法を用いることによって弾性衝突現象の理解を深めるようにした。

この節では，原子衝突の理論で一般に用いられている CGS 単位系を用いて表示する。MKS 単位系と CGS 単位系の比較を**表 6.3** に示す。

表 6.3 MKS 単位系と CGS 単位系の比較

名　　称	記号	主　値	MKS 単位系	CGS 単位系
電子の質量	m_e	9.1096	$\times 10^{-31}$ kg	$\times 10^{-29}$ g
陽子の質量	m_p	1.6736	$\times 10^{-27}$ kg	$\times 10^{-24}$ g
素電荷	e	1.6022	$\times 10^{-19}$ C	
	e	4.8033		$\times 10^{-10}$ esu
プランク定数	h	6.6262	$\times 10^{-34}$ J·s	$\times 10^{-27}$ erg·s
ボルツマン定数	k	1.3807	$\times 10^{-23}$ J·K^{-1}	$\times 10^{-16}$ erg·K^{-1}

〔1〕 **相互作用ポテンシャルと断面積**　　入射イオンと固体原子の相互作用の程度を知る指針として，2.1.1項で述べたように，相互作用ポテンシャルがある。

入射イオンのエネルギーが非常に大きく，イオンと固体原子の原子間距離（＝原子核間距離）がたがいの K 殻内に入るような場合には，相互作用ポテンシャルは原子核間のクーロン斥力で表される。このような衝突は**ラザフォード散乱**(Rutherford scattering) と呼ばれている。このときの原子間距離 R に対する相互作用ポテンシャル $V(R)$ の関数形は $V(R) \propto 1/R$ であるので，衝突現象を正確に解析することができ，衝突の微分断面積 $d\sigma$ は次式で表される。

$$d\sigma(E, T) = \pi \frac{M_1}{M_2} Z_1^2 Z_2^2 e^4 \frac{dT}{ET^2} \qquad (0 \leq T \leq T_m). \qquad (6.11)$$

ここで，E は入射イオンのエネルギーであり，T は衝突によってイオンの原子核から固体原子の原子核へ転換されたエネルギーである．M_1, M_2 はそれぞれイオンと固体原子の質量数，Z_1, Z_2 はそれぞれイオンと固体原子の原子番号を表す．また，T_m はイオンと固体原子が正面衝突したときに生じる T の最大値で

$$T_m = \frac{4M_1 M_2}{(M_1 + M_2)^2} E = \gamma E \tag{6.12}$$

である．

原子核間距離が離れるに従って，イオンや固体原子中の電子によってクーロン力が遮へいされ，相互作用ポテンシャルは急激に下がる関数形となる．相互作用ポテンシャルを表す複雑な関数形を用いると，解析可能な微分断面積が得られないので，ここでは図 **6.9** に示すように，相互作用ポテンシャルの関数形を解析可能な $V(R) \propto 1/R^{1/m}$ によって近似する．m の値の範囲は $0 \leqq m \leqq 1$ であり，原子核間距離が大きくなるほど m の値は小さくなる．

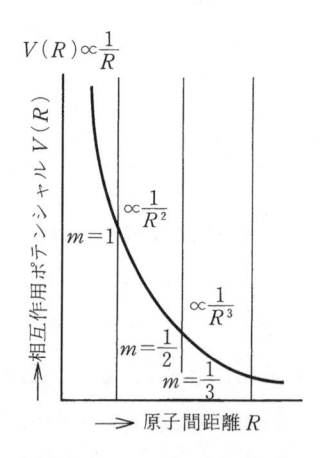

図 **6.9** m を用いた相互作用ポテンシャル近似

入射イオンのエネルギーによって近づく原子核間距離が異なるので，m の値と入射イオンのエネルギーにはおよそつぎのような対応関係がある．入射イオンが非常に高エネルギーの場合には $m = 1$（ラザフォード散乱と同じ），中エ

ネルギーの場合には $m \sim 1/2$ ($10 \sim 100\,\mathrm{keV}$)，超低エネルギーの場合には $m \sim 1/3$ ($10 \sim 1000\,\mathrm{eV}$)，さらに低いエネルギーでは $m = 0$ の関数形が対応する．

相互作用ポテンシャルの関数形が $1/R^{1/m}$ の場合の微分断面積は次式で表される．

$$d\sigma(E, T) \cong C_m E^{-m} T^{-1-m} dT \qquad (0 \leq T \leq T_m) \tag{6.13}$$

ただし

$$C_m = \frac{\pi}{2} \lambda_m a^2 \left(\frac{M_1}{M_2}\right)^m \left(\frac{2Z_1 Z_2 e^2}{a}\right)^{2m}. \tag{6.14}$$

ここで，λ_m は m を導入することによる関数形のずれを補正するための無次元量であり，**表 6.4** に示すように m に応じてゆるやかに変化する．また，a は電子殻によって原子核のクーロン力が遮へいされ始める距離を表す半径で，遮へい半径と呼ばれ，次式で与えられる．

$$a \cong 0.885 a_0 (Z_1^{2/3} + Z_2^{2/3})^{-1/2}. \tag{6.15}$$

表 6.4 m と λ_m の関係

m	1.000	0.500	0.333	0.191	0.055	0.000
λ_m	0.500	0.327	1.309	2.92	15	24

ここで，a_0 はボーア半径で，$0.0529\,\mathrm{nm}$ である．式 (6.13) で表される微分断面積の関数形は解析可能であるので，核阻止能やそのほかの原子間衝突にかかわる特性を求めることができる．

m とイオンの入射エネルギーのおよその関係を前述したが，実際にはイオンと固体原子の組合せによってかなり異なるので注意を要する．例えば，ラザフォード散乱断面積 ($m = 1$) は，式 (6.16) で表される換算エネルギー ε

$$\varepsilon = \frac{M_2 E}{M_1 + M_2} \frac{a}{Z_1 Z_2 e^2} \tag{6.16}$$

が $\varepsilon \gg 1$ のとき適用できるが，指針となる換算エネルギーが 1 に対応するイオンの入射エネルギーは，**表 6.5** に示すように入射イオンと固体原子の組合せに

表 6.5 種々のイオンと固体原子の組合せにおける換算エネルギー
$\varepsilon = 1$ となるエネルギー (単位は keV)

固体原子		イオン	H	He	Ne	Ar	Kr	Xe	U
M_2		M_1	1	4	20	40	84	131	238
C	12		0.414	1.087	13.86	46.8	200	498	1710
Si	28		1.163	2.68	23.8	68.0	254	585	1910
Cu	64		2.93	6.30	44.1	107.0	338	722	2130
Ag	108		5.46	11.45	72.0	160.0	453	903	2260
Au	197		10.75	22.2	128.4	266	676	1250	3060

〔注〕 M_1, M_2 の単位は [a.m.u] である。

より大きく異なる。

〔2〕 **核阻止能とイオンの飛程** イオンが固体中を進む間に弾性衝突によって損失する単位距離当りのエネルギーは, 式 (6.17) のようである。

$$\frac{dE}{dz} = -NS_n(E). \tag{6.17}$$

ここで, N は固体の原子密度であり, また $S_n(E)$ は**核阻止能**(nuclear stopping power)と呼ばれる物理量で, 微分断面積 $d\sigma(E,T)$ によって次式のように表すことができる。

$$S_n(E) = \int d\sigma(E,T) \cdot T. \tag{6.18}$$

式 (6.13) の微分断面積を使うと, 核阻止能を解析的に解くことができる。

$$S_n(E) = \frac{1}{1-m} C_m \gamma^{1-m} E^{1-2m}. \tag{6.19}$$

核阻止能 $S_n(E)$ は, 超低エネルギー($m=0$)では E に比例して増加し, 中エネルギー領域($m \cong 1/2$)では一定値を保ち, 高エネルギー領域($m \cong 1$)で E^{-1} に比例して減少することがわかる。

固体中を進むイオンのエネルギー損失が核阻止能によるものが大部分である場合, イオンが固体中に静止するまでに通過する経路長 $R(E)$ を, 式 (6.17) の関係を用いて, 次式により計算することができる。

$$R(E) = \int_0^R dz = \int_0^E \frac{dE'}{NS_n(E')}. \tag{6.20}$$

イオンが，経路中そのエネルギーが変わっても式 (6.19) の関数形が変わらないと仮定すれば，イオンが静止するまでの経路長は次式のようになる．

$$R(E) \cong \frac{1-m}{2m}\gamma^{m-1}\frac{E^{2m}}{NC_m}. \tag{6.21}$$

式 (6.21) は，中エネルギー領域 ($m \cong 1/2$) においては，経路長 $R(E)$ がイオンのエネルギー E の 1 乗に比例することを示している．中エネルギー領域は，ほとんどのイオン注入に利用されるエネルギー領域であるので，イオンのエネルギーが倍になれば経路長も倍になる比例関係は記憶しやすい関係である．高エネルギー領域 ($m \cong 1$) では，クーロン衝突の性質がそのまま現れ，経路長 $R(E)$ が E^2 に比例する関係となる．

経路長 $R(E)$ は，イオンが固体原子と衝突しその都度方向を変えながら進む経路に沿って測った長さであり，固体表面からどれだけの深さに侵入したかを表す投影飛程 $R_p(E)$ とは異なる．経路長 $R(E)$ と投影飛程 $R_p(E)$ の関係は，$\varepsilon \leq 1$ のエネルギー範囲では，次式のような比例関係にあることが知られている．

$$R_p \cong \left(1 + \frac{M_2}{3M_1}\right)^{-1} R. \tag{6.22}$$

質量の大きなイオンが質量の小さな固体原子中を進む場合 ($M_1 \gg M_2$) は，経路長 $R(E)$ と投影飛程 $R_p(E)$ はほぼ同じになる．しかし，質量の小さなイオンが質量の大きな固体原子中を進む場合 ($M_1 < M_2$) は，その進行方向が大きく変えられるので，投影飛程は経路長よりかなり短くなる．

つぎに，入射イオンが固体原子内に侵入しほぼ静止するまでに要する時間 $T(E)$ を求めてみる．ここでは，$T(E)$ を同じ m の値が使用できるエネルギー領域でその最低のエネルギーに達するまでの時間で近似する．$T(E)$ は式 (6.17) の関係を用いて次のように計算できる．

$$T(E) = \int_0^R \frac{dz}{v} = -\int_E^0 \frac{dE'}{NS_n(E')(2E'/M_1 m_p)^{1/2}}. \tag{6.23}$$

ここで，m_p は水素原子の質量を表す．上式に式 (6.18) を代入すると，静止するまでに要する時間 $T(E)$ が E の関数として次式のように得られる．

$$T(E) \cong \frac{1-m}{4m-1}\frac{(2M_1 m_p)^{1/2}}{C_m \gamma^{1-m} N} E^{2m-1/2}. \tag{6.24}$$

6.2.2 イオンの注入現象

数十 keV ～ 数百 keV に加速したイオンを固体に照射すると，図 6.10 に示すように，イオンは固体中に数十 nm ～ 1μm 程度侵入する．このように非熱平衡的に固体中に任意の元素を入れ込むことをイオン注入法と呼んでいる．イオン注入では，前節で述べたように，イオンの注入深さ，すなわち投影飛程はイオンの入射エネルギー（加速電圧）にほぼ比例する関係があり，正確に制御できる．また，イオンの注入量はイオン電流に比例するので，正確に制御できる．

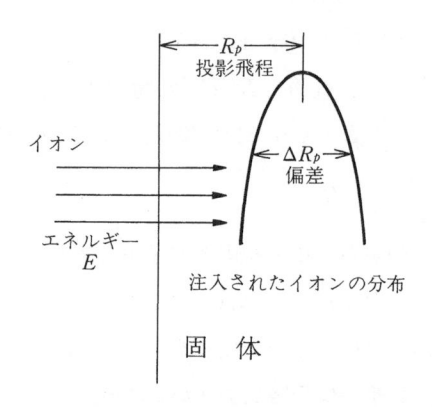

図 6.10　固体中へのイオン注入

このようにイオン注入法では，イオンの加速電圧と電流を制御することによって，固体中に任意の元素をサブμm 範囲の深さに分布させることができる手法である．加速エネルギーは，上記した範囲よりより低い数 keV 程度や，より高い数 MeV のイオン注入も行われる．また，注入量は，半導体への不純物注入のような微量なものから固体の元素組成を変えるほど多量のイオン注入を行う

ものまである。

例えば，図 **6.11** のような CMOS 型トランジスタを作製するとき，以下に示すようなイオンの種類，イオンのエネルギー，注入量のイオン注入が行われる。

・閾値電圧調整用イオン注入（領域 B, G）

イオン種	エネルギー	ドーズ量
B^+	$20 \sim 50$ keV	$4 \times 10^{11} \sim 6 \times 10^{12}/cm^2$
P^+	$40 \sim 100$ keV	$4 \times 10^{11} \sim 6 \times 10^{12}/cm^2$
As^+	$40 \sim 150$ keV	$4 \times 10^{11} \sim 6 \times 10^{12}/cm^2$
BF_2^+	$20 \sim 50$ keV	$4 \times 10^{11} \sim 6 \times 10^{12}/cm^2$

・n および p 井戸用イオン注入（領域 D, I）

イオン種	エネルギー	ドーズ量
B^+	$100 \sim 200$ keV	$2 \times 10^{12} \sim 8 \times 10^{12}/cm^2$
P^+	$100 \sim 200$ keV	$2 \times 10^{12} \sim 8 \times 10^{12}/cm^2$

・素子分離用イオン注入（領域 E, J）

イオン種	エネルギー	ドーズ量
B^+	$40 \sim 150$ keV	$5 \times 10^{12} \sim 5 \times 10^{13}/cm^2$
P^+	$40 \sim 150$ keV	$5 \times 10^{12} \sim 5 \times 10^{13}/cm^2$

・ソース，ドレーン電極用イオン注入（領域 A, F）

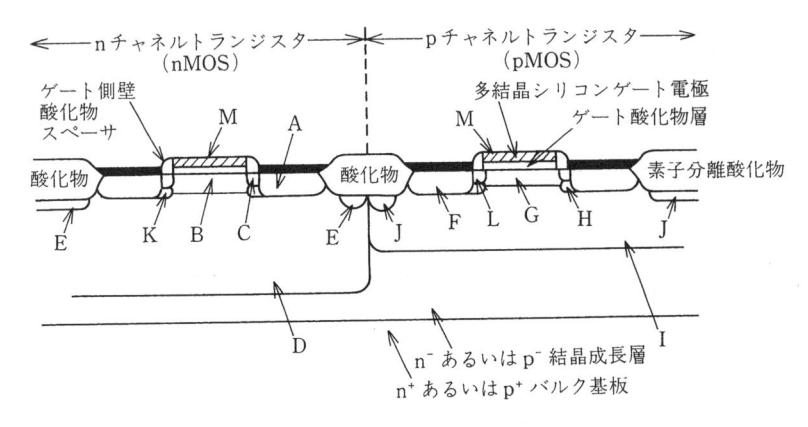

図 **6.11** 標準的な CMOS 素子におけるイオン注入部分

イオン種	エネルギー	ドーズ量
As^+	$40 \sim 80$ keV	$2 \times 10^{15} \sim 6 \times 10^{15}/cm^2$
B^+	$5 \sim 40$ keV	$2 \times 10^{15} \sim 6 \times 10^{15}/cm^2$
BF_2^+	$25 \sim 100$ keV	$2 \times 10^{15} \sim 6 \times 10^{15}/cm^2$

・LDD（lightly doped drain）用イオン注入（領域 C, L）

イオン種	エネルギー	ドーズ量
As^+	$60 \sim 100$ keV	$1 \times 10^{13} \sim 5 \times 10^{13}/cm^2$
P^+	$40 \sim 100$ keV	$1 \times 10^{13} \sim 5 \times 10^{13}/cm^2$
B^+	$30 \sim 80$ keV	$1 \times 10^{13} \sim 5 \times 10^{13}/cm^2$

・パンチスルーストップ用イオン注入（領域 H, K）

イオン種	エネルギー	ドーズ量
B^+	$40 \sim 100$ keV	$1 \times 10^{12} \sim 8 \times 10^{12}/cm^2$
P^+	$80 \sim 150$ keV	$1 \times 10^{12} \sim 8 \times 10^{12}/cm^2$

・多結晶シリコンゲート電極ドーピング用イオン注入（領域 M）

イオン種	エネルギー	ドーズ量
As^+	$40 \sim 80$ keV	$2 \times 10^{15} \sim 6 \times 10^{15}/cm^2$
BF_2^+	$25 \sim 100$ keV	$2 \times 10^{15} \sim 6 \times 10^{15}/cm^2$

イオン注入現象の基礎として，注入量と電流の関係，イオンの加速エネルギーと投影飛程と分布がある。また，イオン注入に際して生じる帯電現象がある。

〔1〕 **イオン注入量** イオンの価数が Z で n 個の原子から構成されているとする。イオン電流密度が $J(t)$ のビームを T_0 時間固体に照射したとき，単位面積当りのイオン注入量 N_d は次式で表される。

$$N_d = \frac{n}{eZ} \int_0^{T_0} J(t)dt. \tag{6.25}$$

イオン注入中，電流密度が一定値 J_0 であればつぎのようになる。

$$N_d \,[cm^{-2}] = \frac{n}{Z} \times 6.24 \times 10^{12} \times J_0 \,[\mu A/cm^2] \cdot T \,[s]. \tag{6.26}$$

このように，注入量はイオン電流密度に正確に比例するが，そのためには固体への注入電流量を正確に測定する必要がある。イオンを固体に照射したとき二次電子が放出される。二次電子の放出は，イオンビーム電流の正確な計測を妨げるので，二次電子が固体基板以外の電極に散逸しないように，周りの電界や磁界を形成しなくてはならない。

二次電子の放出エネルギーは大部分が 50 eV 以下であることから，固体基板の前に－50 V 以上の負電位を印加した電極を配置する方法が一般的である。場合によっては，基板に対して横方向の磁界をかけて二次電子の散逸を抑制する場合もある。

〔2〕 **イオンの注入深さと分布** 6.2.1項で示したように，イオン注入に利用されるイオンのエネルギー範囲，特に比較的低エネルギー領域では，イオンが固体原子中を進む際のエネルギー損失の大部分は核阻止能による。このような条件下では，イオンの注入深さを解析的に求めることができる。

イオンの経路長を表す式 (6.21) において $m=1/2$ とおき，イオンの投影飛程との関係式 (6.22) を用いると，イオンの注入深さを次式で表すことができる。

$$R_p \cong 0.82 \frac{1}{Ne^2 a_o} \frac{M_1 + M_2}{3M_1 + M_2} \frac{(Z_1^{2/3} + Z_2^{2/3})^{1/2}}{Z_1 Z_2} E. \tag{6.27}$$

実用単位で表すと次式のようになる。

$$R_p \text{ [nm]} \cong \frac{1.1 \times 10^{25}}{N \text{ [cm}^{-3}\text{]}} \frac{M_1 + M_2}{3M_1 + M_2} \frac{(Z_1^{2/3} + Z_2^{2/3})^{1/2}}{Z_1 Z_2} E \text{ [keV]}. \tag{6.28}$$

イオンは固体原子と衝突を繰り返して注入されるので，個々のイオンの注入深さは統計的に分布したものとなり，投影飛程はその中心値を表している。注入深さの分布を正規分布と仮定してその分布の標準偏差を ΔR_p としたとき，$\Delta R_p/R_p$ の概略値は次式で与えられる。

$$\frac{\Delta R_p}{R_p} \cong \frac{1}{4} \frac{3M_1 + M_2}{M_1 + M_2} \left(\frac{M_2}{M_1}\right)^{1/2}. \tag{6.29}$$

ΔR_p が求まれば，深さ z におけるイオンの注入密度分布 $N(z)$ を次式で見積もることができる。

$$N(z) \cong \frac{N_d}{2.5 \Delta R_p} \exp\left(-\frac{(z - R_p)^2}{2 \Delta R_p^2}\right). \tag{6.30}$$

異なるエネルギーで多数回イオン注入すれば，任意の形状の注入密度分布を得ることができる。

これら解析的に求めた式は，$\varepsilon \leq 1$ の条件が成り立つ場合の近似式である。す

なわち，Si 基板に As イオンのような比較的重い元素を注入した場合に適用できる．しかし，軽い元素の注入や高エネルギーイオン注入では，$\varepsilon > 1$ となる．このような条件においては，核阻止能の値に対して電子阻止能の値を無視することができなくなる．その理由は，電子阻止能 S_e がイオンの速度 v_i に比例して増加するからである．

$$S_e \cong \xi_e 8\pi e^2 a_o \frac{Z_1 Z_2}{Z} \frac{v_i}{\frac{e^2}{\hbar}}. \qquad (6.31)$$

ここに，$Z = (Z_1^{2/3} + Z_2^{2/3})^{1/2}$ であり，ξ_e は原子番号 Z の関数であり，ほぼ $Z_1^{1/6}$ と近似できる．核阻止能と電子阻止能の相対的な大きさを図 **6.12** に示す．

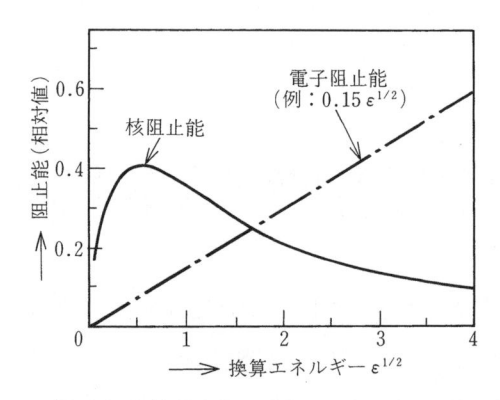

図 **6.12** 核阻止能と電子阻止能の相対値

このような場合には，イオンの侵入深さは，固体中を進むイオンのエネルギー損失として核阻止能と電子阻止能の両阻止能を考慮した次式を用いて，数値計算により求める必要がある．

$$\frac{dE}{dz} = -NS(E) \equiv -N\left(S_n(E) + S_e(E)\right). \qquad (6.32)$$

リントハルトらが解析した LSS 理論を用いて，Si 基板中に種々のイオンを注入した場合の注入深さと，標準偏差の数値計算結果を表 **6.6** に示す．

〔**3**〕 **分子イオン注入** 分子イオンビームの各構成原子は同じ速度を持っているから，それらの運動エネルギーはその質量数に比例する．分子イオンの構成原子 X_i の原子数が k_i であるとすると，分子は $k_1 X_1, k_2 X_2, ..., k_j X_j, ..., k_n X_n$

表 6.6 Si 基板へ種々のイオンを注入したときの注入深さ R_p [nm] と標準偏差 ΔR_p [nm] の LSS 理論による計算値

イオン		10 keV	50 keV	100 keV	500 keV	1 MeV	5 MeV
H	R_p	186	696	1196	6430	16958	224041
	ΔR_p	67	103	114	165	264	2353
B	R_p	34	162	299	995	1647	6352
	ΔR_p	21	57	76	111	264	171
N	R_p	23	115	236	1089	1969	7038
	ΔR_p	13	46	73	160	200	293
Al	R_p	17	84	186	1191	2256	6580
	ΔR_p	12	52	105	406	547	706
Si	R_p	16	71	147	812	1509	4787
	ΔR_p	10	40	75	236	313	427
P	R_p	15	62	125	638	1165	3654
	ΔR_p	9	33	59	174	228	309
As	R_p	10	32	58	274	561	2509
	ΔR_p	4	14	24	94	160	359

で表される.分子イオンの運動エネルギーを E_0 とすると,1個の構成原子 X_i が持つエネルギー E_i は次式のようになる.

$$E_i = \frac{M_i}{\sum_{j=1}^{n} k_j M_j} E_0. \tag{6.33}$$

ここで,M_i は構成原子 X_i の質量数である.分子イオンが同じ種類の K 個の原子で構成されている場合には,それぞれの原子は E_0/K の運動エネルギーを持つことになる.

分子の構成原子数が 20〜30 個以下の場合には,イオン注入の際に構成原子相互間の作用を無視できるので,分子イオンの構成各原子が個別に固体表面と相互作用したものとして取り扱うことができる.構成各原子の投影飛程の計算に式 (6.27) を適用する.分子イオンにおいて異なる質量数を持つ原子の投影飛程

を比較するために，規格化した投影飛程 R_{pin} と，規格化した質量 $t = M_i/M_t$ (M_t：固体原子の質量数)の関係を求めると，次式のようになる。

$$R_{pin} = \frac{(t+1)\left(t^{2/3}+1\right)^{1/2}}{3t+1}. \tag{6.34}$$

図 **6.13**は，規格化した投影飛程と標準偏差を規格化質量の関数として表したものである。規格化質量が 0.1 から 10 まで変化しても，規格化投影飛程はほとんど変化せず，0.85 と 0.7 の間の値に収まる。これは，基板原子を Si ($M = 28$) としたとき，注入イオンの質量数の範囲として 4 から 280 の範囲に相当する。すなわち，分子イオンの構成原子は，その質量によらずほとんど同じ投影飛程，つまり同じ深さに注入されることを示している。

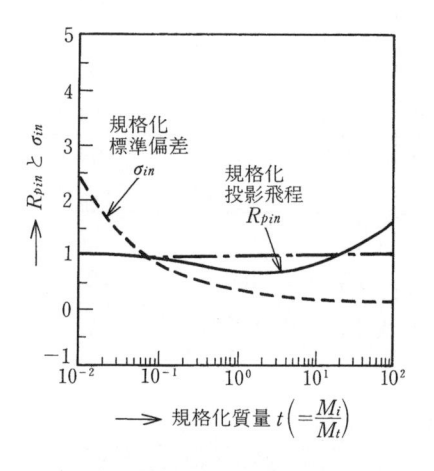

図 **6.13** 規格化した質量に対する規格化投影飛程と標準偏差

〔4〕 **イオン注入による帯電現象** 正イオンを絶縁された導電性材料や絶縁物に注入すると，その表面電位は正イオンの加速電圧まで上昇する。電荷のない高速中性粒子を用いても数十 V に帯電する。ところが，負イオンを用いた注入では，表面電位は数 V 程度に収まる。この現象は，イオンや粒子を照射した固体表面での電荷の出入りの平衡によって生じるものである。

正イオン注入では，正イオンの入射も二次電子の放出も表面の正電荷の蓄積

となるので，電荷の出入りの平衡はとれず，一方的に正電位に帯電していく。

高速中性粒子注入では，電荷の出入りは二次電子放出だけなので，放出された二次電子がすべて戻ってこなければ電荷の出入りの平衡がとれない。したがって，二次電子エネルギーの最大値である数十Vまで正に帯電して定常に達する。負イオン注入の場合は，負イオンの負の電荷が入射して二次電子の負の電荷が放出されるので，電荷の出入りの平衡がとれやすく，帯電電位も数V程度で定常に達する。

負イオンの帯電機構を，絶縁された導電性材料の場合を例にして考える。材料表面が導電性材料すなわち電極の場合には，電極内での電荷（電子）の拡散は瞬時に生じ，電極電位はつねに空間的に一様であると考えてよい。すなわち，絶縁された電極構造は一種のコンデンサとして考えられるので，その電極電位は電極にたまった電荷に比例する。負イオン注入による二次電子放出比は通常1より大きいから，その初期状態では電極に流れ込む負イオン電流より放出される二次電子電流のほうが大きく，電極は時間とともに正に帯電していく。しかし，電極が正に帯電すると，二次電子の放出エネルギーの小さいものは電極に戻されるようになり，電極電位は飽和して定常状態となる。

この定常状態では，電極への電荷の出入りは平衡がとれ，電荷量は変化しない。すなわち，入射する負イオン1個に対して電極から逃げる二次電子1個が対応する。電極から逃げ出せる二次電子は，電極電位より大きな放出エネルギーを持つものであることから，帯電電位が決まる。これらの帯電機構を模式的に描いたものが，図 **6.14** である。

この電荷の平衡条件は次式により表すことができる。

$$\gamma \int_{eV_c}^{E_{max}} N(E) dE = 1. \tag{6.35}$$

絶縁された電極の帯電電位 V_c は，電極の二次電子放出比 γ と二次電子放出エネルギー分布 $N(E)$ がわかれば，数値計算で求めることができる。

図 **6.15** に示すように，測定した二次電子放出比と二次電子放出エネルギー分布から帯電電位を式 (6.35) を使って数値計算により求めたものは，電極の帯電

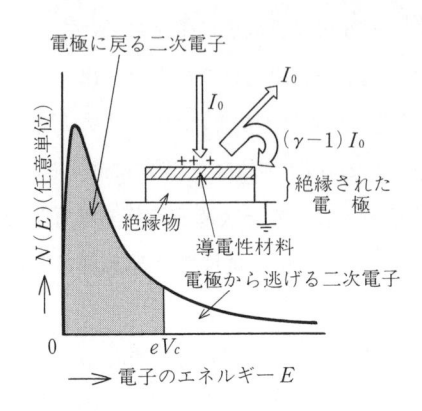

図 6.14 負イオン注入における絶縁された電極の帯電機構

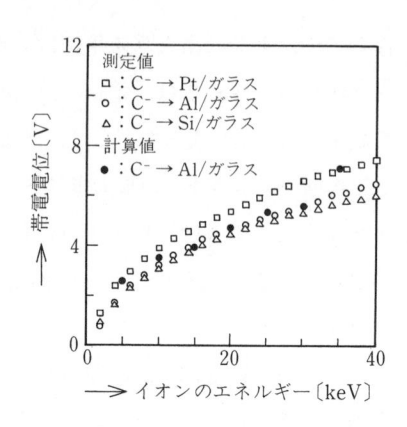

図 6.15 炭素負イオンを絶縁された種々の電極に注入したときの電極帯電電位の測定値と電荷の平衡条件から計算した値

電位を直接測定した実測と一致する．近似的な解析を用いると，帯電電位は負イオンのエネルギーの 1/2 乗にほぼ比例する関係がある．

6.2.3 スパッタリング現象

イオンが固体表面に当たると，固体原子との弾性衝突によって固体原子に運動エネルギーを与える．運動エネルギーを得た固体原子がさらにほかの固体原子と衝突を繰り返すと，表面方向の運動エネルギーを持つ固体原子ができる．その中には，固体表面の障壁を乗り越えて表面から飛び出す原子が存在する．このように，固体表面へのイオンの入射によって表面から固体原子が飛び出す現象を**スパッタリング**（sputtering）と呼ぶ．

この現象を利用して，原子オーダーでの加工，すなわちエッチングやミーリングを行うことができる．スパッタリング現象における重要な物理量は，**スパッタリング率**（sputtering yield）とスパッタ粒子の放出エネルギーである．

〔1〕 **スパッタリング率**　入射イオン1個当りに飛び出す固体原子の数をスパッタリング率と定義し，S で表す．シグムントは，スパッタリング率を次

式に示すような二つの量の積で表した．

$$S = \Lambda F_D(E, \theta, z)|_{z=0}. \tag{6.36}$$

ここで，$F_D(E, \theta, z)$ は，固体表面から固体内に向かって垂直にはかった距離 z において，エネルギー E，角度 θ で入射してきたイオンとの衝突現象によって，固体原子内に転換された単位距離当りのエネルギー量である．また，Λ は単位エネルギー当り，衝突によって運動エネルギーを得た原子が固体表面から飛び出す割合を示している．

式 (6.36) は，スパッタリング現象は固体の極表面近くで生じる衝突現象だけを考えればよいことを示している．これは，衝突によって入射イオンと逆方向に運動量を持つ固体原子のエネルギーはそれほど大きくないので，少し深い位置で運動エネルギーを得た原子は表面に出てこれないであろうことを考えれば，当然である．

シグムントは，固体原子密度が N の平たんな表面にエネルギー障壁 U_0 が存在するモデルを考え，Λ として次式を得た．

$$\Lambda = \frac{\Gamma_m}{8(1-2m)} \frac{1}{NC_m U_0^{1-2m}}. \tag{6.37}$$

ここで，m は 6.2.1 項で用いた衝突粒子のエネルギーによって変わる変数である．

コーヒーブレイク

　半導体集積回路を作製するとき，イオン注入による帯電現象は，素子の歩留りに重大な影響を及ぼす．MOS 型の FET ではゲート絶縁膜が非常に薄いためその絶縁耐圧が数十 V 以下と低いが，ゲート絶縁膜，ゲート電極を形成したあとにも何度もイオン注入しなければならないので，ゲート電極がイオン注入の際に帯電することになる．正イオン注入の場合には，低エネルギーの電子を供給して中和するが，中和が少しでも破れると素子が壊れてしまい，歩留りが悪くなってしまう．それに対して，負イオン注入では，帯電電圧が非常に低いので電荷の中和をしなくてもゲート絶縁膜が破壊されることはない．

このような衝突ではエネルギーの転換量が少なく，また連続衝突の結果多くの原子のエネルギーは非常に小さくなっており，しかもスパッタリングを考えるうえで重要なエネルギー領域が U_0 近くであるから，超低エネルギーでの衝突現象として考えることができる。

そこで，$m = 0$ を仮定すると，式 (6.37) は次式のようになる。

$$\Lambda = \frac{3}{4\pi^2} \frac{1}{NC_0 U_0}. \tag{6.38}$$

ここで

$$C_0 = \frac{\pi}{2} \lambda_0 a'^2 \tag{6.39}$$

であるが，特に超低エネルギーでの衝突現象ではあいまいさが多分に入っているので，a' として Z_2 に依存しない一定値 0.0219 nm を用いることにする。また，$\lambda_0 = 24$ である。エネルギー障壁 U_0 は，固体原子1個が固体表面から離脱するために必要なエネルギーである昇華エネルギーと考えることができる。

一方，$F_D(E, \theta, 0)$ は，核阻止能に比例することは容易に想像できる。

$$F_D(E, \theta, 0) = \alpha(\theta) N S_n(E). \tag{6.40}$$

ここで，$\alpha(\theta)$ は，固体表面において，イオンのエネルギーが固体原子内へ転換される効率を表す無次元量である。α はエネルギー E に依存しないが，S_n に対する距離のとり方と F_D に対する距離のとり方の違いから，イオンの入射角と固体原子とイオンの質量比 M_1/M_2 に依存する。図 **6.16** に α の質量比依存性を，図 **6.17** に α のイオン入射角 θ の依存性を示す。

スパッタリング率 S は，式 (6.38) および式 (6.40) から，次式のように表すことができる。

$$S = \frac{3}{4\pi^2} \frac{\alpha(\theta) S_n(E)}{C_0 U_0}. \tag{6.41}$$

図 **6.18** は，アルゴンイオンを銅表面に垂直入射したときの銅原子のスパッタリング率を示す。広いエネルギー範囲にわたって，理論値が実験値とよく合っていることがわかる。スパッタリング率のエネルギー依存性は，核阻止能のエネルギー依存性によるものである。

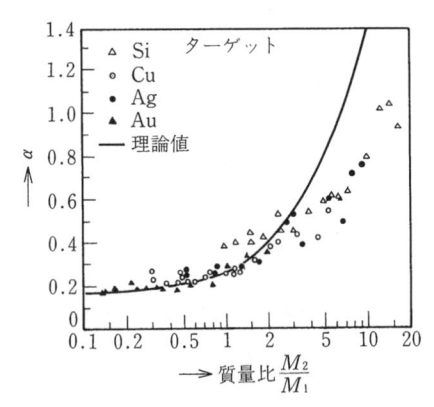

図 6.16 α の固体原子とイオンの質量比 M_2/M_1 依存性

図 6.17 α の入射角依存性（実験は銅ターゲットに Ar イオンを入射した場合）

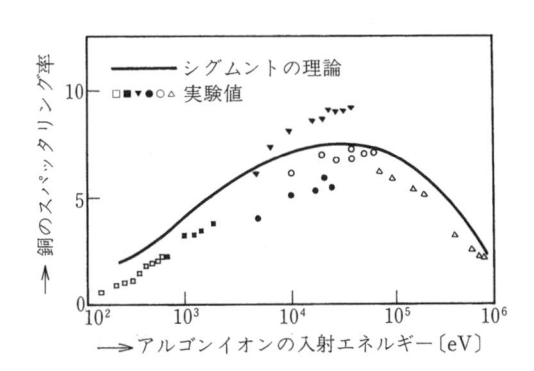

図 6.18 銅ターゲットにアルゴンイオンを垂直入射したときのスパッタリング率

〔2〕 **スパッタ粒子のエネルギー分布** スパッタ粒子のエネルギー分布は，式 (6.42) のように表される。

$$dS = K \frac{E_1}{(E_1 + U_0)^{3-m}} \cos\theta_1 dE_1 d\theta_1. \tag{6.42}$$

ここで，E_1 はスパッタ粒子の放出エネルギー，θ_1 ($\theta_1 < \pi/2$) は放出角度である。また，K は比例係数である。一定の放出角度について考えたとき，分布が最大となるエネルギーは次式のようになる。

$$(E_1)_{\max} = \frac{U_0}{2(1-m)}. \tag{6.43}$$

U_0 近くのエネルギー範囲を考えるのであれば，$m < 0.2$ と考えることができる．すなわち，スパッタ粒子の平均エネルギーはほぼ昇華エネルギーの半分と考えることができる．

6.2.4　イオンビームの蒸着現象

薄膜を形成する際，イオンが介在すると，その薄膜の性質が著しく変わることがある．従来，熱平衡プロセスや化学プロセスでつくられたある特定の範囲内の原子間結合状態にしかない材料の性質を普遍的な物性としてとらえてきた．しかし，イオンビームのように膜形成時にかかわる運動エネルギーが原子間の結合エネルギーを超える粒子が使われるようになって，従来プロセスによる原子間結合状態の範囲を大幅に逸脱した，すなわち著しく異なった物性を持つ材料ができるようになった．

原子間の結合が左右される超低エネルギーイオンを用いることにより，薄膜形成におけるイオンの効果を正確に調べることができる．イオンの効果には，イオンが持つ内部ポテンシャルエネルギーの効果と運動エネルギーの効果が混在して現れる．正イオンではこの二つの効果が混在していて，それぞれの効果を明確に区別して知ることが難しいが，負イオンでは内部ポテンシャルエネルギーの効果がほとんどないので，運動エネルギーの効果を直接知ることができる．

〔**1**〕　**イオンビーム蒸着の衝突現象**　　超低エネルギーイオンと固体原子との衝突現象は，6.2.1 項において述べた弾性衝突の解析において，$m = 1/3$（エネルギー領域として約 10 〜 1000 eV）の場合に相当する．1 種類のイオンだけをイオンビーム蒸着する場合には，すでに蒸着したイオンが固体原子であるので，イオンと固体原子は同じ元素からなる．したがって，6.2.1 項の各式において，$Z = Z_1 = Z_2$ および $M = M_1 = M_2$ となる．

1 種類のイオンだけを用いたイオンビーム蒸着におけるイオンの投影飛程 R_p と静止するまでに要する時間 T は，式 (6.21)，(6.22) および式 (6.24) に上記の

6.2 イオンビームと固体原子の相互作用

条件を入れて，次式のように求めることができる．

$$R_p \, [\times 10^{-1} \text{nm}] = 1.7 \times 10^{23} \times \frac{E^{2/3} \, [\text{eV}]}{N \, [\text{cm}^{-3}] \, Z^{8/9}}, \tag{6.44}$$

$$T \, [\text{s}] = 6.5 \times 10^9 \times \frac{M^{1/2} E^{1/6} \, [\text{eV}]}{N \, [\text{cm}^{-3}] \, Z^{8/9}}. \tag{6.45}$$

これらの式を用いて，数種類の元素のイオンに関する投影飛程，および静止するまでに要する時間を計算したものが**表 6.7**である．イオンビームのエネルギーが原子間結合エネルギーに近づくに従い，衝突現象をイオンと原子の二体衝突の重ね合せで表すことが難しくなるので，**表 6.7**における超低エネルギー領域の値は目安として考えるべきである．

表 6.7 イオンビーム蒸着条件における投影飛程と静止するまでに要する時間

イオン種	C	Al	Si	Ni	Au
原子番号	6	13	14	28	79
質量数	12.0	26.0	28.1	58.7	197.0
原子密度 $[\text{cm}^{-3}]$	1.76×10^{22}	6.02×10^{22}	5.0×10^{22}	9.14×10^{22}	5.9×10^{22}
原子間隔 $[\times 10^{-1} \text{nm}]$	1.78	2.55	2.71	2.22	2.57
エネルギー	投影飛程 $[\times 10^{-1} \text{nm}]$				
50 eV	2.7	3.9	4.4	1.3	0.8
100 eV	4.2	6.2	7.0	2.1	1.3
500 eV	12.3	18.1	20.5	6.0	3.7
1000 eV	19.6	28.8	32.5	9.6	5.9
エネルギー	静止するまでに要する時間 $[\times 10^{-13} \text{s}]$				
50 eV	0.50	1.11	1.27	0.54	0.61
100 eV	0.56	1.24	1.43	0.61	0.69
500 eV	0.74	1.62	1.86	0.80	0.90
1000 eV	0.83	1.82	2.10	0.90	1.01

C, Al, Si などの比較的軽いイオンの入射エネルギー 100 eV における投影飛程はサブ nm 程度である．固体の一原子層の厚みはほぼ 0.2 nm 程度であることを考えると，これらのイオンは表面から二，三原子層固体中に入り込む．Ni や Au のように重いイオンは，入射エネルギー 100 eV における投影飛程が固体の一原子層の厚みより少なく，表面に順次堆積していくであろうことがわかる．

熱エネルギーに比べてはるかに大きな運動エネルギーを持つイオンビームが固体表面に入射したとき，そのイオンが表面へ堆積して蒸着となるか，より多

くの固体原子を表面からスパッタリングしてエッチングとなるかの境界は，自己スパッタリング率の大きさがが1となる運動エネルギーによって分かれる。自己スパッタリング率は，固体表面原子と同じ元素のイオンが入射したときのスパッタリング率のことであり，その値が1より小さいときにイオンビーム蒸着が可能となる。

多くの金属イオンにおいて，運動エネルギーが50～100 eV程度までは自己スパッタリング率の値は非常に小さく，付着確率はほぼ1に近い。しかし，運動エネルギーが50～100 eVを超えると急に自己スパッタリング率が増えるため，付着確率は運動エネルギーの増加とともに下がり，200～1000 eVで0となる。

この運動エネルギーをイオンビーム蒸着における臨界エネルギーと呼ぶ。比較的スパッタリング率の高い金や銅では，付着確率が1から下がり始める運動エネルギーは50 eV程度であり，臨界エネルギーは200 eV程度である。また，比較的スパッタリング率が低いアルミニウムでは，付着確率が1から下がり始める運動エネルギーは100 eV程度，臨界エネルギーは800 eVと高い値になる。

イオンビームが固体表面原子と非熱平衡的な弾性衝突現象を起こしている時間は，**表6.7**に示したように10^{-13} sと非常に短い。したがって，イオンビーム蒸着時において，各イオンはこのような弾性衝突現象がたがいに干渉されることなく独立に生じる現象と考えることができる。

イオンの衝突によって固体原子に弾性衝突の影響の及ぶ範囲は，大きく見積もっても直径が約2 nm程度の領域であるから，例えば電流密度が$1\ \mathrm{mA/cm^2}$のイオンビームが衝突する場合，一つのイオンの衝突領域につぎのイオンが入射するまでの時間間隔は$10^{-3}\sim10^{-2}$ s程度であり，前のイオンによる弾性衝突現象はつぎの衝突前に完全終了していることになる。このように，イオンの固体表面での衝突現象がたがいに干渉しないことから，複数の原子団からなるイオンの衝突は，同時に同じ場所に複数の粒子が作用することになるので単原子イオンの衝突と異なる効果を生じる可能性がある。

熱エネルギーよりはるかに大きな運動エネルギーを持つイオンビームが固体表面原子に近づくことにより，熱化学平衡反応とは異なる過程による原子間結

合反応，すなわち「運動力結合」反応が生じると考えられている．このような運動力結合反応にはある程度の運動エネルギーが必要であるが，イオンの運動エネルギーがあまり大きいと，衝突相手の原子に特別な現象，例えば変位などを起こすエネルギーを与えてしまうことがある．

イオンの入射運動エネルギー E の中で，衝突相手原子に転換されるエネルギーが変位エネルギー E_d（20～30 eV）以上の衝突によるものの和 E' は，次式で表される．

$$E' = \int_{E_d}^{E} \frac{dE'}{S_n(E')} \int_{E_d}^{E'} d\sigma(E', T) T. \tag{6.46}$$

超低エネルギー領域の仮定 $m = 1/3$ を適用して計算すると

$$E' = \left\{ 2 + \frac{E}{E_d} - 3\left(\frac{E}{E_d}\right)^{1/3} \right\} E_d \tag{6.47}$$

となる．E_d で規格化したイオンの入射運動エネルギー E/E_d に対して，変位に費やされるエネルギー E'/E_d の関係を図 **6.19** に示す．

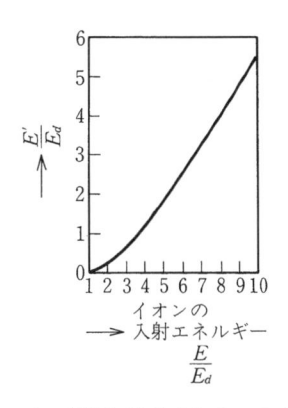

図 6.19 変位に費やされるエネルギーの質入射運動エネルギー依存性

入射運動エネルギーが E_d を超えると徐々に変位に費やされるエネルギーが増すが，特に E_d の約 3 倍を超えるとその割合が急に高くなる．このことは，エネルギーのそろったイオンビームによる原子間結合過程が生じるのは，イオン

の入射運動エネルギーが E_d の 2〜3 倍以内であり，これ以上の入射運動エネルギー領域では，衝突によってランダムに転換された運動エネルギーによって原子間結合過程が生じる系となる。

〔2〕 **薄膜形成におけるイオンの役割**　薄膜形成におけるイオンの役割を，イオンにかかわるエネルギーと物性に直接かかわる原子間結合状態との相互作用の生じやすさを主眼に見てみよう。

図 **6.20** に，超低エネルギーイオンビームを用いた物質形成過程において，イオンに付随したエネルギーや固体の原子間結合状態の各因子の関係を示す。イオンは中性原子あるいは分子からつくられるが，イオンとなることによって中性原子や分子より余分に持つことになったエネルギーは，つぎの二つである。すなわち，イオン化によって得た内部ポテンシャルエネルギー（①正イオン：電離電圧，②負イオン：電子親和力）と，加速電圧によって得た③の運動エネルギーである。ここで正イオンとして1価のものだけを考えることにすれば，電離電圧は，その絶対値が約 10 eV である。そのエネルギーはイオンが中性に戻るとき発熱する。また，負イオンに関連する電子親和力は，その絶対値は約 1 eV であり，そのエネルギーはイオンが中性に戻るとき吸熱する。

一方，物質形成過程に関わる重要な因子は，④の原子間結合状態である。これは，原子や分子軌道の最外殻電子状態と密接な関係がある。これら①，②，③の

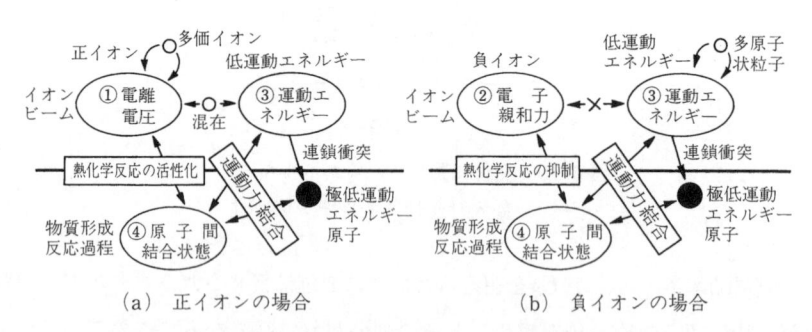

図 **6.20**　超低運動エネルギーを用いた物質形成過程における主要因子のかかわり

エネルギーと④の状態の四つの因子間の相互作用を各イオンについて考えれば，三つの因子間の相互作用によって新しい物質形成が進行する。これらの相互作用は，それにかかわるエネルギーの大きさやそれらのエネルギーの質の相違によって，その重要性や生じやすさが決まってくる。

〔3〕 **イオンの内部ポテンシャルエネルギーによる効果** 　正イオンの内部ポテンシャルエネルギーである電離電圧①が因子④の原子間結合状態と非常に効果的に相互作用する場合には，熱化学結合反応の活性化の形で現れる。それは図 **6.21** に示すように，定性的にはあたかも電離電圧が熱化学結合反応エネルギーの上乗せ分として働いたかのように考えることができる。

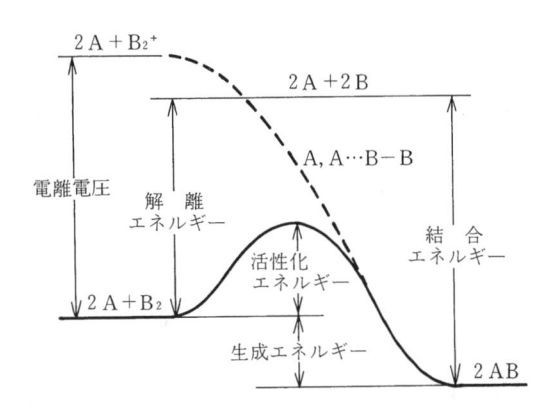

図 6.21 　イオン (B_2^+) が存在するときの原子 A，B の化学結合反応におけるエネルギー変化図

正イオンの内部ポテンシャルエネルギーの効果をよく利用するものとして，酸素分子や窒素分子イオンを用いた酸化膜や窒化膜の形成がある。これを正イオンの内部ポテンシャルエネルギーの効果を示す代表例として考えてみよう。これらのイオンは分子イオンであるので，単純に電離電圧の値だけで化学活性度を論じることはできず，分子の結合状態やそのエネルギーの大きさも考慮に入れなければならない。

図 **6.22** に酸素分子および窒素分子の軌道のエネルギー準位図を示す。酸素分子は，結合性分子軌道である π_1 および σ_3 軌道にそれぞれ 2 個および 1 個の電

(a) 酸素分子　　　　　(b) 窒素分子

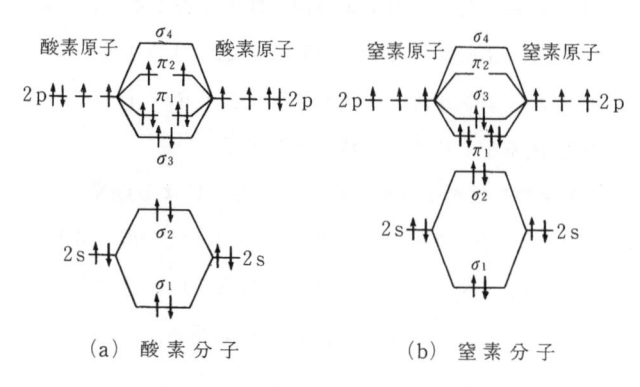

図 **6.22**　分子軌道エネルギー準位図

子対が入り，反結合性分子軌道の π_2 軌道に 1 個ずつ不対電子が入った構造となっている。酸素分子が二重結合であることは，結合性分子軌道の電子対が 3 個で反結合性分子軌道の電子対が 1 個であることに起因している。この二重結合を形成するためのエネルギー，すなわち分子の解離エネルギーは 5.11 eV である。また，π_2 軌道の二つの不対電子は不安定であるので，反応しやすい。

それに対して，窒素分子では，π_1, σ_3 軌道が 3 個の電子対で満たされた三重結合を形成し，しかも不対電子は存在しないので非常に安定である。この三重結合を形成している解離エネルギーは 9.75 eV と大きく，また窒素分子はきわめて不活性である。

これらの酸素分子や窒素分子をイオン化した場合は，どのようになるであろうか。酸素分子は反結合性分子軌道の π_2 軌道から電子を失ってイオンになる。このとき，解離エネルギーが 6.48 eV と酸素分子のときより大きくなるので，より解離しにくくなる。ところが，窒素分子は結合性分子軌道の σ_3 軌道から電子を失ってイオンになるので，解離エネルギーが 8.69 eV と窒素分子のときより小さくなってしまい，より解離しやすくなる。

酸素分子の電離エネルギーが 12.1 eV，窒素分子の電離エネルギーが 15.5 eV であることを考えると，窒素分子はイオンになることにより著しく化学活性度が増加することが見込まれる。それに対して，酸素分子はもともと化学活性度

が強い粒子でありイオンになることにより解離エネルギーも増えてしまうので，化学活性度は窒素分子ほど著しく現れない。

このように，正イオンの内部ポテンシャルエネルギーが熱化学結合反応の活性度の増加を促すことを考えると，負イオンのポテンシャルエネルギー電子親和力は吸熱性のエネルギーであるから，熱化学結合反応の活性度の低下あるいは冷却効果をもたらすと考えられる。しかし，負イオンの電子親和力による効果はその絶対値が小さいので，その影響はそれほど大きくない。

〔4〕 **イオンの運動エネルギーの効果** イオンの運動エネルギーは原子核に集中しているので，原子間の結合エネルギーより大きな運動エネルギーを持つイオンが固体原子と相互作用する際には，弾性衝突現象が第一義的に生じる。このときの固体原子との弾性衝突は明らかに相互の原子位置移動である。

この衝突は固体原子中で連鎖的に生じて多くの固体原子に運動エネルギーがばらまかれ，各原子の運動エネルギーが結合エネルギー程度以下の超低エネルギーになったとき，初めて原子間結合状態を左右する反応が生じると考えられる。イオンの運動エネルギーが非常に小さければ，その運動エネルギーが直接原子間結合状態を左右する反応にかかわると考えられる。この反応では運動エネルギーが先行して物質形成反応を生じるので，従来の熱化学結合反応とは明らかに異なる過程である。

正イオンを用いた成膜では，内部ポテンシャルエネルギーの効果と運動エネルギーの効果が混在して働き，運動エネルギーの効果を独立に調べることは困難である。しかし，負イオンの電子親和力はその値が小さいと同時に吸熱エネルギーであることから，内部ポテンシャルエネルギーの効果が無視できるか，あるいは熱化学反応が抑えられるので，運動エネルギーの効果をより正確に見ることができる。

炭素負イオンを用いた実験を例にして考えよう。運動エネルギーが0の炭素原子とイオンの結合は，図**6.23**の第一原理による計算結果が示すように，正イオンでは安定点があるが，負イオンでは安定点がなく結合が生じない。したがって，炭素負イオンビーム蒸着において膜が形成されるのは，運動エネルギーが

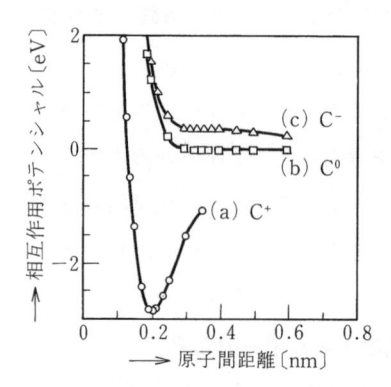

図 6.23 第一原理計算による炭素原子とさまざまな価数状態の炭素イオンとの間の相互作用ポテンシャル

主体となって原子間結合が生じる現象と考えることができる。

図 6.24は，炭素負イオンビーム蒸着によるカーボン膜の原子密度と熱伝導率の負イオンの入射運動エネルギー依存性を示す。これらの特性は，運動エネルギーに対して，低エネルギー領域における特性値の増加傾向と比較的高エネルギー領域の減少傾向の合成と見ることができる。炭素の結合は，常温常圧ではグラファイト構造のものが最もできやすく，高温高圧の条件の下では，準安定構造である密度や熱伝導率が最も高いダイヤモンド構造ができることが知られている。

図 6.24の特性は，入射運動エネルギーが増加すると膜はより密度が密で熱伝導率の高い原子間結合状態に移行するが，入射運動エネルギーが高くなり過ぎると多くの変位を生じ，かえって密度や熱伝導率が下がってしまうものと考えられる。

グラファイトの炭素原子を定位置から動かすために必要な変位エネルギーは $20 \sim 30\,\mathrm{eV}$ であり，弾性衝突によって同種の相手原子に転換されるエネルギーの中で変位エネルギー以上のものが多くなるのは，衝突粒子の運動エネルギー

6.2 イオンビームと固体原子の相互作用　179

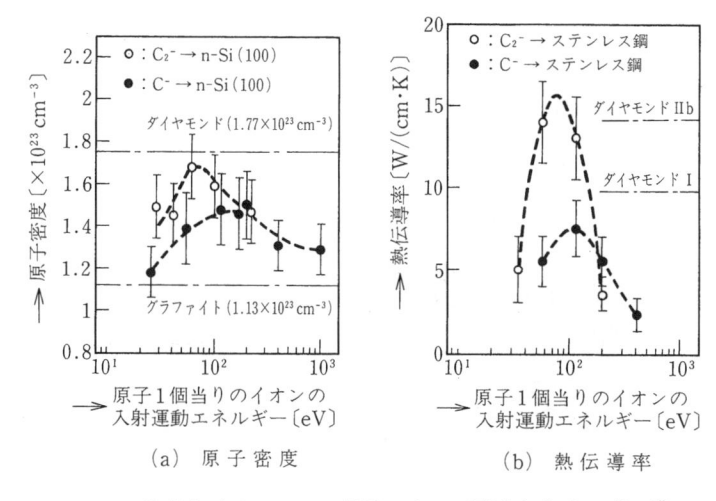

図 6.24 炭素負イオンビーム蒸着によって形成したカーボン膜の性質の入射運動エネルギー依存性

が変位エネルギーの数倍程度以上となったときであることから，図において，特性の劣化が運動エネルギーが 100 eV 程度を境に生じていることが理解できる．図 6.24 には，一原子状イオンと二原子状イオンによる効果の違いも現れている．

〔5〕　**運動力結合**　われわれが接する地球上のほどんどすべての物質は，熱化学平衡反応によって形成されている．この熱化学平衡反応における原子間結合過程では，図 6.25 の細線で示すように，熱エネルギー運動をしている原子の中で確率的に大きなエネルギーを持つものが，形成エネルギー障壁を越えて相互作用ポテンシャルが最小となる原子位置に落ち着く．このような熱化学平衡反応では，固体の原子間結合状態，言い換えれば広義の結晶構造は，形成条件における最も安定な状態に落ち着くので，一義的に決まってしまう．従来この結晶構造を物質の普遍的構造と考え，かつその物性がその元素によりできる物質の普遍的性質であると考えていた．

しかし，超低エネルギーイオンと固体原子の相互作用によって生じる，運動エネルギーが支配する原子間結合過程では，図 6.25 の太線で示すように，運動

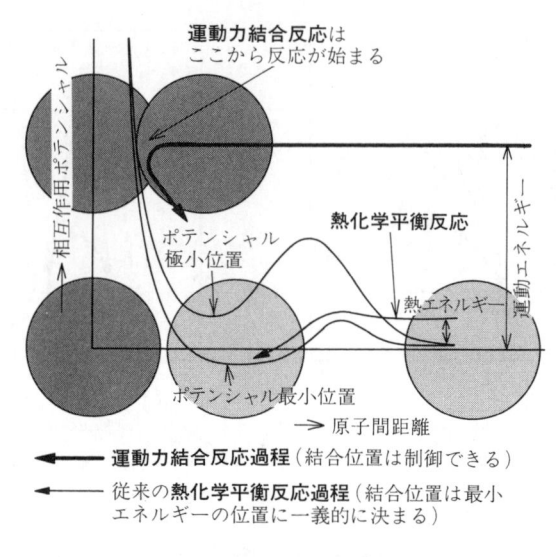

図 6.25 熱化学平衡反応と運動力結合による原子間結合反応の違いを説明する図

エネルギーを持ったイオンが形成エネルギー障壁を容易に越え，まず原子間距離が運動エネルギーが0となる位置まで近づく．そこから原子結合過程が始まり，イオンの相互作用ポテンシャルが極小の位置に落ち着くと考えられる．

相互作用ポテンシャル曲線は，固体表面原子への近づき方によって数多くあると考えられるので，最終の原子間結合状態は，熱化学平衡反応によってできるものと一致するとはかぎらない．このように，運動エネルギーが支配する物質形成過程は，熱化学平衡反応とはまったく異なるプロセスを経て原子間結合反応が進むので，ここではこの反応を"運動力結合"と呼ぶ．この"運動力結合"を制御することによって，準安定物質や従来物質とは構造が異なった人工的結晶や非晶質物質などが形成できる．

章 末 問 題

(1) 電子ビームと固体原子との相互作用によってX線が発生する機構について述べよ。

(2) 50keVの電子ビームのシリコンへの侵入深さは22μmである。100keVの電子ビームのシリコンへの侵入深さはいくらか。また，同じエネルギーの電子ビームの鉄への侵入深さはいくらか。100keVの電子ビームは，空気中をどの程度の距離走行するか計算せよ。ただし，シリコンおよび鉄の密度はそれぞれ2.4および7.9である。

(3) 高分子材料に電子ビームを照射すると，どのような現象が生じるか説明せよ。また，この現象の応用としてどのようなところに利用されるかについて述べよ。

(4) イオン注入における固体内へのイオン注入深さとイオンのエネルギーの関係について述べよ。また，分子イオンを固体に注入したとき，分子イオンの構成原子がほぼ同じ注入深さとなることを説明せよ。

(5) 絶縁された材料に，正イオン，中性高エネルギー粒子，負イオンを注入したとき，材料表面の帯電電圧がどのようになるかを説明せよ。

(6) イオンビーム蒸着におけるイオンの役割について説明せよ。

7. 高周波エネルギー変換デバイス

　高周波エネルギー変換デバイスにおけるエネルギーの担い手は，軽質量のため高速に移動が可能な電子が主役となる。高周波エネルギー変換デバイス，いわゆる電子管としては，変調された電子ビームの電荷の流れを直接外部回路に取り出すものと，電子ビームの電荷の流れの粗密を誘導電流として外部回路に取り出すものに分けることができる。

　前者では，電子ビームが電極間の走行中に信号の変化があると効率よく高周波のエネルギーを外部回路に取り出すことができないので，動作の上限周波数は走行時間の逆数程度となり，走行時間に制約される。このようなデバイスでは，必ずしも電子の速度がそろっている必要はない。後者では，電子ビームが走行中に受けた電磁界の影響を記憶したまま移動する，すなわち弾道性を持っているので，電子ビームの走行空間に信号に応じた電荷の粗密をつくることができる。したがって，電子ビームの走行時間に制約されない超高周波の増幅が可能となる。

　半導体中の電子は格子散乱などがあり弾道性がないので，半導体では走行時間制約型の高周波デバイスしか実現できない。電子管中の電子の速度は半導体中の電子の速度に比べると非常に速いことと弾道性があることから，同じ周波数のデバイスを考えたとき，数けた大型のデバイス，すなわち数けた大電力のデバイスを実現できる。

7.1　走行時間制約型デバイス

　真空中の電子ビームを利用した2種類の走行時間制約型デバイスが考えられる。真空中の電子の速度が半導体中の電子の速度より非常に速いことから，半導体デバイスに比較して電極構造の大きな**真空管**（vacuum tube）が構成でき

る。使用できる最大電力は電極の耐熱負荷によって決まるので，大型電極構造の真空管は大電力デバイスとして適する。一方，電極間距離を半導体デバイス並に短くした極微真空管を実現すれば，走行時間がきわめて短くなるので，超高周波デバイスとして適する。

7.1.1 格子制御管

〔1〕 三 極 管　十分に加熱した熱陰極と陽極によって構成される二極管では，陰極に対して陽極に正の電圧を与えると，電圧の3/2乗に比例した空間電荷制限電流が流れる。陰極の近くに，図 *7.1*に示すような格子状の電極をおきその電圧を変化すると，陰極近くの電位分布が変わり，空間電荷制限状態にある熱電子電流を制御できる。この格子状の電極を**制御格子**（control grid）と呼び，この電極構成の真空管を**三極管**（triode）という。

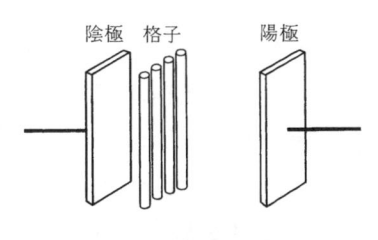

図 *7.1*　三極管の構成

三極管において制御格子電圧が変化したときの，一対の格子線間の電位分布の変化を図 *7.2*に示す。制御格子電圧が陰極と同じ電圧（0）であっても，格子線と格子線の間から陽極側の電界が陰極側へしみ込み，ある程度の陽極電流が流れる。制御格子電圧を徐々に下げていくと陽極電流は減少するが，陽極側の電界のしみ出しの最も大きな格子間電位を陰極上で0になるまで下げると，陽極電流は完全に0となる。この状態を**カットオフ**（cut-off）という。このように制御格子電圧をわずかに変化することにより，陽極電流を自由に制御することができる。しかも，制御格子電圧を負電位で使用すれば，格子電極の入力インピーダンスがきわめて高くなり，入力電力が非常に少なくて済む。

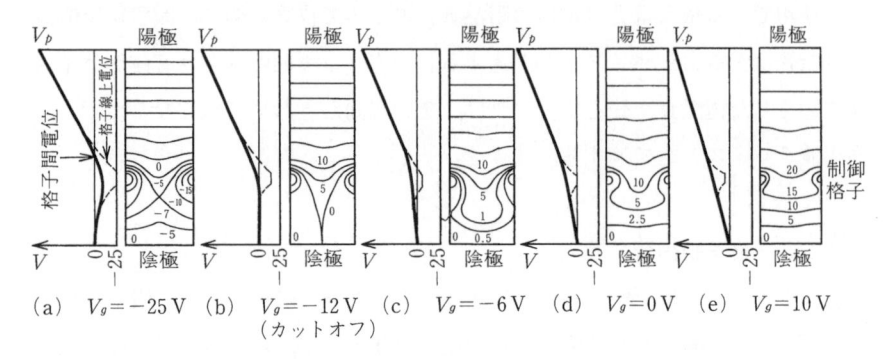

(a) $V_g = -25$ V (b) $V_g = -12$ V (c) $V_g = -6$ V (d) $V_g = 0$ V (e) $V_g = 10$ V
(カットオフ)

図 **7.2** 三極管の制御格子電圧 V_g の変化に対する陰極近傍の電位分布の変化の様子

三極管に図 **7.3** に示すような電圧を印加したとき，陽極電圧 V_p，陽極電流 I_p，制御格子電圧 V_g の関係はつぎのような静特性によって表される．

陽極電圧 V_p を一定に保ち，制御格子電圧 V_g を変化させて陽極電流 I_p を測定したものを**相互特性**（mutual characteristic）といい，図 **7.4** のような特性となる．また，制御格子電圧 V_g をパラメータとして，陽極電圧 V_p と陽極電流 I_p の関係を測定したものを**陽極特性**（plate characteristic）といい，図 **7.5** のような特性となる．さらに，陽極電流 I_p を一定としたときの制御格子電圧 V_g と陽極電圧 V_p の関係を測定したものを**定電流特性**（constant current characteristic）といい，図 **7.6** のような特性となる．

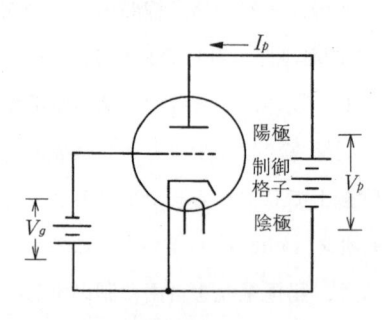

図 **7.3** 三極管の静特性測定のための電圧印加法

図 **7.4** 三極管の相互特性

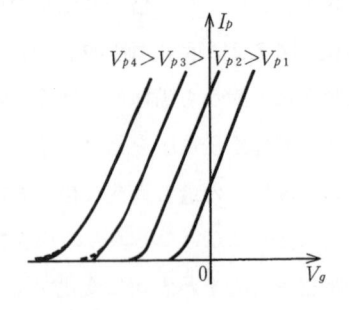

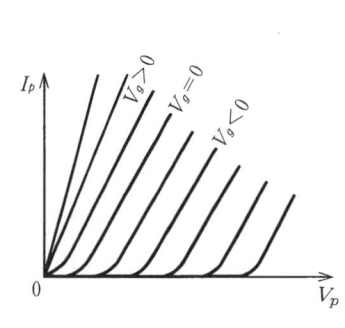

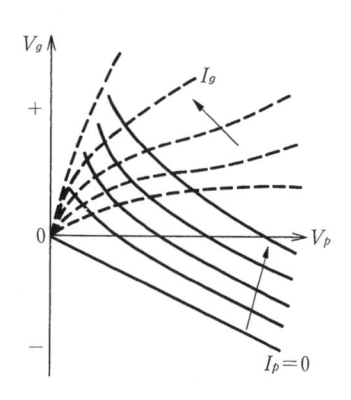

図 **7.5** 三極管の陽極特性　　図 **7.6** 三極管の定電流特性

静特性を議論する場合，静特性に関連するつぎの三つの定数がよく用いられる。第 1 の定数は，I_p を一定に保ったときの制御格子電圧 V_g の変化分に対する陽極電圧 V_p の変化分の比で定義される**増幅率**（amplification factor）μ である。

$$\mu = -\left.\frac{\partial V_p}{\partial V_g}\right|_{I_p 一定}. \tag{7.1}$$

負号があるのは，図 **7.6** に示すように，I_p 一定における V_p, V_g の関係が負の傾きを持つためである。

第 2 の定数は，V_p 一定における制御格子電圧 V_g の変化分に対する陽極電流 I_p の変化分の比で定義される**相互コンダクタンス**（mutual conductance）g_m である。

$$g_m = \left.\frac{\partial I_p}{\partial V_g}\right|_{V_p 一定}. \tag{7.2}$$

この定数の単位はオームの逆数の**モー**（mho, ℧）である。一般に g_m の大きな三極管ほど性能がよいということができる。

第 3 の定数は，V_p を一定に保ったときの陽極電流 I_p の変化分に対する陽極電圧 V_p の変化分の比で定義される**陽極内部抵抗**（internal resistance）R_I である。

$$R_I = \left.\frac{\partial V_p}{\partial I_p}\right|_{V_g 一定}. \tag{7.3}$$

この定数の単位は**オーム**（ohm, Ω）である．R_Iの大きな三極管は，電子管における電圧降下が大きいので損失も大きい．

これらの3定数には，次式の重要な関係がある．

$$g_m R_I = \mu. \tag{7.4}$$

この関係は，以下のように導くことができる．制御格子電圧および陽極電圧を，それぞれdV_gおよびdV_pだけ微小変化させたときの陽極電流の変化dI_pは，陽極電流が制御格子電圧と陽極電圧の関数であることから，全微分により次式のように表すことができる．

$$dI_p = \left(\frac{\partial I_p}{\partial V_g}\right) dV_g + \left(\frac{\partial I_p}{\partial V_p}\right) dV_p. \tag{7.5}$$

式(7.5)に，式(7.2)および式(7.3)を代入すると

$$dI_p = g_m dV_g + \frac{1}{R_I} dV_p \tag{7.6}$$

となる．dV_pとdV_gを適当に選び，$dI_p = 0$とすることができるから

$$g_m dV_g\big|_{I_p 一定} + \frac{1}{R_I} dV_p\big|_{I_p 一定} = 0 \tag{7.7}$$

となる．式(7.7)に式(7.1)の関係を入れると，式(7.4)を得ることができる．

三極管の陽極電流は，制御格子位置における格子線間中央の電位V_Dがわかれば，陰極と格子線間に空間電荷制限電流を適用することにより見積もることができる．この電位は，各電極間の静電容量を考えることにより計算でき，次式で与えられる．

$$V_D = \frac{V_g + \dfrac{V_p}{\mu}}{1 + \dfrac{1}{\mu}\left(1 + \dfrac{4a}{3b}\right)}. \tag{7.8}$$

ここに，a, bはそれぞれ陰極-制御格子間距離，制御格子-陽極間距離を表す．

陽極電流I_p〔A〕は，陰極-制御格子間に電圧V_Dを印加したときの空間電荷制限電流として，式(2.29)から次式のように表すことができる．

$$I_p = \frac{2.334 \times 10^{-6} \times S}{b^2} \left\{ \frac{V_g + \dfrac{V_p}{\mu}}{1 + \dfrac{1}{\mu}\left(1 + \dfrac{4a}{3b}\right)} \right\}^{3/2}. \tag{7.9}$$

ここに，S〔cm^2〕は電子電流が流れる有効面積である。

〔2〕 **多 極 管**　　三極管は，動作周波数が高くなると，制御格子と陽極間の静電容量 C_{pg} を通じて陽極の信号が制御格子へ逆相となって帰還し，増幅が行えなくなる。制御格子と陽極の間の信号のやり取りを遮へいして高周波特性を改善するため，両電極間に交流的に接地電位とした電極を挿入する。この目的で挿入する電極を**遮へい格子**（screen grid）という。この遮へい格子には，**図 7.7** に示すように，直流的には陽極電圧に近い電圧を加え，交流的にはコンデンサによって短絡する。

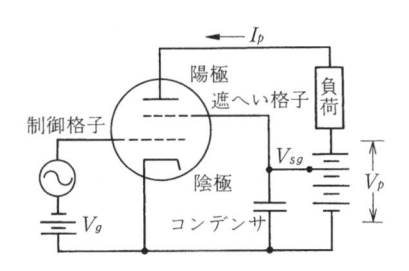

図 7.7　遮へい格子を加えた四極管の電圧印加法

　四極管は，遮へい格子電圧より陽極電圧が高い動作領域では問題はないが，大振幅動作では陽極電圧が遮へい格子電圧より低くなる場合がある。そのような場合に，陽極から二次電子が遮へい格子へ流れ込み，動作が不安定になる。陽極と遮へい格子間の二次電子のやり取りを抑制するため，両電極間に両電極電圧より低い直流電圧（多くは接地電位）を印加した電極を挿入する。この目的で挿入する電極を**抑制格子**（suppressor grid）という。五極管の電圧印加方法を**図 7.8** に，陽極電圧-陽極電流の特性を**図 7.9** に示す。三極管の静特性とかなり異なる特性になる。

　抑制格子を挿入する代わりに，制御格子線と遮へい格子線の位相をそろえて，

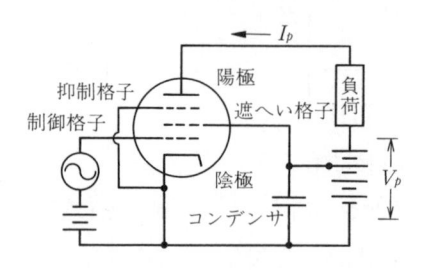

図 7.8　抑制格子を加えた五極管の電圧印加法

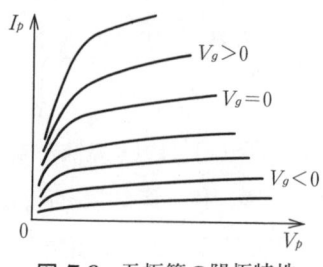

図 7.9　五極管の陽極特性

遮へい格子と陽極間に電子ビームによる電位の谷をつくり，抑制格子を挿入した場合と同じ効果を持たせたビーム出力管もある．

〔3〕　**超高周波用三極管**　走行時間制約型デバイスでは，電子の電極間走行時間内に入力信号が変化するようになると特性が著しく悪くなる．したがって，超高周波で動作を行うためには，電極間距離をできるかぎり短くする必要がある．

機械加工により電極間距離をできるだけ短くした三極管として，陰極-制御格子間距離が $100\,\mu\mathrm{m}$，制御格子-陽極間距離が $2.5\,\mathrm{mm}$ 程度のものが得られる．この三極管では，$1.3\,\mathrm{GHz}$ で連続 $1.5\,\mathrm{kW}$ の出力が得られる．このような電極間距離を短くした三極管の高周波入出力は，導入線を用いるとインダクタンスの問題や静電容量の問題が生じるので，これらの影響をなくすため，**図 7.10** に示

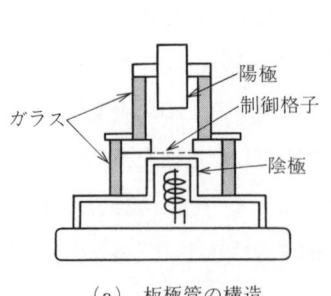

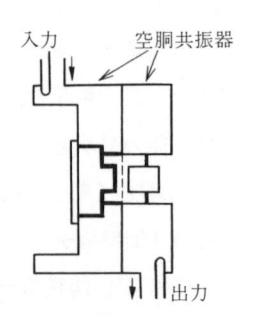

(a) 板極管の構造　　(b) 空胴共振器を用いた回路

図 7.10　超高周波用三極管

すように入出力に空胴共振器を使う．入出力に空胴共振器を用いる三極管を板極管と呼ぶ．

7.1.2 極微真空管

半導体集積回路を作製する微細加工技術を使って，電極間距離が半導体デバイスの電極間距離と同程度である $1\mu m$ 程度の極微真空管をつくることができる．このような極微真空管は**マイクロバキュームチューブ**（mircovacuum tube）とも呼ばれる．極微真空管では微小な電子源が必要になるが，先端が細いほど特性がよくなる電界放出型の電子源が使われることが多い．

真空中の電子は衝突しないので，半導体中の電子の速度よりけた違いに速い．真空デバイスと半導体デバイスの走行距離が同じであれば，真空デバイスのほうが走行時間が短いので，より高い周波数での動作が可能である．

〔1〕 **電子走行時間** 室温における半導体中での電界強度に対する電子の速度は，図 **7.11** に示すように，結晶格子との光学型散乱のために光速に比べるとかなり遅い速度で飽和する．その飽和速度は約 1×10^7 cm/s である．低電界で比較的大きな飽和速度の最大値を持つ GaAs や InP でも，最大値が 2×10^7

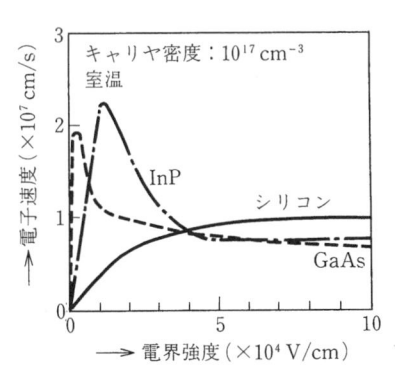

図 **7.11** 室温における半導体中での電界強度に対する電子の速度の関係

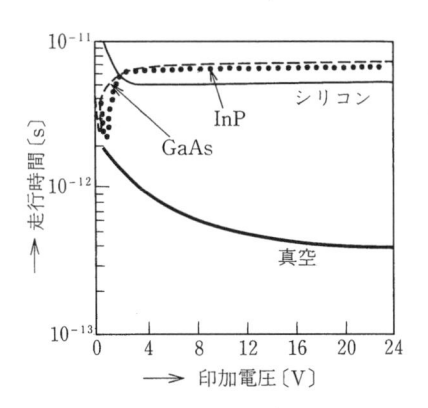

図 **7.12** $0.5\mu m$ 長の半導体および真空中を走行するために要する時間と印加電圧の関係

cm/s である。

これに対し，真空中の自由電子には散乱がないので，非常に速度の速い電子を得ることができる。真空では，電子の速度 v_e [cm/s] は，加速電圧 V [V] が 10kV 程度までは，$v_e = 5.9 \times 10^7 \times V^{1/2}$ の関係で表されるように加速電圧の平方根に比例して増加する。1V の加速電圧でも室温における半導体中の電子の最大速度の約 3 倍であり，50V で加速すれば 20 倍の速度が得られる。等電界空間を初速 0 から出発するときでも，走行する電子の平均速度は最終速度の半分であるから，半導体デバイスの電子の飽和速度に対応するものは真空中の電子の最終速度の半分である。

図 **7.12** は，0.5μm 長の半導体および真空中を走行する時間を，印加電圧の関数として示したものである。化合物半導体デバイスでは，最大速度が得られるのは，動作電圧が 1V 以下の場合であり，0.5μm 長の走行時間は 2.5×10^{-12} s である。それに対して，50V の電圧を印加した真空デバイスでは，走行時間は 2.5×10^{-13} s となり，走行時間の逆数で表現される上限周波数は 4THz となる。

〔 **2** 〕　**遮断周波数**　　超高速電子デバイスが三極管構造 (真空デバイス) あるいは FET 構造 (半導体デバイス) を持つ場合，陰極-陽極間あるいはソース-ドレーン間の電子走行時間より回路の時定数のほうが長くなることが多い。そのときの遮断周波数は，一般に次式により与えられる。

$$f_{\max} = \frac{g_m}{2\pi C_g}. \tag{7.10}$$

ここで，C_g はグリッドまたはゲート入力容量であり，g_m はその電子デバイスの相互コンダクタンスである。

FET 構造の半導体デバイスでは，相互コンダクタンス g_m をソース抵抗を無視した真性相互コンダクタンス g_{mo} で置き換えることにすると，$g_{mo} = C_{go}v_{sat}$ で表すことができる。ここで，C_{go} は単位ゲート面積当りのゲート入力容量であり，v_{sat} は半導体中を走行する電子の飽和速度である。また，C_g は，ゲート長を L_g とすると $C_g = C_{go}L_g$ で表すことができるので，結局遮断周波数はつ

ぎのように書き換えられる．

$$f_{\max} = \frac{v_{sat}}{2\pi L_g}. \tag{7.11}$$

このように，半導体デバイスの動作速度を決定する要因は電子の飽和速度とゲート長となる．半導体中の電子の飽和速度は，図 **7.11** に示したように最大 2×10^7 cm/s 程度で，これ以上大きくすることはできないため，ゲート長を非常に短くする努力が行われている．ゲート長 $0.3\,\mu$m の GaAs MESFET で，電子の飽和速度が 1.5×10^7 cm/s 得られ，遮断周波数の上限として 80 GHz の素子が得られている．

これに対して，真空デバイスの場合，式 (7.10) で表される遮断周波数は，電子の飽和速度に比例する関係にはならない．マイクロバキュームチューブでは，電子源として電界放出を用いる素子が多い．その場合の相互コンダクタンス g_m は，電界放出の電圧-電流特性に関連する．ファウラー・ノルドハイムの電界放出における電圧-電流の理論式を用いて，マイクロバキュームチューブの遮断周波数の理論計算が行われている．計算によれば，$1\,\mu$m 程度の寸法の素子を考えた場合，遮断周波数の上限は 100 〜 1 000 GHz であると見積られている．つまり，真空デバイスでは，半導体デバイスに比較して 1 けた程度高速な高速スイッチングや高周波動作が行える可能性がある．

〔**3**〕　**マイクロバキュームチューブの構造**　代表的な構造を図 **7.13** に示す．陰極と陽極の間にグリッド電極が存在する従来型の真空管構造というより，FET の半導体部分を真空に置き換えた構造と考えたほうが理解しやすい．したがって，信号制御用の電極はグリッドと呼ばず，ゲートと呼ぶのが一般的である．陰極としては，電界電子放出型と薄膜型の2種類があるが，図 **7.13** には電界電子放出型のチップ構造のものを示した．

素子構造を2次元化して配線も行いやすいようにした，横型のマイクロバキュームチューブもある．横型構造の例を図 **7.14** に示す．横型の素子は作製が比較的容易であるが，電子軌道を正確に制御しなければならない難点がある．

〔**4**〕　**微小電子源**　マイクロバキュームチューブにおいて，微小電子源

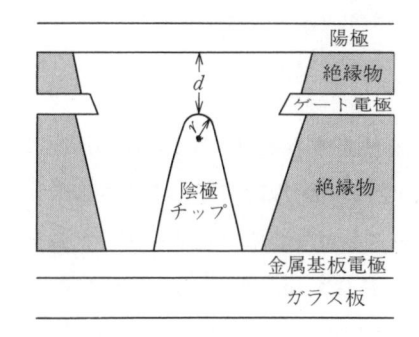

図 7.13 代表的なマイクロバキュームチューブの構造

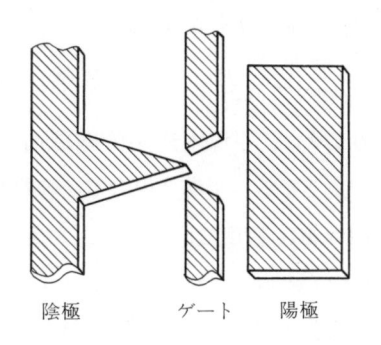

図 7.14 横型のマイクロバキュームチューブの構造例

は最も重要である。μm 寸法の超小型デバイスにおいて熱電子放出を用いることは困難であるので，微小な構造ができる電界電子放出陰極か薄膜型陰極が用いられる。電界電子放出陰極については 3.1.3 項において述べているので，ここでは薄膜型の微小電子源について説明する。

　薄膜型陰極は，真空側に導電性の薄膜層（金属膜，または半導体高濃度イオン注入層あるいは高濃度ドーピングエピタキシャル層）をつくり，この膜へなんらかの方法で電子を注入して，この膜を通過した電子の中で，表面電子障壁を越えるエネルギーを持つものが真空中へ放出される現象を利用する。表面導電層の膜の厚みの増加に対して通過する電子の数は指数関数的に減少するので，できるだけ薄い 10 nm 以下の一様な超薄膜層を作製する必要がある。

　電子を注入する方法として，超薄膜絶縁物中のトンネリング電子（MIM 構造や MIS 構造，Si 半導体 p-n 接合あるいは GaAs 半導体と金属膜のショットキー障壁の逆バイアス時になだれ崩壊によって生じるホットエレクトロン，GaAsP や GaAs 半導体の p-n 接合の順バイアス時の少数キャリヤ電子（NEA 陰極））が利用される。

　表面の電位障壁を下げて真空中への電子放出効率を上げるため，表面に単原子程度の Cs 層を着けて実効的な仕事関数を下げることが可能であるが，この場合，表面は酸素，水，炭酸ガスなどの酸化性の残留ガスに弱く，これらのガス

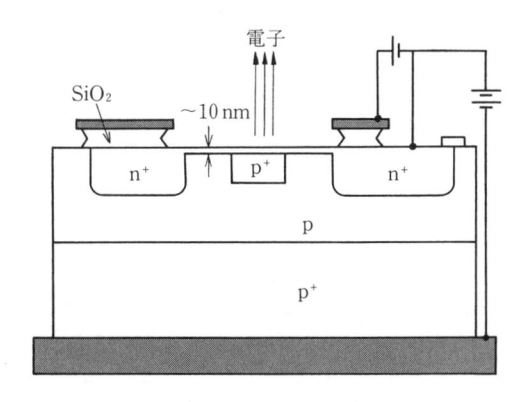

図 7.15　Si 半導体の p-n 結合の逆バイアスを
使った冷陰極の構造例

分圧が 10^{-9} Pa $(=10^{-11}$ Torr) 以下の真空度でなければ長寿命動作が困難である．図 7.15 は Si 半導体の p-n 接合の逆バイアスを使った冷陰極の例である．

薄膜型陰極の放出効率（放出電流/ダイオード電流）は，一般に $10^{-6} \sim 10^{-4}$ と非常に低い．図の陰極の表面に Cs を付けた場合には，放出効率は 8% に達するが，超高真空雰囲気が必要なので実用的ではない．酸化した多孔質シリコン膜を用いて電子のトンネリングを複数回行わせるものでは，放出効率が数%以上得られるものがある．

7.2　電子ビームの弾道性を利用した超高周波電子管

電子ビームはほかの粒子との衝突がないので，その行路中に受けた電界や磁界による運動の変化を記憶・積算しながら進行する．したがって，その軌道はすべて計算によって予測ができる弾道性を持っている．この性質を利用すると，意図的に電子ビームの流れの中に入力信号に応じた空間的な電荷の粗密を形成する，すなわち密度変調することができる．

密度変調されたビームの近くに位置した電極にはその密度の粗密に応じて電流が誘導され，出力信号として取り出すことができる．このような原理で信号の増幅を行う電子管では，電子走行中に信号が多数回変化してもよいので，同

一周波数で考えれば，走行時間制約型デバイスに比べて電子走行距離がけた違いに大きな電子管が実現できる。したがって，超高周波・大電力動作に適している。

電子ビームの流れの中に空間的な電荷の粗密を形成する方法として，上流の1箇所で電界により速度変調する方法（速度変調管）と，行路中連続的に電磁波と相互作用させて速度変調する方法（進行波管）がある。また，直進する電子ビームでなく，円形にドリフト運動する電子群を利用する場合（マグネトロン）がある。さらに，弱い相対論速度を持つ電子のサイクロトロン運動と電磁波を相互作用させる（ジャイロトロン）こともできる。

7.2.1　速度変調管

電子ビームの流れの中に空間的な電荷密度の粗密をつくり出す方法として，定速度で進む電子ビームの上流の狭い空間に高周波電界をかけて速度を変調し，そのあと無電界空間を一定距離走行させる方法がある。加速の位相にあった電子は，走行するに従って前を進む減速の位相にあった電子に近づくので，それらが寄り集まって電荷が集中して密度変調が生じる。

電子ビームの走行中にどのように電子が移動するかを視覚的に表した図が，

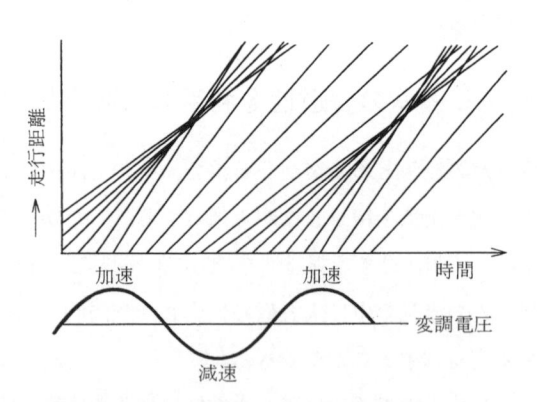

図 7.16　アップルゲート図：速度変調管における電子ビーム軌道

図 **7.16** のアップルゲート図である。加速の位相の電子は直線の傾きが大きく，減速の位相の電子は傾きが小さい。図から，減速から加速に変わる位相にある電子の周りに，加速位相と減速位相の電子が集まることがわかる。この密度変調の度合はある走行距離のところで最大となるので，その位置において誘導電流によって出力を取り出せばよい。

このようにして超高周波の増幅や発振を行う電子管を**速度変調管**（velocity modulated tube）と呼んでいる。速度変調管は別名として**クライストロン**（klystron）とも呼ばれている。

〔*1*〕　**速度変調管の構造**　　速度変調管の構造を図 **7.17** に示す。速度変調管は，電子ビームを形成する電子銃，電子ビームを速度変調する入力空胴，速度変調された電子ビームを密度変調に変えるドリフト空間，密度変調された電子ビームから交流出力を取り出す出力空胴，交流出力に変換されなかった電子ビーム電力を終端するコレクタからなる。

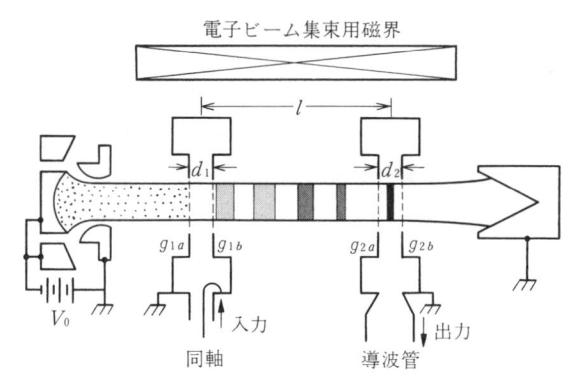

図 **7.17**　速度変調管の構造

電子ビームは高周波電力を生み出すためのエネルギー源であるので，大電流，高電圧加速の高パービアンス電子銃が用いられる。電子銃のパービアンスが 1×10^{-6} A·V$^{-3/2}$ 程度と非常に高いため，電子ビームがドリフト空間を進行中

に空間電荷により発散する可能性があるので，それを抑制するために電子ビームの進行方向に強い磁界をかける。電子銃を出た電子ビームは，コレクタに到達するまで直流的には加減速を受けない。

入力空胴は，高周波入力信号を共振させて，電子ビームを変調するための強い電界を効率よく発生させるためのものである。電子ビームの進行方向に，その電界を形成するために2枚の格子状電極，または孔の開いた電極を電子ビームの進行方向に配置する。速度変調管では高いQ値を持つ空胴共振器を使用するため，使用できる周波数帯域幅が狭い。

出力空胴は，通常入力信号と同じ周波数の信号を取り出すので，入力空胴と同じものを使用する。電子ビームの進行方向に2枚の電極が配置されていると，密度変調された電子ビームによって電極に誘導電流が流れ，高周波出力を取り出すことができる。入力空胴と出力空胴の2組の空胴の組合せだけ（二空胴型）では，高い増幅率や電力変換効率が得られないので，最初の出力空胴を入力空胴とみなした三空胴型や，さらに空胴を増した四空胴型，五空胴型のものがある。増幅率は，二空胴で20dB，三空胴で30dB，四空胴で35〜40dB，五空胴で40〜45dB程度である。電力効率は50〜60％であり，高周波出力（1〜10 GHz）は数十kWから1MWに達するものがある。

出力空胴により高周波電力が引き出された電子ビームは，その分だけ電子ビームの運動エネルギーが減少，すなわち電子ビーム速度が減速し，コレクタに向かう。コレクタとして水冷した銅電極を用いることが多いが，電子ビーム電力は非常に大きいので，電子ビームができるだけ広い面積に当たるように工夫する。コレクタに電子ビームを減速する電位を与えて終端させると，コレクタの電力負荷が軽くなると同時に，電力効率も改善される。電子ビーム電力を回収する型のコレクタも使用される。

〔**2**〕　**入力空胴における電子ビームの速度変調**　　電子ビームの上流に位置する入力空胴に信号を入れたとき，2枚の格子電極 g_{1a}, g_{1b} の間に，**図 7.18**の等価回路に示すような入力信号である $V_1 \sin \omega t$ の高周波電圧が誘起されるも

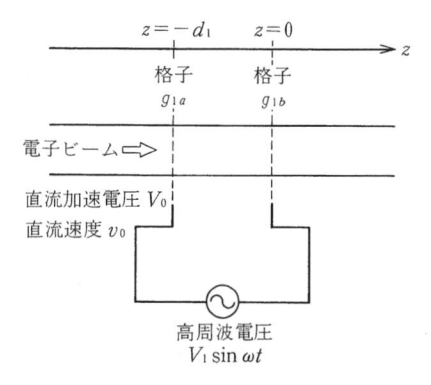

7.2 電子ビームの弾道性を利用した超高周波電子管

図 7.18 入力空胴の等価回路

のとする. 直流の加速電圧 V_0 で加速された電子ビームが, 格子電極間隙 g_1 を通過する間に高周波電界の影響を受け, その速度が変化する.

格子電極間距離 d_1 の電子走行時間が高周波の周期に対して無視できれば, 電子ビームが入力空胴を通過した直後の電圧 V は

$$V = V_0 + V_1 \sin \omega t \tag{7.12}$$

である. このときの速度は

$$v = v_0 \sqrt{1 + \frac{V_1}{V_0} \sin \omega t} \tag{7.13}$$

となる. ただし, $v_0 = \sqrt{(2e/m_e)V_0}$ である.

一般に入力信号の高周波電圧 V_1 は, 直流加速電圧 V_0 に比べて十分小さいので, 式 (7.13) は $(V_1/V_0)\sin \omega t$ をべき級数に展開し, 1次の項だけとればよい近似となるので

$$v \cong v_0 \left(1 + \frac{V_1}{2V_0} \sin \omega t \right) \tag{7.14}$$

と表すことができる. このことは, 電子ビームの速度が入力信号の高周波電圧の大きさに応じて変調されており, 電子ビームが**速度変調**（velocity modulation）されたことを示している.

つぎに, 格子電極間隙 d_1 の電子走行時間が, 入力信号の高周波の周期に比べ

て無視できない場合について考える．このような場合には，電子が受ける高周波電界の大きさが格子電極間隙の走行中に刻々変化することを考慮して，電子が得るエネルギーを計算しなければならない．

$$v = v_0\sqrt{1 + \frac{1}{V_0}\int_{-d_1}^{0} E_z dz}. \tag{7.15}$$

ここで，E_z は格子電極間隙内における z 方向（電子ビーム進行方向）の高周波電界を表す．

簡単化のために，g_{1b} を z 軸の原点とし，電子の原点における時刻を t_{1b} と仮定する．$V_1 \ll V_0$ であるから，格子電極間隙内での電子の速度は v_0 で近似できるので，電子が z に位置する時刻 t はつぎのように表すことができる．

$$t = t_{1b} + \frac{z}{v_0}. \tag{7.16}$$

この関係を用いると，式 (7.15) の積分項は次式のように計算できる．

$$\begin{aligned}
\int_{-d_1}^{0} E_z dz &= E_1 \int_{-d_1}^{0} \sin\left\{\omega\left(t_{1b} + \frac{z}{v_0}\right)\right\} dz \\
&= -E_1 \frac{v_0}{\omega}\left[\cos\omega t_{1b} - \cos\left\{\omega\left(t_{1b} - \frac{d_1}{v_0}\right)\right\}\right] \\
&= 2E_1 \frac{v_0}{\omega} \sin\frac{\omega d_1}{2v_0} \sin\left(\omega t_{1b} - \frac{\omega d_1}{2v_0}\right) \\
&= V_1 \frac{\sin\dfrac{\theta_{g1}}{2}}{\dfrac{\theta_{g1}}{2}} \sin\left(\omega t_{1b} - \frac{\theta_{g1}}{2}\right).
\end{aligned} \tag{7.17}$$

ここで，$E_1 = V_1/d_1$ の関係を用いた．また，$\theta_{g1} = \omega d_1/v_0$ は電子の格子電極間隙の走行角を表す．

式 (7.17) は，格子電極間隙の電子走行時間が高周波の周期に比べて無視できないときには，速度変調の程度が無視できる場合に比べて見かけ上，式 (7.18) に示す β_1 倍だけ少なくなることを示している．

$$\beta_1 = \frac{\sin\dfrac{\theta_{g1}}{2}}{\dfrac{\theta_{g1}}{2}}. \tag{7.18}$$

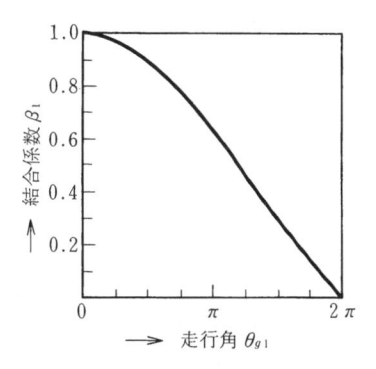

図 **7.19** 格子間隙走行角と結合
係数の関係

β_1 は，**結合係数**（coupling factor）または**ギャップ係数**（gap factor）と呼ばれている．図 **7.19** に走行角 θ_{g1} と β_1 の関係を示す．

走行角 θ_{g1} が π 程度になっても β_1 の値があまり減らないので，走行角として π 程度以内になる動作条件で用いられる．

〔**3**〕 **ドリフト空間における集群作用** 入力空胴において速度変調を受けた電子ビームが無電界領域であるドリフト空間を進行するに伴って，速度の速い電子は相対的に前方へ進み，速度の遅い電子は相対的に後退するので，電子ビーム中に空間的な電荷の粗密ができる．このように空間的に電荷の粗密ができることを**集群**（bunching）するという．

入力空胴と出力空胴間の距離を l としたとき，時間 t_1 に g_{1b} を出発した電子が g_{2a} に到達する時間 t_2 はつぎのように近似できる．

$$\begin{aligned} t_2 &= t_1 + \frac{l}{v_0} \frac{1}{\left(1 + \beta_1 \dfrac{V_1}{2V_0} \sin \omega t_1\right)} \\ &\cong t_1 + \frac{l}{v_0} \left(1 - \beta_1 \dfrac{V_1}{2V_0} \sin \omega t_1\right). \end{aligned} \qquad (7.19)$$

すなわち，電子が g_{2a} に到着する時間 t_2 は，t_1 より両空胴間の平均走行時間 $\tau_0 = l/v_0$ だけ遅れると同時に，時間 t_1 に応じて遅れ方が周期的に変化することがわかる．

また，時間 t_1 と t_1+dt_1 の間に g_{1b} を出た電荷量が，時間 t_2 と t_2+dt_2 に g_{2a} に到達するとすれば，それらは同じでなければならない．この条件は，それぞれの時間と位置における電流を I_1 および I_2 として，つぎのように表すことができる．

$$I_1 dt_1 = I_2 dt_2. \tag{7.20}$$

式 (7.20) に式 (7.19) を代入して I_2 に関して整理すると，I_2 の密度変調の時間変化を知ることができる．その際，電子ビームが g_{1b} を通過するときはまだ密度変調が生じていないので，電流 I_1 は電子電流 I_0 であることを使う．

$$\begin{aligned} I_2 &= \frac{I_0}{1 - \beta_1 \dfrac{V_1}{2V_0} \omega \tau_0 \cos \omega t_1} \\ &= \frac{I_0}{1 - x \cos \omega t_1} \end{aligned} \tag{7.21}$$

$$\cong \frac{I_0}{1 - x \cos \omega (t_2 - \tau_0)}. \tag{7.22}$$

ここで，x は速度変調が密度変調に変わる際の重要なパラメータで

$$x = \beta_1 \frac{V_1}{2V_0} \omega \tau_0 \tag{7.23}$$

と表される．このパラメータを**集群係数**（bunching parameter）と呼ぶ．

集群係数は，結合係数，入力信号電圧，電子ビーム加速電圧，動作周波数，ドリフト空間の長さの積で表されるので，これらのいずれを変えても集群係数の値を調整することができる．式 (7.22) から，ドリフト空間における電子ビームの集群作用によって，出力空胴位置で密度変調がどの程度生じるかが評価できる．

密度変調の度合は集群係数 x の値に強く依存する．図 **7.20** に示すように，x が 1 より小さい場合には，信号の 1 周期の間に電子が集群する部分は 1 箇所であり，そこに電流最大の山ができる．山の中心が生じる位相は，t_1 より $\tau_0 - \pi/2$ だけ遅れた時間である．集群係数 x が 1 に近づくと電流の最大値は急激に増加し，パルス的波形になる．特に $x=1$ では，山の最大値は計算上は無限大になる．しかし，実際には空間電荷による反発力があるので有限の値に落ち着く．

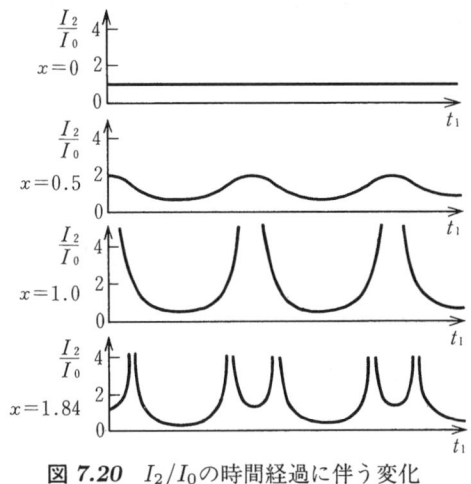

7.2 電子ビームの弾道性を利用した超高周波電子管

図 7.20 I_2/I_0 の時間経過に伴う変化

集群係数 x が 1 以上では，信号の 1 周期の間に電子が集群する部分が 2 箇所になる．2 箇所集群する間に電流が負値を示すが，あとから g_{1b} を出た電子が g_{2a} に先に到着することにより計算上生じた負の値であり，電流としてはつねに正である．

集群作用の結果生じる密度変調，すなわち出力に対応する電流波形は，入力信号の正弦波とは非常に異なったパルス的波形であることから，非線形的な増幅が行われることがわかる．通常の信号の増幅割合を求めるためには，出力パルス波形の基本波成分の大きさを計算しなければならない．非線形的な増幅，すなわち周波数逓倍増幅では，対応する高調波成分の大きさを計算すればよい．各高調波成分は，図 **7.20** の電流波形をフーリエ級数に展開して求めることができる．

電流波形は ωt_1 に関して対称なので，フーリエ級数の正弦波項の係数は 0 である．したがって，I_2 は次式のように展開できる．

$$I_2 = I_{20} + \sum_{n-1}^{\infty} I_{2n} \cos n(\theta_2 - \theta_0). \tag{7.24}$$

ここで

$$I_{20} = \frac{1}{2\pi} \int_{\theta_0-\pi}^{\theta_0+\pi} I_2 d\theta_2, \tag{7.25}$$

$$I_{2n} = \frac{1}{\pi} \int_{\theta_0-\pi}^{\theta_0+\pi} I_2 \cos n(\theta_2 - \theta_0)\, d\theta_2 \tag{7.26}$$

である．また，各位相角を $\theta_2 = \omega t_2$, $\theta_1 = \omega t_1$，ドリフト空間の走行角に対応する位相角を $\theta_0 = \omega \tau_0$ とおいた．

計算をしやすくするために，式 (7.19) を位相角を用いて表す．

$$\theta_2 - \theta_0 = \theta_1 - x\sin\theta_1. \tag{7.27}$$

式 (7.27) の微分形はつぎのようになる．

$$d\theta_2 = (1 - x\cos\theta_1)d\theta_1. \tag{7.28}$$

これらの式を用いて，式 (7.21) の I_2 の電流波形のフーリエ級数の各成分を計算すると，つぎのようになる．

$$I_{20} = I_0, \tag{7.29}$$

$$I_{2n} = \frac{I_0}{\pi} \int_{-\pi}^{\pi} \cos\{n(\theta_1 - x\sin\theta_1)\}\, d\theta_1. \tag{7.30}$$

式 (7.30) の右辺は，第一種 n 次のベッセル関数 $J_n(nx)$ の定義式とよく似た形をしている．I_{2n} を第一種 n 次のベッセル関数用いて，次式のように表すことができる．

$$I_{2n} = 2I_0 J_n(nx). \tag{7.31}$$

図 7.21 に，集群係数 x に対する $J_n(nx)$ の値の変化を示す．図からわかるように，$n=1$ である基本波成分が最大となるのは集群係数 $x=1.84$ のときである．

このように集群係数 x の値の調整だけにより，最大増幅率の条件を得ることができるので，集群係数は重要なパラメータである．ドリフト空間の長さや入力信号の大きさなどを変えて，集群係数の値を 1.84 に容易に調整することができる．

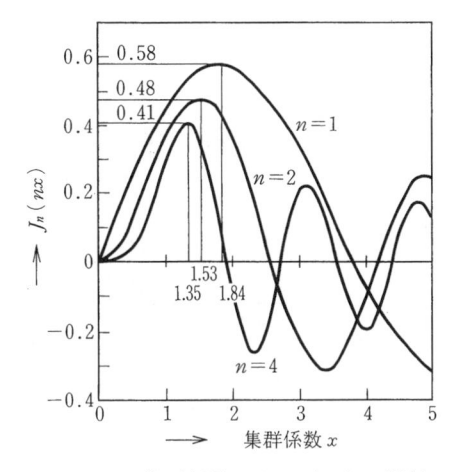

図 7.21 集群係数 x と $J_n(nx)$ の関係

式 (7.23) に示すように，集群係数 x は周波数に比例するので，非常に低い周波数を増幅しようとすると異常に長いドリフト空間が必要になってしまい，不都合である．すなわち，集群を利用して信号増幅を行う電子管は，本質的に超高周波領域用の増幅器であるといえる．

〔4〕 **出力空胴における誘導電流による出力の取出し**　電子ビームが出力空胴を通過するときは，電子ビーム電流は集群されてパルス状になっている．出力空胴とそれを通過する電子ビームによって生じる相互作用の様子を等価回路で表したのが，**図 7.22** である．集群された電子ビームが出力空胴の格子電極 g_{2a} および g_{2b} を通過するとき，格子電極に集群に応じた電荷が誘起され，出力回路に高周波電流が誘導される．この誘導電流が出力回路に流れることによって，高周波出力が取り出される．このとき，電子ビームの電子そのものが電極に流入する必要はない．

ここでは，まず誘導電流がどのようにして生じるかを考えてみる．

初めに，**図 7.23** に示すように，外部回路により接続されている 2 枚の電極 1, 2 の間を電荷 $-Q$ の電子の集団が移動する状況を考える．負の電荷の集団で

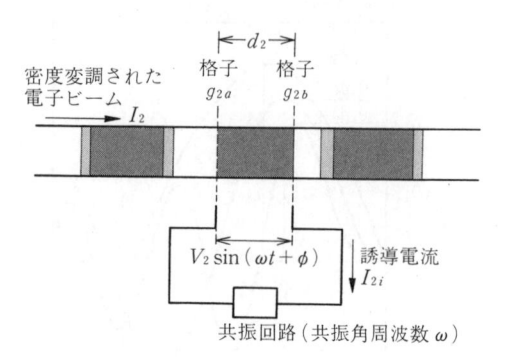

図 7.22 出力空胴の等価回路

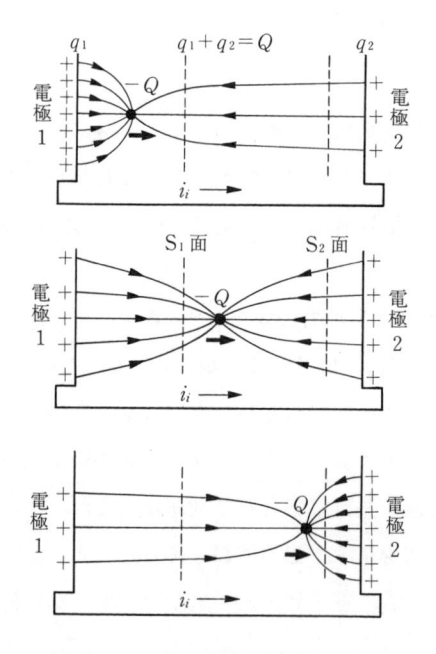

図 7.23 2枚の電極間を電子の集団が移動するときに誘起される電荷と外部回路に流れる誘導電流

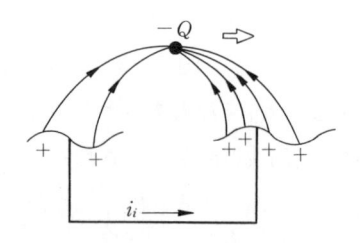

図 7.24 電荷が電極の近くを通過することによる誘導電流

ある電荷$-Q$が電極1の近くに位置する状態では，電極1により多くの正の電荷が誘起されている．ただし，電極1と電極2に誘起される正の電荷量の合計は，電荷$-Q$の電荷量に等しい．電荷$-Q$が電極1から次第に遠ざかって電極2の近くに移動する際には，こんどは電極2により多くの正の電荷が誘起されることになる．

この電極1, 2に誘起される電荷の変化は，外部回路を通じて電極1から電極2への正電荷の移動により行われる．この外部回路に流れる電流を誘導電流と呼ぶ．このとき，電荷$-Q$は電極間を移動するだけで電極には流入していないが，外部回路に誘導電流が流れる．このような誘導電流は，図**7.24**に示すような移動電荷と2枚の電極の位置関係にある場合においても，電極の近くを電荷が通過するときには必ず外部回路に流れる．

このように電荷の流れが不連続な場合には，電荷の存在する部分の電流である**対流電流**（convection current）は不連続であるが，**変位電流**（displacement current）との和は一定となり，電流連続が成り立つ．すなわち，電極の間の空間には，図**7.23**の中に示したように電気力線が存在するが，電荷Qが移動するとそれに伴って電気力線が変化するので，電荷のない面（例えば，S_1, S_2面）を通る電気力線の数が時間とともに変化する．

変位電流は$\varepsilon_0 \partial E/\partial t$（$\varepsilon_0$は真空の誘電率，$E$は電界）で表されるので，電荷のない面には変位電流が流れることにより，電流連続が保たれる．さらに，外部回路を流れる**伝導電流**（conduction current）についても，電極に流入する対流電流に加えて誘導電流を考えると，全体として電流連続が成り立つ．

この電流連続の関係を式で表せば，空間を流れる全電流密度Jは，空間電荷の移動による対流電流密度J_cと電界の変化による変位電流密度J_dの和で表すことができる．

$$J = J_c + J_d = \rho v + \epsilon_0 \frac{\partial E}{\partial t}. \tag{7.32}$$

ここで，ρは空間電荷密度，vは電子の速度である．また，回路を流れる伝導電流iは，電極面に流れ込む全対流電流i_cと電極面に誘導された全電荷の変化

による誘導電流 i_i との和となる．

$$i = i_c + i_i. \tag{7.33}$$

電界 E 中を電子の集団である電荷 Q が速度 v で動くとき，外部回路に流れる誘導電流 i_i を求めてみよう．このとき電子の集団が得る電力は $Q\boldsymbol{E}\cdot\boldsymbol{v}$ である．電極間の電圧を V とすると，外部回路には誘導電流 i_i が流れるので，回路から電極間に与える電力は $i_i V$ となる．電荷が得る電力と回路が与える電力は等しいから，誘導電流は次式で表すことができる．

$$i_i = Q\frac{\boldsymbol{E}}{V}\cdot\boldsymbol{v}. \tag{7.34}$$

式 (7.34) の関係を用いれば，集群された電子ビームにより出力空胴回路に誘導される誘導電流を計算できる．

図 **7.22** において，格子電極 g_{2a} と g_{2b} 間に基本波の周波数成分を持つ電圧

$$V = V_2 \sin(\omega t + \phi) \tag{7.35}$$

がかかっているものとする．格子電極間の電子ビームの電荷による電界の乱れが無視できるものと仮定すると，格子電極間の電界は一様で

$$E = -\frac{V_2}{d_2}\sin(\omega t + \phi) \tag{7.36}$$

となる．ただし，d_2 は格子電極間距離である．一方，格子電極間の位置 z と $z+dz$ 間の電子ビームの電荷は，電子ビームの電荷密度を $\rho(z)$，断面積を S とすれば

$$dQ = S\rho dz \tag{7.37}$$

となる．

式 (7.36) の電界および式 (7.37) の電荷を式 (7.34) に代入することにより，出力空胴回路に誘導される誘導電流 I_{2i} を導くことができる．

$$I_{2i} = \frac{1}{V}\int_0^{d_2} ES\rho v dz = \frac{-S}{d_2}\int_0^{d_2} \rho v dz. \tag{7.38}$$

出力空胴の格子電極間の電圧 V_2 が電子ビーム加速電圧 V_0 より十分小さいと仮定すると，格子電極間の電子の速度 v は一定値 v_0 で近似できる．また，電子

が格子電極間の距離 d_2 を走行する時間が信号の周期に比べて十分小さいと仮定すると，格子電極間では $\rho(z)$ は一様とみなすことができる．このような条件下では，式 (7.38) はつぎのように簡単化される．

$$I_{2i} \cong -S\rho v_0 = -I_2. \tag{7.39}$$

式 (7.39) は，出力空胴回路に誘導される誘導電流が，電子ビーム対流電流の符号を変えたものに等しいことを示している．

出力空胴から出力として取り出すことができる電力 P_2 は，出力空胴における電子ビーム電流をフーリエ級数に展開した式 (7.24)，およびその各成分を表す式 (7.31) を用いて次式のように計算することができる．

$$\begin{aligned} P_2 &= -\frac{1}{2\pi}\int_0^{2\pi} I_{2i} V_2 \sin(\omega t + \phi)\, d(\omega t) \\ &= \frac{1}{2\pi}\int_0^{2\pi} I_2 V_2 \sin(\omega t + \phi)\, d(\omega t) \\ &= -I_0 J_1(x) V_2 \sin(\theta_0 + \phi). \end{aligned} \tag{7.40}$$

上式から，位相関係が $\theta_0 + \phi = -\pi/2$ のとき，最も効率のよい出力電力が得られることがわかる．

いま，誘導電流の基本波成分の位相関係は，式 (7.24) および式 (7.39) から $-\cos(\omega t - \theta_0)$ である．出力空胴回路が基本波の角周波数 ω で共振するように調整されていれば，回路は抵抗成分だけであるので，回路を流れる誘導電流とその電圧降下による出力電圧の位相は同相となる．すなわち，出力電圧の位相は

$$-\cos(\omega t - \theta_0) = \sin\left(\omega t - \theta_0 - \frac{\pi}{2}\right) \tag{7.41}$$

である．この出力電圧の位相は，初めに仮定した格子電極間電圧 V_2 の位相 $\sin(\omega t + \phi)$ と同じであるはずなので，$\theta_0 + \phi = -\pi/2$ の関係が自動的に成り立っていることになる．

このように，出力空胴が入力信号の周波数に共振していれば，位相的には自動的に最大効率で出力を取り出すことができる．

式 (7.40) から，最大出力 P_{2m} は，集群係数 x を 1.84 になるように調整した

ときに得られる。$J_1(x) = 0.58$ から

$$P_{2m} = 0.58 I_0 V_2 \tag{7.42}$$

となる。

電子ビームの直流電力は $P_0 = I_0 V_0$ であるので，直流電力から高周波電力への変換の最大能率は $V_2 = V_0$ となれば 58％ となる。しかし，ここでの出力電力の導出過程で $V_2 \ll V_0$ を仮定しているので，二空胴型では 58％ の能率には達しない。実際には，電力変換の能率を高めるために，空胴を多段にした多空胴による増幅方法が用いられる。

また，出力空胴の共振周波数を高調波に合わせ，高調波成分が最大となる x に調整すれば，周波数が逓倍された増幅器となる。

7.2.2 進行波管

前節で説明した速度変調管は，強い入力信号電界を1箇所で印加し，電子ビームの速度変調をかけた。大きな入力信号電圧を得るために，入力空胴は高い Q 値が必要となる。そのため，増幅できる周波数帯域幅が狭くなる欠点がある。

比較的弱い入力信号電界でも，電子ビームの速度変調を電子ビームの進行とともに長い領域にわたり連続的に行えば，集群作用が累積して効果的に電子ビームの集群が行える。このような場合には，入力回路に高い Q 値が必要ではないので，増幅できる周波数帯域が非常に広くなる。電子ビームの進行と入力信号電界の相互作用を累積させるには，電子ビームと並行した回路に伝わる電磁波の位相速度を電子ビームの速度と同じにすればよい。

光速より遅い電子ビームの速度に合わせて電磁波を伝搬させるための回路と

コーヒーブレイク

速度変調管は，数百 MHz ～ 10 GHz 帯のテレビ電波を含む電波送信用の送信管として用いられるほか，荷電粒子を高周波で高エネルギーに加速するための電源としても用いられる。

しては，**遅波回路**（slow wave circuit）が用いられる．このような方法で電子ビームを速度変調して集群，密度変調し，信号を増幅する電子管を**進行波管**（traveling wave tube）という．

進行波管では，遅波回路上の電磁波のつくる高周波電圧による電子ビームの速度変調と，密度変調された電子ビームによる遅波回路上の電磁波への高周波電圧の帰還が，同時にしかも同じ場所で起こっている．このことを考慮して，信号増幅の特性を解析する必要がある．

〔1〕 **進行波管の構造** 進行波管において用いられる遅波回路は，螺旋型とフィルタ型がある．一例として，螺旋型の遅波回路を用いた進行波管の構造の例を図 **7.25** に示す．

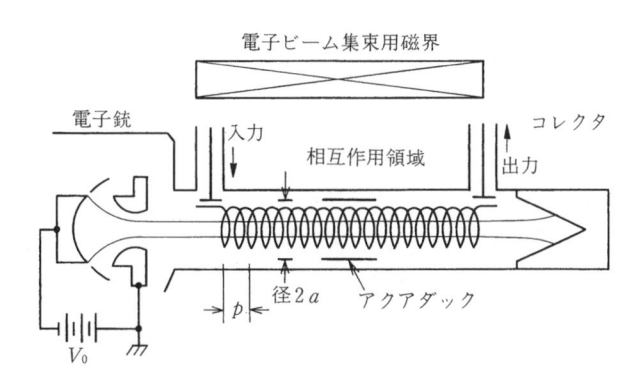

図 7.25 螺旋型遅波回路を用いた進行波管の構造の例

電子銃から加速電圧数 kV〜数十 kV で細く絞って引き出した電子ビームを，高融点金属線を螺旋状に巻いた遅波回路の中心を螺旋に衝突しないように数十 cm 通過させる．電子ビームの広がりを抑えるために，ソレノイドによる磁界や永久磁石による交番磁界を用いる．螺旋は電子ビームの進む方向に対して上流端で入力回路と結合し，入力信号の高周波を導入する．また，螺旋の下流端で出力回路に結合し，出力の高周波電力を取り出す．螺旋の上流端と下流端のほぼ中央領域には，電磁波の減衰を目的として，螺旋の外部にグラファイトを主

成分とするアクアダック膜を塗布する。これは，増幅した信号が出力側から反射し，入力側に帰還して自励発振することを避けるためである。

入力信号による電子ビームの集群作用は，電磁波のない領域でも生じるので，この領域でも増幅作用が極端に低下することはない。電子ビーム終端であるコレクタにおいて，超高周波電力に変換されなかった電子ビーム電力を消費させる。このとき，コレクタに電力回収電極を付ければ，電力効率は大幅に改善される。

螺旋が電磁波に対して遅波回路になる理由は，つぎのように考えることができる。螺旋の金属線の一端に超高周波の電磁波が入力すると，その電磁波は金属線に沿って光速 c で伝搬する。螺旋の半径が a，ピッチが p であれば，金属線に沿って電磁波が $2\pi a$ 進むのに対して，電磁波の螺旋主軸方向に進む距離は1ピッチ分 p なので，電磁波が螺旋主軸方向に $(p/2\pi a) \times c$ という光速より遅い速度で進むのと等価になる。

電子ビームの加速電圧が $1 \sim 5\,\mathrm{kV}$ のとき電子ビームの速度は光速の $1/15 \sim 1/5$ 程度になるので，螺旋の径およびピッチを調整することにより，螺旋型遅波回路を進む電磁波の速度を電子ビームの速度に合わせることができる。

螺旋型遅波回路を伝わる波の周波数には制限はないが，進行波型の増幅が生じるためには螺旋の主軸方向の増幅領域に複数の波が乗る必要があることから，増幅可能な周波数帯域が決まる。すなわち，低い周波数の場合には波の数が少なく十分な増幅ができないし，あまりにも高い周波数の場合には螺旋主軸方向に波が形成されない。このような周波数の制限はあるものの，螺旋型遅波回路を持つ進行波管は，非常に広い増幅可能な周波数帯域幅を持つ。例えば，4 GHz から 8 GHz までの帯域幅を持ち，利得が $40 \sim 50\,\mathrm{dB}$ 程度のものがある。ただし，螺旋は放熱特性があまりよくないので，出力が数百 W 以下の比較的小電力のものが多い。

フィルタ型の遅波回路を利用するものは，遅波回路の放熱特性がよいので，数十 kW の大電力の増幅に用いられる。フィルタ型の遅波回路の例を図 **7.26** に示す。

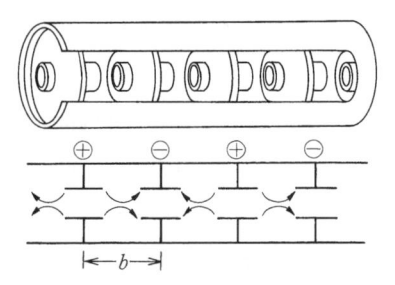

図 7.26 フィルタ型遅波回路

　フィルタ型の遅波回路は，Q 値の低い空胴共振器を直列につないだ構造である。空胴共振器の共振周波数を f，空胴間の距離を b としたとき，隣り合う共振器の電磁波の位相が π ずつずれていれば，フィルタ型遅波回路上を位相速度 $2fb$ で進む電磁波があることと等価になる。この電磁波の位相速度を電子ビームの速度に合わせることにより，進行波型の信号増幅を行うことができる。

　フィルタ型の遅波回路の空胴共振器の Q 値は低く設定するので，周波数帯域幅は動作周波数の 10％ 程度となる。空胴結合型，リングバー型，クローバー

表 7.1 実際の進行波管の特性の例

小電力低雑音広帯域増幅
小型軽量で広帯域動作が可能な，永久磁石を用いた PPM (周期磁界集束型)
進行波管－人工衛星搭載用－
18.4 および 21GHz 帯 CW 10W (高信頼度・長寿命)
進行波管－人工衛星地上局用－
30 GHz 帯 100 W
中電力広帯域増幅
X バンドで動作周波数比 2：1(6〜12GHz) の広帯域にわたって
連続出力 1 kW 以上
大電力増幅
5 GHz 帯 CW5kW (クローバーリーフ型)
9 GHz 帯 CW10kW 帯域幅 10％ 飽和利得 90 dB(空胴結合型)
UHF TV 10W〜3kW (ヘリックス型)

リーフ型など種々の形状のフィルタ電極構造が用いられる表 7.1 に実際の進行波管の特性の例を示す.

〔2〕 **進行波管における増幅特性の小信号解析**　進行波管における遅波回路上の電磁波と電子ビームの相互作用は，遅波回路の入力信号が入る入力端から出力を取り出す出力端の全領域にわたって連続的に生じている．このような連続的な相互作用によって生じる信号の増幅特性を，ピアスは小信号解析を用いて求めた．

その方法は，まず密度変調された電子ビームの対流電流によって生じる遅波回路上の高周波電圧を計算し，つぎに，遅波回路上の高周波電圧によって電子ビームの対流電流にどのような密度変調が生じるかを計算する．これらが同じ場所で同時に生じることができる電磁波を求め，それらの波の中で増幅特性を持つ波の伝搬定数から，信号増幅率を求めている．

(a) **遅波回路の電送線路による等価回路表示**　遅波回路上の小信号電磁波の電流，電圧の表示を容易にするために，遅波回路を図 7.27 に示す無損失の伝送線路による等価回路で表す．

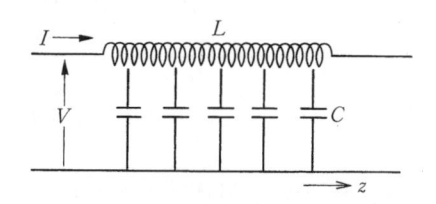

図 7.27　遅波回路の等価回路表示

等価回路の伝送線路としては，単位長当りの直列インダクタンスを L，並列キャパシタンスを C とし，これらが連続したものを考える．これらの値は，伝送線路の特性インピーダンス Z_0 とつぎの関係がある．

$$Z_0 = \left(\frac{L}{C}\right)^{1/2}. \tag{7.43}$$

伝送線路上の位置 z における高周波電流を I，高周波電圧を V とし，これら

各量は時間 t に関して $\exp(j\omega t)$ の因数を持つものとする。この伝送線路上の電流,電圧に関する微分方程式は,次式で表される。

$$\frac{\partial I}{\partial z} = -j\omega CV, \tag{7.44}$$

$$\frac{\partial V}{\partial z} = -j\omega LI. \tag{7.45}$$

上式から I を消去すると,次式のように高周波電圧 V に関する 2 階の微分方程式が得られる。

$$\frac{\partial^2 V}{\partial z^2} + \omega^2 LCV = 0. \tag{7.46}$$

高周波電圧 V が位置 z に対して $\exp(-jkz)$ の因数を持つと仮定する。これを式 (7.46) に代入すると,k は $k = \pm k_0 = \pm \omega\sqrt{LC}$ の二つの値を持つことがわかるので,上式の解をつぎのように表すことができる。

$$V = V_1 \exp(-jk_0 z) + V_2 \exp(jk_0 z). \tag{7.47}$$

ここで,$\pm k_0$ はこの伝送線路を伝わる波の伝搬位相定数である。

式 (7.47) を見ると,高周波電圧 V は z 方向の前方および後方に進行する波の和によって表される。$\exp(j(\omega t - k_0 z))$ の因数を持つ右辺第 1 項の波は,波の位相が変わらない点の速度,すなわち位相速度 $\omega/k_0 = 1/\sqrt{LC}$ を持ち,位置 z の正方向に伝搬する前進波を表す。また,$\exp(j(\omega t + k_0 z))$ の因数を持つ右辺第 2 項の波は,同じ位相速度を持ち,位置 z の負の方向に進む後進波を表す。

このように,等価回路の回路定数を適当に選ぶことにより,与えられた位相速度で波が伝搬する遅波回路を,伝送線路の等価回路によって表示することができる。

(*b*) **密度変調された対流電流による遅波回路の高周波電圧**　密度変調された電子ビームの対流電流が遅波回路上の高周波電圧に及ぼす影響を解析するために,図 **7.28** に示すような遅波回路のごく近くに沿って電子ビームが走行している系を考える。位置 z における電子ビームの対流電流を i_c とする。密度変調された対流電流の電荷密度の時間変化によって,遅波回路に単位線路長当り I_i の誘導電流が誘導される。遅波回路に誘導される誘導電流は,変位電流密度

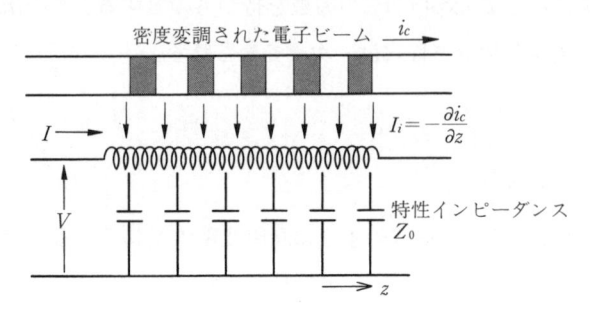

図 7.28 電子ビームと遅波回路の相互作用を示す等価回路

に単位長当りの変位電流にかかわる面積 S の積で与えられる．

$$I_i = S\epsilon_0 \frac{\partial E}{\partial t}. \tag{7.48}$$

また，電子ビームの電荷の線密度すなわち単位長当りの電荷を ρ とすると，面積 S とそこに生じる電界 E とは

$$SE = \frac{\rho}{\epsilon_0} \tag{7.49}$$

の関係があるから，誘導電流を次式のように電子ビームの対流電流によって表すことができる．

$$I_i = \frac{\partial \rho}{\partial t} = \frac{\partial \rho}{\partial z}\frac{dz}{dt} = -\frac{\partial \rho}{\partial z}v = -\frac{\partial i_c}{\partial z}. \tag{7.50}$$

遅波回路のごく近くを密度変調された電子ビームが走行している場合の伝送線路上の高周波電圧，高周波電流に関する微分方程式は，式 (7.44) と式 (7.45) に式 (7.50) の誘導電流を加えたものになる．

$$\frac{\partial I}{\partial z} = -j\frac{k_0}{Z_0}V + I_i, \tag{7.51}$$

$$\frac{\partial V}{\partial z} = -jk_0 Z_0 I. \tag{7.52}$$

誘導電流による影響が少ないと仮定し，上式の解も，$\exp(j(\omega t - kz))$ の因子を持つとすると，$\partial/\partial z$ を $-jk$ に置き換えることができる．

$$-jkI = -jk_0 \frac{V}{Z_0} + jki_c, \tag{7.53}$$

$$-jkV = -jk_0 Z_0 I. \tag{7.54}$$

上の両式からIを消去すれば，i_cとVの関係を求めることができる．

$$V = \frac{-kk_0 Z_0}{k^2 - k_0^2} i_c. \tag{7.55}$$

式(7.55)は，密度変調された電子ビームの対流電流i_cによって，遅波回路上にどのような高周波電圧Vが生じるかという関係を示す．

(c) 遅波回路上の高周波電圧による対流電流の密度変調 遅波回路上の高周波電圧，すなわち伝送線路の高周波電圧Vによって電子ビームが速度変調され，それが累積して対流電流の密度変調を生じる．

電子ビームの速度を$v_0 + v$（v_0は直流電圧加速分，vは高周波成分で$v_0 \gg v$とする）とすると，電子の運動方程式はつぎのようになる．

$$\frac{d(v_0 + v)}{dt} = \frac{e}{m_e} \frac{\partial V}{\partial z}. \tag{7.56}$$

上式の左辺は

$$\frac{d(v_0 + v)}{dt} = \frac{dv}{dt} = \frac{\partial v}{\partial z} \frac{dz}{dt} + \frac{\partial v}{\partial t} \cong v_0 \frac{\partial v}{\partial z} + \frac{\partial v}{\partial t} \tag{7.57}$$

であることを考慮すると，伝送線路の電圧Vによって電子ビームの速度vがどのように速度変調されるかを知ることができる．

$$v = \frac{-\dfrac{e}{m_e} k}{(\beta_e - k)v_0} V. \tag{7.58}$$

ここで，$\beta_e = \omega/v_0$は電子の直流速度v_0で進む波の伝搬位相定数である．

一方，電子ビームの速度変調，電荷密度，対流電流にはつぎのような関係がある．式(7.50)から，電荷密度と対流電流には

$$\frac{\partial \rho}{\partial t} = -\frac{\partial i_c}{\partial z} \tag{7.59}$$

の関係があるから，これを書き換えると次式のようになる．

$$\rho = \frac{ki_c}{\omega}. \tag{7.60}$$

また，電荷密度と全電流の関係は

$$I_0 + i_c = (\rho_0 + \rho)(v_0 + v) = \rho_0 v_0 + \rho_0 v + \rho v_0 + \rho v$$
$$\cong I_0 + \rho_0 v + \rho v_0 \tag{7.61}$$

であるので，書き換えて次式が得られる．

$$i_c = \rho_0 v + \rho v_0. \tag{7.62}$$

式 (7.62) に式 (7.58) と式 (7.60) を代入し，i_c を V の関数として解けば，伝送線路の高周波電圧 V による電子ビームの対流電流 i_c の密度変調の関係が得られる．

$$i_c = \frac{\beta_e I_0 k}{2V_0(\beta_e - k)^2} V. \tag{7.63}$$

ここで，$v_0^2 = 2(e/m_e)V_0$ の関係を使った．

(d)　進行波の伝搬定数と信号増幅率　　進行波管を伝搬する波は，密度変調された対流電流によって遅波回路に生じる高周波電圧の関係式 (7.55) と，遅波回路の高周波電圧によって対流電流に生じる密度変調の関係式 (7.63) を同時に満足するはずである．両式から V と i_c を消去し，進行波管を伝搬する波の伝搬定数を求める．

$$\frac{Z_0 I_0 \beta_e k_0 k^2}{2V_0(k_0^2 - k^2)(\beta_e - k)^2} = 1. \tag{7.64}$$

式 (7.64) からは四つの波が存在することになるが，この中から進行波の条件に適合して伝搬する波を選択する．進行波管では，電子ビームがないときの遅波回路の前進波の位相速度と電子ビームの速度を一致させるので

$$\beta_e = k_0 \tag{7.65}$$

の条件が加わる．また，電子ビームが存在するときの伝搬定数 k は，k_0 とわずかしか違わないことから

$$k = \beta_e + \delta k \qquad (\delta k \ll \beta_e) \tag{7.66}$$

の条件を加える．

これらの条件を式 (7.64) に入れて，δk について整理すると，条件に適合した

三つの波が存在することがわかる。

$$(\delta k)^3 \cong -\frac{Z_0 I_0}{4V_0}\beta_e^3. \tag{7.67}$$

ここで

$$C^3 = \frac{Z_0 I_0}{4V_0} \tag{7.68}$$

とおく。Cは**利得パラメータ**（gain parameter）と呼ばれ，波の増幅率を表すとき重要な量である。この値は電子ビームの動作条件に依存する量である。

式 (7.67) から，三つの δk が得られる。

$$\delta k_1 = -C\beta_e, \quad \delta k_2 = \left(\frac{1}{2} + j\frac{\sqrt{3}}{2}\right)C\beta_e,$$
$$\delta k_3 = \left(\frac{1}{2} - j\frac{\sqrt{3}}{2}\right)C\beta_e. \tag{7.69}$$

すなわち，進行波の条件を満足する三つの波の伝搬定数が求まる。

$$k_1 = \beta_e - C\beta_e, \quad k_2 = \beta_e + \left(\frac{1}{2} + j\frac{\sqrt{3}}{2}\right)C\beta_e,$$
$$k_3 = \beta_e + \left(\frac{1}{2} - j\frac{\sqrt{3}}{2}\right)C\beta_e. \tag{7.70}$$

したがって，進行波の高周波電圧の一般解はつぎのように表すことができる。

$$\begin{aligned}V =\ & V_1 \exp(-j\beta_e(1-C)z) \\ & + V_2 \exp\left(\left\{-j\beta_e\left(1+\frac{C}{2}\right) + \frac{\sqrt{3}}{2}C\beta_e\right\}z\right) \\ & + V_3 \exp\left(\left\{-j\beta_e\left(1+\frac{C}{2}\right) - \frac{\sqrt{3}}{2}C\beta_e\right\}z\right). \end{aligned} \tag{7.71}$$

上式第1項の波は，電子ビームの速度より少し速く伝わるが，波が進行してもその振幅は変わらない。第2項の波は，電子ビームの速度より少し遅く伝わり，波の進行とともに振幅が増大する波である。第3項の波は，第2項の波と同じ速度で伝わるが，波の進行とともに振幅が減衰する波を表す。これら三つの波の中で，第2項の波だけが波の進行とともに増幅する特性を示すので，信号の

増幅率はこの波の伝搬定数を調べればよい。ただし，信号の入力位置で三つの波が生じることにより，入力信号の一部しか第2項の波に伝わらないので，信号の入力損失が生じる。この損失はつぎのように計算できる。式 (7.71) に $z=0$ を代入すると

$$V_1 + V_2 + V_3 = V_i \tag{7.72}$$

となる。$z=0$ では，速度変調，密度変調ともに生じていないから，$v=0$ および $i_c=0$ であるので，式 (7.58) と式 (7.63) の関係を使って

$$\frac{V_1}{\delta k_1} + \frac{V_2}{\delta k_2} + \frac{V_3}{\delta k_3} = 0, \tag{7.73}$$

$$\frac{V_1}{(\delta k_1)^2} + \frac{V_2}{(\delta k_2)^2} + \frac{V_3}{(\delta k_3)^2} = 0 \tag{7.74}$$

が成り立つ。上の三つの式を連立すると V_i と V_2 の関係，すなわち入力損失を求めることができる。

$$V_2 = \frac{V_i}{3}. \tag{7.75}$$

式 (7.71) の第2項の波の全体の利得 G は，電子ビームと遅波回路の相互作用長を l としたとき

$$\begin{aligned}G &= 20\log_{10}\frac{1}{3} + 20\log_{10}\left(\exp\left(\frac{\sqrt{3}}{2}C\beta_e l\right)\right)\\ &= -9.54 + 7.52 C\beta_e l \quad \text{[dB]}\end{aligned} \tag{7.76}$$

となる。l に乗る波長の数を N とすると

$$N = \frac{\beta_e l}{2\pi} \tag{7.77}$$

であるから，式 (7.76) をつぎにように書き変えることができる。

コーヒーブレイク

進行波管は使用できる周波数帯域幅が非常に広いので，多くの情報を電波で送るための送信管として適している。光ファイバをつなぐことができない通信衛星との交信には，進行波管が欠かせない。

$$G = 47.3CN - 9.54 \quad [\text{dB}]. \tag{7.78}$$

式 (7.76) は，進行波管の利得を与える重要な式である．利得が相互作用長に乗る波長の数 N に比例するため，信号の周波数が低くなると N が少なくなり，利得が下がる．このことから，使用できる周波数帯域の下限が決まる．

7.2.3 マグネトロン

マグネトロン（magnetron）は，電磁界に直交してドリフト運動する電子群と連続的に連ねた空胴共振器を相互作用させ，電子群を集群して超高周波の増幅発振を行う電子管である．直交電磁界は，直線的に形成するより，同軸円筒電極 2 枚と軸方向磁界により形成するほうが容易であるため，一般にマグネトロンは同軸円筒電極構造のものが多い．このとき，外側の円筒電極上に空胴共振器を並べ，電子群との効率のよい相互作用を図る．この構造では，ドリフト運動は終端のない円運動になって信号の正帰還が自動的に生じるため，発振専用の電子管として利用される．

ドリフト速度は直交電磁界の電界と磁界の比によって決まるため，相互作用によって集群した電子群が外部回路に高周波エネルギーを放出してもドリフト速度は変わらない．この放出エネルギーは，電子群のポテンシャルエネルギーから供給される．速度変調管や進行波管の高周波のエネルギー源が電子ビームの運動エネルギーであるのに対し，マグネトロンの高周波エネルギー源がポテンシャルエネルギーであることが動作原理における大きな違いである．

〔1〕　**マグネトロンの構造**　図 **7.29** に，マグネトロン断面の基本構造を示す．断面は同軸型の 2 枚の円筒電極からなり，内側の電極が電子を放出する陰極，外側の電極が陽極である．陽極上には，等間隔に N 個（偶数）の空胴共振器（振動回路）が並べられており，それらは同じ角周波数 ω で共振する．紙面の垂直方向に，永久磁石あるいは電磁石により一様な磁界 B をかけ，陰極を熱電子が放出できる状態にして陰極-陽極間に電圧 V を印加する．このとき，電磁界の値は以下の条件を満足していなければならない．

ドリフト運動する電子群であるためには，どの半径にある電子のドリフト運

(a) 梅鉢型　　(b) 簡易型　　(c) 等価回路

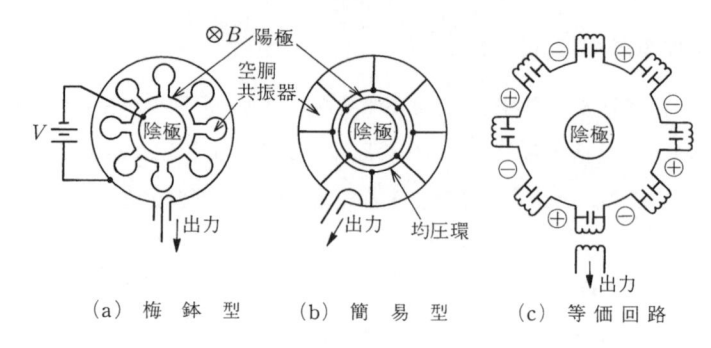

図 **7.29** マグネトロンの基本構造

動も同じ角速度で回転している必要がある．すなわち，ドリフト速度は半径に比例しなければならない．半径 r における電界を $E(r)$ とすると，ドリフト速度は $E(r)/B$ で与えられるから，磁界 B が半径によらず一様ならば，電界 $E(r)$ が半径に比例する必要がある．

陰極-陽極間に電子が一様な空間電荷密度 ρ で存在すると仮定したときの電界 $E(r)$ は，次式のようになる．

$$E(r) = -\frac{\rho}{2\varepsilon_0}r + \frac{b}{r}. \tag{7.79}$$

上式から，電子の空間電荷密度が十分高い場合には，上記の条件を満足する電界分布が形成されることがわかる．

発振が生じるためには，陽極上の N 個の空胴共振器の高周波電界が，陽極を1周したとき同じ極性に戻る必要がある．隣り合う空胴共振器（振動回路）の高周波電圧の位相差を ψ とすると，この条件は次式で表される．

$$N\psi = 2n\pi. \tag{7.80}$$

ここで，n は共振モード数と呼ばれる整数で表される数である．通常は，$\psi = \pi$ となる $n = N/2$ のモード数，すなわち基本モード（πモードともいう）が用いられる．

基本モードでは，空胴共振器の隣り合う陽極片の電位が交互に＋－となり，一

つおきに同じ電位となる．したがって，陽極片を一つおきに帯状電極で結ぶことによって，ほかのモードを抑制することができる．このような目的で用いられる帯状電極を**均圧環**（strapping）という．基本モードの場合における陽極上の高周波電圧の位相速度の中心軸に対する角速度は $2\omega/N$ であるから，この角速度が電子のドリフト運動の角速度と同じになるように磁界および陰極-陽極間の動作電圧を設定する．

電子の運動はこのドリフト運動のほかに，半径の小さいサイクロトロン運動を伴う．サイクロトロン運動による旋回運動の大きさは，陰極-陽極間距離より十分小さいことが必要である．

以上の条件を満たした構造と静電磁界が加わることにより，陰極から放出された電子群は陽極上の空胴共振器の高周波電界の位相速度と同じ速度でドリフト運動し，高周波電界による連続的な相互作用によって電子群が密度変調される．密度変調された電子群は陽極振動回路に誘導電流を流し，高周波電界がより強く励起される．相互作用が陽極を1周すると高周波電界はもとの位相に戻るので，正帰還を生じて角周波数 ω の発振が生じる．

出力は，空胴共振器の一つに出力回路を結合して取り出す．密度変調されて集群した電子群が陽極の空胴共振器に誘導電流を流すとき，電子群から空胴共振器の振動回路にエネルギーを与えることになるが，その源は電子群が陽極方向に移動してポテンシャルエネルギーを減らすことによって補われる．これは，電子群のドリフト速度は電界と磁界の比によって決まり，エネルギーの移動があってもドリフト速度は変わらないからである．相互作用の最適条件がほとんど変わらないポテンシャルエネルギーからのエネルギー補給は効率がよい．このように，マグネトロンは簡単な構造であるにもかかわらず，その電力能率は高く，60～70％が得られる．

〔2〕　**マグネトロンの静電磁界中における電子の運動**　マグネトロン内の静電界が半径に比例して増加する，すなわち $E(r) \cong ar$ の条件において，陰極から放出された電子の運動を考える．同軸円筒電極間の電子の運動の解析には，複素数による極座標表示を用いるのが便利である．

マグネトロンの陰極および陽極円筒電極を図 **7.30** に示す構造とし，紙面に垂直な軸方向に静磁界，電極間に静電界が印加されているものとする．このような直交電磁界中では，紙面に垂直な z 軸方向には電子は力を受けない．したがって，紙面内の x-y 平面だけの運動を考えればよい．電子の運動は，紙面に垂直方向の磁界を B とし，x, y 方向の電界をそれぞれ E_x, E_y とすると，x-y 直交座標系では次式のように表すことができる．

$$m_e \frac{d^2 x}{dt^2} = -eE_x - eB\frac{dy}{dt}, \tag{7.81}$$

$$m_e \frac{d^2 y}{dt^2} = -eE_y + eB\frac{dx}{dt}. \tag{7.82}$$

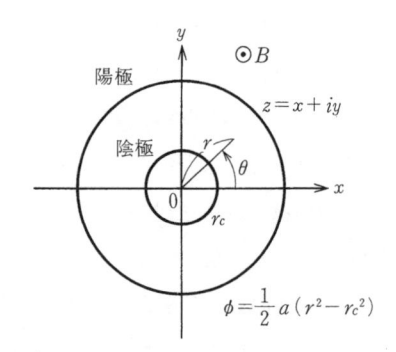

図 **7.30** マグネトロン静電磁界中の電子の運動を解析するための座標系

いま $E(r) \cong ar$ を仮定しているので，この条件で陰極 $r = r_c$ において電圧が 0 となる電圧分布 ϕ は，次式のようになる．

$$\phi = \frac{a(r^2 - r_c^2)}{2}. \tag{7.83}$$

ここで ϕ と電界の関係は次式で表される．

$$E_x = -\frac{\partial \phi}{\partial x}, \quad E_y = -\frac{\partial \phi}{\partial y}. \tag{7.84}$$

複素数表示 $(z, \bar{z})$ では，任意の x, y 座標をつぎのように表す．ただし，虚数単位を i とする．

7.2 電子ビームの弾道性を利用した超高周波電子管

$$z = x + iy, \quad \bar{z} = x - iy. \tag{7.85}$$

複素数表示を用いると，x-y直交座標系の式を簡略化して表すことができる．

$$\frac{d^2x}{dt^2} + i\frac{d^2y}{dt^2} = \frac{d^2z}{dt^2}, \tag{7.86}$$

$$\frac{dx}{dt} + i\frac{dy}{dt} = \frac{dz}{dt}, \tag{7.87}$$

$$\frac{\partial \phi}{\partial x} + i\frac{\partial \phi}{\partial y} = \frac{\partial \phi}{\partial \bar{z}}\frac{\partial \bar{z}}{\partial x} + i\frac{\partial \phi}{\partial \bar{z}}\frac{\partial \bar{z}}{\partial y} = 2\frac{\partial \phi}{\partial \bar{z}}. \tag{7.88}$$

式 (7.81) と式 (7.82) に虚数単位 i を掛けて和をとった式を，式 (7.84) から式 (7.88) の関係を用いて複素数表示で表すと

$$\frac{d^2z}{dt^2} - i\frac{eB}{m_e}\frac{dz}{dt} - \frac{2e}{m_e}\frac{\partial \phi}{\partial \bar{z}} = 0 \tag{7.89}$$

が得られる．式 (7.83) を複素数表示を用いて表すと

$$\phi = \frac{a(z\bar{z} - r_c^2)}{2} \tag{7.90}$$

となるので，式 (7.89) に代入すると，zに関する 2 階の線形微分方程式が得られる．

$$\frac{d^2z}{dt^2} - i\frac{eB}{m_e}\frac{dz}{dt} - \frac{ea}{m_e}z = 0. \tag{7.91}$$

上式は容易に解くことができ，その解は次式のように表すことができる．

$$z = R_1 \exp(i\Omega_1 t) + R_2 \exp(i\Omega_2 t). \tag{7.92}$$

ただし，Ω_1, Ω_2 は

$$\Omega_1 = \frac{eB}{2m_e}\left(1 + \sqrt{1 - \frac{4m_e a}{eB^2}}\right), \tag{7.93}$$

$$\Omega_2 = \frac{eB}{2m_e}\left(1 - \sqrt{1 - \frac{4m_e a}{eB^2}}\right) \tag{7.94}$$

であり，R_1, R_2は初期条件によって決まる複素数である．

いま

$$R_1 = |R_1|\exp(i\theta_1), \quad R_2 = |R_2|\exp(i\theta_2) \tag{7.95}$$

と置き換えれば，解はつぎのように書き直すことができる．

$$z = |R_1|\exp\left(i(\Omega_1 t + \theta_1)\right) + |R_2|\exp\left(i(\Omega_2 t + \theta_2)\right). \tag{7.96}$$

式 (7.96) はマグネトロン静電磁界中の電子の運動を表しているが，その運動は図 **7.31** に示すように二つの円運動の合成であることがわかる．すなわち，半径 $|R_1|$ で速い角速度 Ω_1 を持つ円運動と，半径 $|R_2|$ で遅い角速度 Ω_2 を持つ円運動の合成である．

マグネトロンでは $(4m_e a)/(eB^2) \ll 1$ であるから，式 (7.93) から Ω_1 は電子サイクロトロン角周波数 eB/m_e 近くの値となることがわかる．また，式 (7.94) から Ω_2 は a/B に近い値であり，速度に換算すると $r\Omega_2 \cong E/B$ となってほぼドリフト速度となる．したがって，マグネトロンの静電磁界中での電子の運動は，サイクロトロン運動主体の円運動と，陰極の周りを回るドリフト運動主体の円運動の合成であることがわかる．

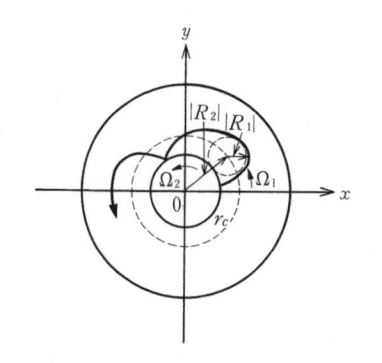

図 7.31 マグネトロン静電磁界中の電子の運動

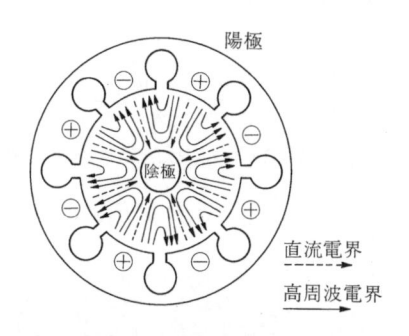

図 7.32 梅鉢型マグネトロン内の静電界と高周波電界の様子

〔**3**〕　**マグネトロンの発振の原理**　マグネトロンの陰極-陽極間内に静電磁界と高周波電界が同時に存在する場合の電子の運動を考える．梅鉢型を例にとり両電界の様子を描くと，図 **7.32** のようになる．電子の運動を理解しやすくするために，円筒電極を直線的に伸ばした平行平板電極系に置き換えて考えてみる．図 **7.32** のマグネトロン内の電界は，平行平板電極系では図 **7.33** のよ

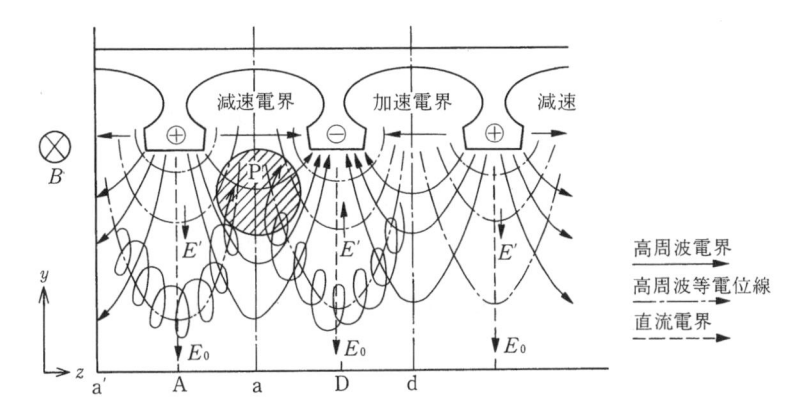

図 7.33 平行平板電極系において静電界と高周波電界が存在するときの電子の運動

うになる。

陰極-陽極間に印加した直流電圧による電界（破線）に，空胴共振器からしみ出した高周波電圧による電界（実線）が重畳する．この電界構造は，円筒電極の場合はそのまま円筒の軸を中心に回転することになるが，平行平板電極系では z 軸方向に直線的に移動することになる．円周に沿う高周波電界は，陽極付近が最大であり，陰極に近づくにつれて減少する．その変化は y 軸に沿っては双曲線的であり，z 軸に沿っては正弦波的である．図 7.33 には，高周波の電界と同時に等電位線も描いてある．

マグネトロンでは，電子のドリフト速度 $v_z = E/B$ を調整して高周波電界の移動速度（伝搬速度）と同じにする．この伝搬速度に等しい移動座標系で眺めてみると，高周波電界は静電界と同様に空間的にも時間的にも変化しない．このとき，電子の運動は，高周波電界がなければ単に旋回運動をしているだけで動かない．ところが，高周波電界があるときには，直流電界を E_0，高周波電界を E' とすると，A を中心とした a'a 領域の電界は $E_0 + E'$ となって直流電界より増加し，D を中心とした ad 領域の電界は $E_0 - E'$ となって減少する．これは，A 付近の電子のドリフト速度 $(E_0 + E')/B$ が直流電界だけのときの速度

E_0/B より大きくなり，D 付近の電子のドリフト速度は逆に小さくなることを意味する．

したがって，図の移動座標系において，$a'a$ の領域の電子は右に移動し，ad 領域の電子は左に移動する．このとき，電子と電界とのエネルギーのやり取りはないので，電子は等電位線に沿って動く．その結果，電子は高周波減速領域の a 部に集まると同時に，陽極のほうへ押し上げられ，そこに電子密度の高い領域ができる．この電子が集群した領域を電子極（図中においては P で表示）と呼ぶ．

実際のマグネトロンでは，電子極が図 7.34 のように陰極と陽極の空間を回転することになる．集群された電子の領域である電子極が空胴共振器の近くを移動するので，空胴共振器の振動回路に誘導電流が流れて高周波電力を回路に供給する．電子が回路に電力を供給しても，電子のドリフト速度は電界と磁界によって決まっているので変化しない．電子は回路に供給したエネルギー分だけ，等電位線の位置を陽極側に移してそのポテンシャルエネルギーを減らす．このエネルギー供給の機構は，速度変調管や進行波管のように電子の運動エネルギーから供給する機構とはまったく異なっている．結局，マグネトロンでは電子は直流電界のエネルギーを高周波エネルギーに変換する道具的な役目をする

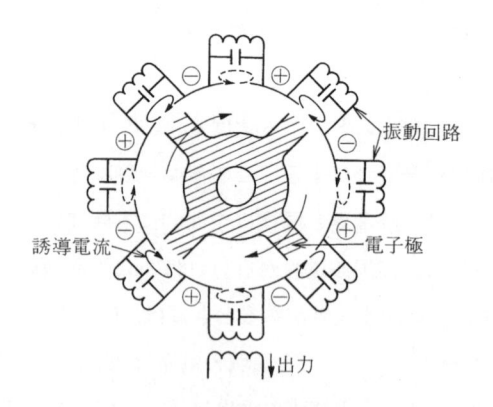

図 7.34 電子極の回転によるマグネトロンの発振

7.2 電子ビームの弾道性を利用した超高周波電子管

だけで，エネルギー源は直流電界のポテンシャルエネルギーである．電子のポテンシャルエネルギーは，陽極の壁にぶつかる最後まで利用できるから，マグネトロンの直流電力から高周波電力へのエネルギー変換能率は非常に高い．このように，回転する電子極がつねに高周波減速電界の都合のよい位相の部分にできる機構を，位相統制という．

さらに，陰極から放出される電子も都合のよい位相のものだけが生き残る機構，すなわち位相選択が働く．平行平板電極系で考えてみると，直流電界だけがかかっているときは，初速度 0 で陰極を出た電子は，図 **7.35** (a) に示すように旋回運動とともに陰極ごく近傍に戻りながらドリフト運動する．高周波電界

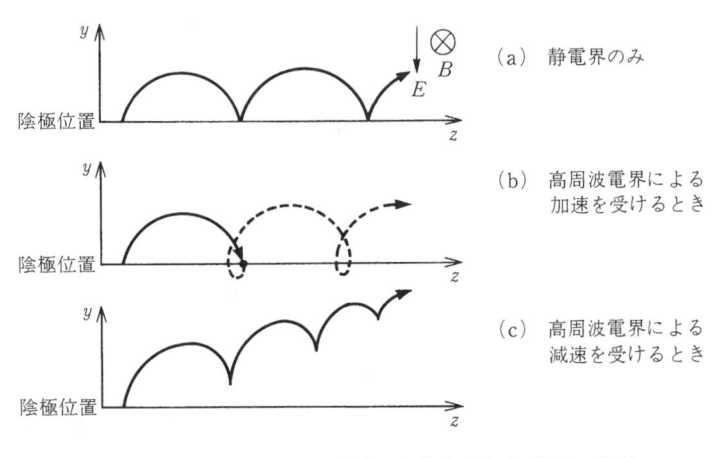

(a) 静電界のみ

(b) 高周波電界による加速を受けるとき

(c) 高周波電界による減速を受けるとき

図 7.35 マグネトロンの陰極から放出された電子の運動

コーヒーブレイク

マグネトロンは，初めはレーダー用の MW クラスのパルス発振管として開発された．しかし，簡単な構造であるにもかかわらず高能率であることから，直流電力をマイクロ波電力に変換するための電力変換用電子管として盛んに利用されるようになった．マグネトロンは，電子レンジのような食品加熱用や木材乾燥のための工業用マイクロ波加熱装置用に用いられるほか，マグネトロンで電力をマイクロ波に変換して遠方に送電しようとする計画もある．

が加わったとき，高周波電界によって円周方向に加速力を受ける位相で陰極を出る電子は，図(b)に示すように，加速されて運動エネルギーが増し回転半径が大きくなるために，陰極方向に戻る際陰極に衝突して消滅する。

一方，円周方向に減速される位相で陰極を出る電子は，図(c)に示すように，減速されて運動エネルギーを失い回転半径が小さくなって陽極のほうに進むので，生き残って有効に利用される。このように，電子極を形成するために不都合な電子はほとんど加速されない状態のときに除かれることも，マグネトロンの電力能率が高い理由の一つである。

加速されて陰極に衝突した電子により陰極が加熱されるため，大型のマグネトロンでは，動作し始めるとヒーター電圧を切るか電圧を下げて使用する。

7.2.4 ジャイロトロン

前項までの超高周波管は，基本的には電子ビームの走行方向に遅波回路上や空胴中の電磁波と相互作用させ，電子ビームを集群させる原理のものである。空胴などは高周波の波長程度の寸法なので，周波数がミリ波帯のように非常に高くなってくると，製作が困難になるとともにデバイスの寸法も小さくなり，出力，効率ともに著しく低下する。

電磁波との相互作用を，サイクロトロン共鳴条件で達成し，電子の集群をサイクロトロン旋回運動面内で行うことができれば，波長に対する制約が大幅に緩和される。

ジャイロトロン（gyrotron）は，弱い相対論的速度で静磁界中をサイクロトロン旋回運動する電子ビームが，サイクロトロン共鳴条件で旋回面内で集群を生じ，高周波の誘導放射を行う原理のミリ波帯の超高周波電子管である。

〔1〕 **ジャイロトロンの構造** 図 **7.36** に，ジャイロトロンの構造の例を示す。ジャイロトロンは，運動エネルギーの大部分が横方向運動エネルギー成分を持つ中空状電子ビームを形成する電子銃部，サイクロトロン周波数とほぼ同じ共振周波数を持つ円筒空胴共振器部，高周波のエネルギーを放出した電

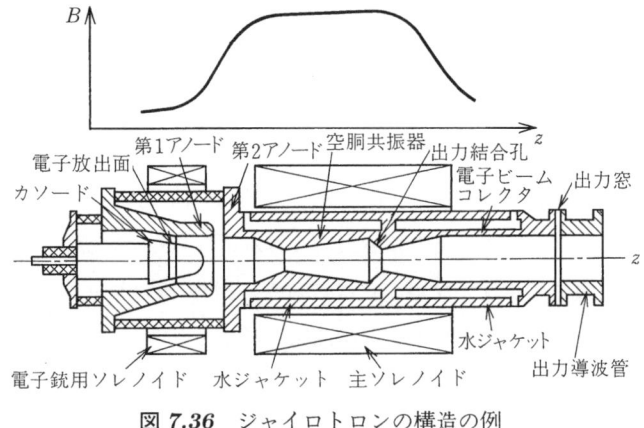

図 7.36 ジャイロトロンの構造の例

子ビームを終端する電子ビームコレクタ部，高周波を大気中に導く出力導波管部よりなる．

　電子銃部は，マグネトロンの電子の引出しとよく似た円筒型のカソードと第1アノード電極により，横方向運動エネルギー成分を持つトロコイド的運動の電子群を形成する領域と，その電子群を第2アノードで加速して相対論的径方向速度を持つ電子ビームを形成する領域がある．第1アノードで電子を加速する領域には，比較的弱い一様な軸方向磁界を電子銃用のソレノイドにより形成している．第2アノードでさらに加速する領域には，軸方向電位に比例して漸増する磁界がある．この漸増する磁界により，第2アノードで加速するエネルギーのほとんどが横方向運動エネルギーに変換される．

　電子銃部から，相対論的径方向速度を持つ中空状の電子ビームが，円筒空胴共振器部に導入される．空胴共振器部には，数十GHzの発振周波数であるサイクロトロン周波数に対応する1T台の一様な強い軸方向磁界を，主ソレノイドにより形成している．円筒導波管型の空胴共振器の共振周波数は，サイクロトロン周波数に合わせてサイクロトロン共鳴条件を満たすようにしている．空胴共振器の高周波電界とサイクロトロン運動する電子が相互作用し，電子の旋回面内で集群が生じて誘導放射が起こり，高周波のエネルギーが放出される．

円筒空胴共振器内で高周波エネルギーを放出した電子ビームは，まだ大半の運動エネルギーを持っているので，高周波出力結合部を通過したあと，水冷された電子ビームコレクタ部に導いて終端させる。

一方，円筒空胴共振器部で発生した高周波は，出力結合部，出力窓を通して大気中の出力導波管に導かれる。出力窓は，超高周波で大電力のマイクロ波が通過するうえに，大気圧の圧力にも耐えなければならない。機械的強度，超高周波における損失の少ない材料が選ばれるが，MW級のジャイロトロンでは，これらの条件に適したダイヤモンド結晶窓も利用される。

ジャイロトロンは，ミリ波帯からサブミリ波帯で，10W～MWの出力を持つ発振管である。

〔2〕 **横方向速度を持つ電子ビーム形成** 図 **7.37**に，ジャイロトロンの電子銃部における電子軌道の計算例を示す。ジャイロトロンの電子銃部では，横方向の運動エネルギーができるだけ大きな電子ビームを得るようにするために，軸方向磁界が存在する状態で内側の円筒型のカソードと外側の円筒型のア

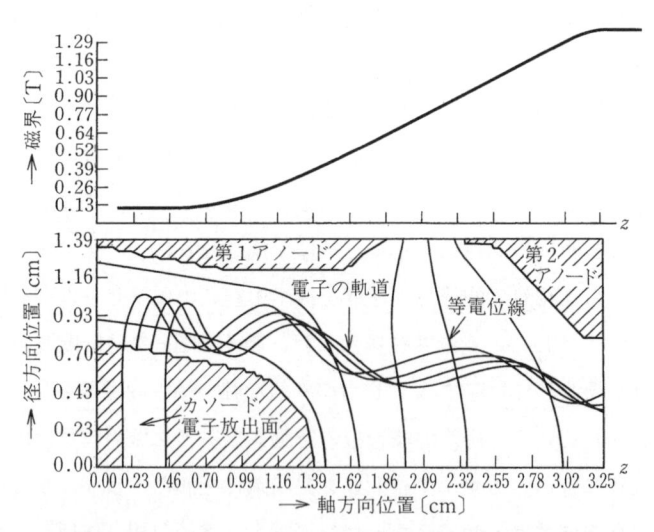

図 **7.37** ジャイロトロン電子銃部の電子軌道計算の例

ノード（第1アノード）に電圧を印加し，サイクロトロン運動とドリフト運動が混在するトロコイド的な運動をする電子群をつくる．この運動は，マグネトロンの静電磁界中における電子の運動と同じである．

この電子群を，軸方向前方に位置する第2アノードに高電圧を印加して加速し，弱い相対論的速度を持つ中空状の電子ビームを形成する．その際，軸方向に加速する電圧の変化とほぼ同期して漸増する磁界を形成しておく．第2アノードによる加速領域の電子の運動は磁界中の断熱運動となるので，横方向の運動エネルギー $mv_\perp^2/2$ と磁界 B の比で表される磁気モーメント μ （$\mu = mv_\perp^2/(2B)$）が保存される．したがって，電界による電子の加速による運動エネルギーの増加分は，ほとんどすべて横方向の運動エネルギーの増加分となり，大きな横方向の運動エネルギーを持つ中空状電子ビームが形成される．その際，中空状ビームの径も断熱圧縮される．

カソード領域の磁界を B_k，カソードに垂直方向の電界を E_k，空胴共振器領域の磁界を B_0，第2アノードにより加速された電子の全エネルギーを eV_0 とすると，円筒空胴共振器領域に入る電子の横方向速度 $v_\perp$ と縦方向速度 $v_\parallel$ は，次式で表される．

$$\begin{aligned} v_\perp &= \left(\frac{B_0}{B_k}\right)^{1/2} \frac{E_k}{B_k}, \\ v_\parallel &= \left(\frac{2e}{m_0}V_0 - v_\perp^2\right)^{1/2}. \end{aligned} \tag{7.97}$$

$v_\perp$ が E_k に比例するため，カソードからの電子放出は温度制限領域で動作させなければならない．もし空間電荷制限領域で動作させると，E_k が 0 になってしまうからである．

〔3〕 **電子の旋回面内における集群作用** 円筒空胴共振器部では，共振器の共振周波数と電子サイクロトロン周波数をほぼ同じにする電子サイクロトロン共鳴条件とすることにより，共振器内の電磁波と電子の相互作用を強く生じさせることができる．中空状の電子ビームと円筒空胴共振器の高周波電界を効果的に相互作用させるために，図 **7.38** に示すような円筒空胴共振器内の高周

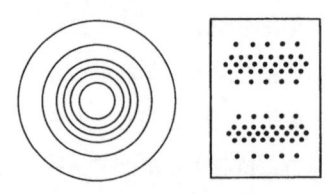

図 7.38 円筒空胴共振器の
TE$_{011}$モードの共振電界

波電界が θ 方向だけにしかない TE$_{011}$モード，あるいは，その高調波モード（TE$_{0ns}$）が利用される．

円筒空胴共振器の半径を R_c，長さを L_c としたとき，TE$_{011}$モードの共振波長 λ_0 は次式で表される．

$$\lambda_0 = \frac{2R_c}{\sqrt{1.488 + \left(\dfrac{R_c}{L_c}\right)^2}}. \tag{7.98}$$

共振器の Q は $2R_c/L_c = 1$ 付近で最も高くなるので，共振波長は円筒空胴の半径の約 1.5 倍同程度となる．

電子銃部から，軸方向の並進運動に比べて旋回運動エネルギーが十分大きな中空状電子ビームが円筒空胴共振器部に入ってくる．電子は，高速に回転するサイクロトロン半径 r_c の円運動と円筒の周りに比較的遅く回転するドリフト運動が重なった運動をしており，ビーム全体は平均半径 R_0 の円周上に分布する．この R_0 と，円筒空胴共振器内の高周波電界が最も強くなる径を一致させると，強い相互作用が生じる．

この電子のサイクロトロン運動と高周波電界の相互作用は以下のようである．静止電子のサイクロトロン角周波数は $\omega_c = eB_0/m_{e0}$（m_{e0} は電子の静止質量）で表されるが，相対論的速度で運動する電子のサイクロトロン角周波数は ω_c/γ_0 となる．ここで，γ_0 は相対論係数と呼ばれるものであり

$$\gamma_0 = \frac{1}{\sqrt{1 - \dfrac{v_\perp^2}{c^2} - \dfrac{v_\parallel^2}{c^2}}} = \frac{1}{\sqrt{1 - \beta_\perp^2 - \beta_\parallel^2}} \tag{7.99}$$

7.2 電子ビームの弾道性を利用した超高周波電子管

である。このサイクロトロン角周波数とTE$_{011}$モードの共振角周波数が等しければ，電子と共振モードの電場は強い相互作用を生じる。

サイクロトロン軌道の一つを取り出し，相互作用によって電子の旋回面において集群がどのように生じるかを見てみよう。図 **7.39** に，高周波電界が存在するときの電子のサイクロトロン運動の様子を示す。図(a)の初期状態（$t=0$）において，回転面上に等間隔で並び，旋回面上の横方向速度 $v_\perp$ で反時計方向に回転する電子群を考える。簡単のために軸方向速度 $v_\parallel$ はないものとする。この系において，y 方向に高周波電界 $E_y = E_0 \cos \omega t$ がかかっている。

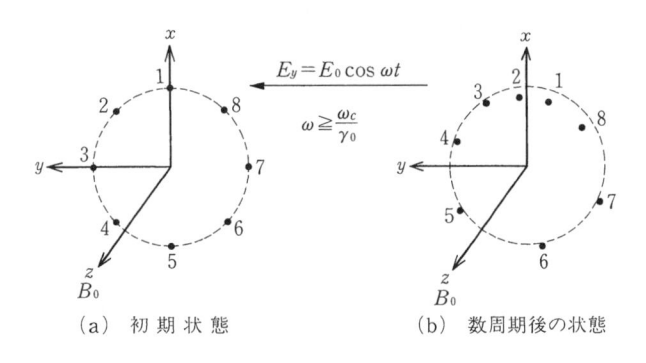

(a) 初 期 状 態　　　　　(b) 数周期後の状態

図 **7.39** 高周波電界が存在するときの電子の
　　　　サイクロトロン運動

まず，サイクロトロン周波数と空胴共振器のTE$_{011}$モードの共振周波数が等しい場合（$\omega = \omega_c/\gamma_0$）について考える。電子8, 1, 2は減速され，内側に向かって回転するとともに ω_c/γ_0 が増えるので，電子の位相は電界の位相より進む。また，電子4, 5, 6は加速されて外側に向かって回転し，位相が遅れる。その結果，数周期のあとには電子は図中左側の y 軸近傍に集群することになるが，加速領域と減速領域の電子の数は変わらないので，電子の平均全エネルギーは変わらず，電界とのエネルギーのやり取りはない。

つぎに，サイクロトロン周波数が空胴共振器の共振周波数より少し低い場合（$\omega \geqq \omega_c/\gamma_0$）について考える。このときには電界の変化よりも電子の回転のほうが遅れるので，電子の集中は図(b)のように図中上方の x 軸近傍に集群する

ことになる。この場合には，減速される電子の数が加速される電子の数より多くなり，電子の平均全エネルギーは減少するため，その分だけ高周波電界のエネルギーが増加することになる。電子の運動エネルギーが減少すれば，相対論係数γ_0が小さくなって1に近づくので，サイクロトロン周波数が増すことになる。この電子のエネルギーの高周波電界への移行作用は，$\omega > \omega_c/\gamma_0$の条件が崩れるまで継続する。

〔4〕 **出力特性** 負エネルギーの波である電子ビームのサイクロトロン波と導波管モードとの結合による波の不安定性の解析法により，ジャイロトロンの電力能率が計算できる。非線形解析によれば，最大電力変換能率は，$\eta_{cal} = 40 \sim 60\%$に達すると計算される。周波数が100 GHzを超えるサブミリ

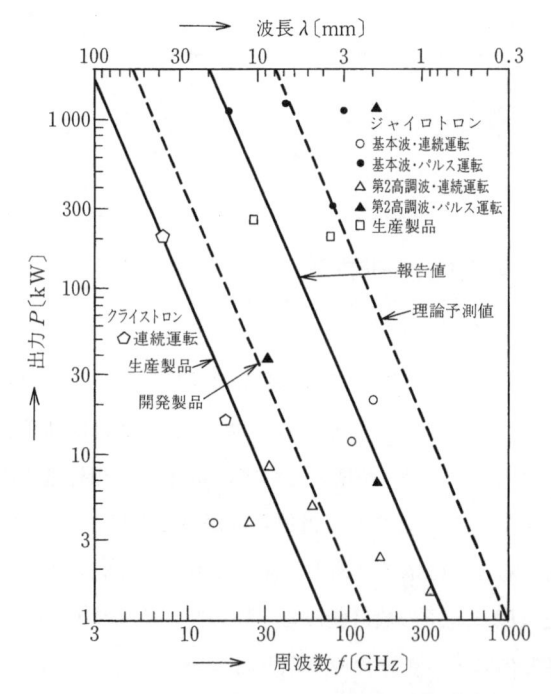

図 **7.40** ジャイロトロンの動作周波数と出力の関係

波帯に近くなると，空胴共振器の壁面における電力損失が増大することや，速度の広がりの小さい強力な電子ビームが得にくいことなどの理由から，電力能率が急激に減少する．

図 **7.40**は，種々のジャイロトロンの動作周波数と出力の関係を示したものである．図中には，サイクロトロン基本周波数を用いたものだけでなく，より高周波動作に適した第2高調波を用いたものも示した．また連続動作，パルス動作の区別も行っている．比較のために，クライストロンの出力も示した．図から，ジャイロトロンが，ミリ波帯でkW～MW級の大出力が得られる電子管であることがわかる．しかし，周波数 f が上昇すると，出力は f^{-2} に比例して急激に減少する．

ジャイロトロンがクライストロンに比べて約1けた高い周波数で大電力動作が可能であるのは，電子の集群方法が異なることによる．

章 末 問 題

(1) 走行時間制約型デバイスにおいて，電子が走行する電極間距離を μm 台に短くすることによって得られる特長と，それによって生じる問題点を述べよ．

(2) 速度変調管の動作原理を，入力空胴における速度変調，ドリフト空間における集群作用，出力空胴における出力の取出しに分けて簡潔に説明せよ．

(3) 速度変調管の動作における集群係数の重要性について説明せよ．

(4) 進行波管の構造を示し，電子ビームと電磁波がどのように相互作用して増幅作用を生じるか，その概要を説明せよ．

コーヒーブレイク

ジャイロトロンは，核融合プラズマ閉込め装置の電子サイクロトロン加熱用電力源として大電力のものが開発されている．例えば，発振周波数が110GHz，出力1MW，2s動作（電力効率36～39%）のものや，発振周波数が170GHz，出力0.45MW，8s動作（ダイヤモンド出力窓使用）などがある．

(5) 進行波管を伝搬する波の伝搬位相定数 k は
$$\frac{Z_0 I_0 \beta_e k_0 k^2}{2V_0(k_0^2 - k^2)(\beta_e - k)^2} = 1$$
で表される。この式を用いて，進行波管の利得を求めよ。

(6) マグネトロンの動作原理を説明せよ。

(7) ジャイロトロンの動作原理を説明せよ。

(8) マイクロ波からミリ波領域の発振器として考えた場合，半導体デバイスに比べると超高周波電子管のほうが出力がけた違いに大きい。この理由を説明せよ。

コーヒーブレイク

　電子ビームのエネルギーをジャイロトロンよりさらに高い超々高周波のエネルギーに直接変換する方法として，**自由電子レーザ** (free electron laser，**FEL**) がある。自由電子レーザでは，相対論的な電子ビームをアンジュレータと呼ぶ周期的な横方向磁界中を走行させると，電子の軌道が蛇行する。このとき，電子ビームが曲がることにより放射されるシンクロトロン放射光は，ほとんど電子の進行方向前方に放出される。この光をアンジュレータ前後に配置した共振器ミラーで反射させて往復させると，電子ビームと光が相互作用し，特定の周波数の電磁波が電子ビームのエネルギーを得て増幅する。自由電子レーザを用いて赤外領域のコヒーレントな光を得ることができる。出力の大きな例では，波長 $22\,\mu\mathrm{m}$ で $2.34\,\mathrm{kW}$(ピーク出力 $100\,\mathrm{MW}$)，電力変換効率 4.6% のものがある。

8. 荷電粒子ビーム装置

 荷電粒子ビームの特長は，外部電磁界によってその軌道を自由に制御できることと，電界によってその運動を自由に制御できることである。本章では，このように制御された荷電粒子ビームを固体表面に相互作用させて利用する装置を中心に紹介する。

 荷電粒子ビーム装置は，例えば電子ビーム露光装置やイオン注入装置などのように，半導体プロセス技術，超微細加工技術，表面改質技術などにおいて要(かなめ)となる装置が多い。

8.1 電子ビーム装置

 電子ビームを利用する装置の一つとして，7章において超高周波変換デバイスを取り挙げた。それは，電子ビームの弾道性を利用して大電力の直流電力を超高周波電力に直接変換する装置であり，電子ビームの優れた特性を示すものである。

 それに対して，電子ビームを固体に照射すると種々の現象，すなわち発熱，化学変化，発光，二次電子放出などが生じる。これらの電子ビーム照射効果を利用した電子ビーム装置が，材料プロセスの分野で数多く利用されている。電子ビームは，その運動エネルギーと軌道を制御できるため，超高エネルギー密度で固体に熱エネルギーを伝達することができる。

 伝達された熱エネルギーが十分高い場合には，固体は照射部分だけが溶融し，蒸発が生じることを利用して，溶接や蒸着などの熱処理が可能となる。電子ビームのエネルギー密度がそれほど高くない場合には，固体の原子や分子間の結合状態を変化させる非熱処理的な利用ができる。特に高分子材料では，架橋や分解などが効果的に生じるので，露光や架橋反応に用いられる。これらの応用に

利用される電子のエネルギー，ビーム径，電力および電力密度は，それぞれの応用によって異なる．主な電子ビーム応用における電力と電力密度範囲を図 **8.1** に示す．

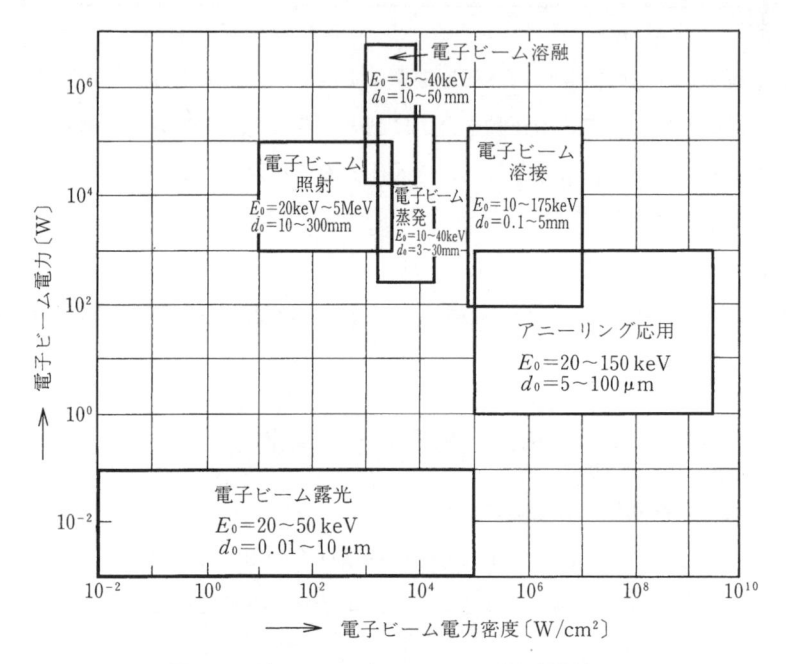

図 **8.1** 電子ビーム応用における電力密度範囲
（E_0はエネルギー，d_0は電子ビーム径）

また，電子ビームは固体原子と相互作用しながら膜を透過したり，二次電子，特性X線を放出させる．外部に放出された粒子や電磁波の情報を検出して，固体内の状態を分析することができる．さらに，固体表面との相互作用を利用して，撮像，表示，増幅などができるデバイスがつくられている．

これらの電子ビーム装置の最も主要な機能は，電子ビームの軌道をいかに目的に応じた状態に制御するかである．したがって，電子光学により得られる結果を駆使した装置が多い．

8.1.1 電子ビーム熱処理装置

高エネルギーの電子ビームを固体に照射すると，そのエネルギーの多くは固体内に吸収される。電子ビームは電気的に容易に制御できるので，大きな電力を限られた領域に照射することができる。固体原子群に与えられたエネルギー密度が高く，原子間の結合力を切り離すのに十分な量であれば，固体は溶融・蒸発することになる。非常に融点の高い物質であっても，電子ビームによって溶融したり蒸発させることができるので，電子ビームを使った大型の蒸着装置や精密な溶接装置として利用されている。

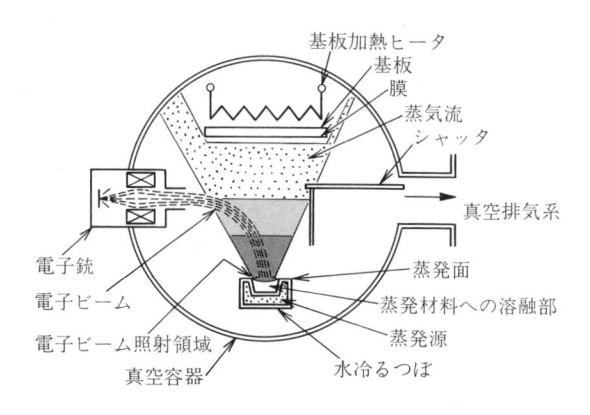

〔1〕 **電子ビーム蒸着装置** 電子ビーム蒸着装置の基本構成を図 **8.2** に示す。電子ビームを形成する電子銃と，電子銃から出たビームを"るつぼ"へ導く輸送系が主要部である。るつぼには蒸発源を入れるが，蒸発源に電子ビームが当たった局所だけから蒸発が起こるようにするため，通常つぼ容器は水冷する。電子ビームにより加熱され蒸発する原子は，空間のあらゆる方向に飛び出す。蒸発源から見て，その途中に障害物のない方向に基板を置き，その上に薄膜を蒸着する。

電子ビーム蒸着装置の主要部である電子銃とそのビーム輸送系には，図 **8.3** に示すような種々の方式がある。電子銃は高電圧機器であるから，高電界がか

図 **8.2** 電子ビーム蒸着装置の基本構成

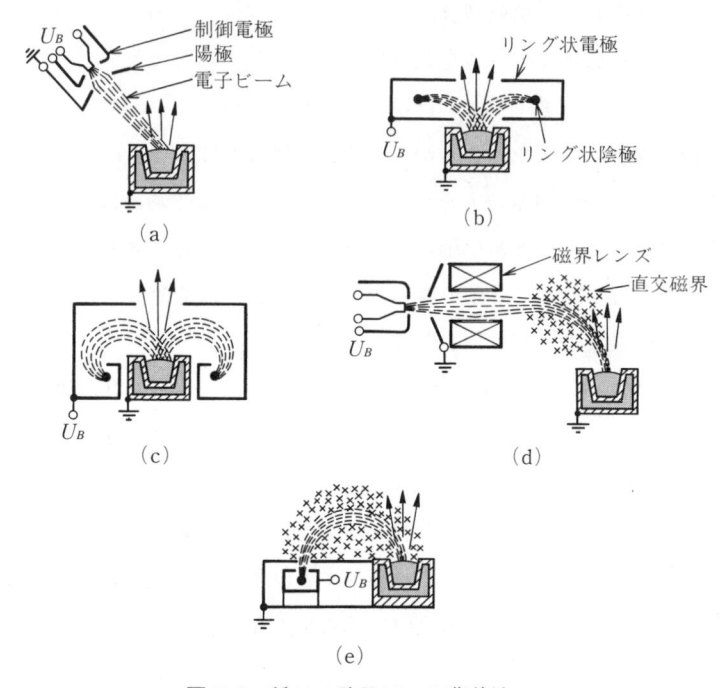

図 8.3 種々の電子ビーム蒸着法

かる部分の蒸気圧力が高かったり電子銃の絶縁物に蒸発物質が蒸着したりするのは，放電や絶縁破壊が生じるので好ましくない．るつぼから蒸着物質が飛び出す方向に電子銃が位置していると，このようなことが生じる．そのため，電子ビームの軌道を 90°から 270°曲げることによって，電子銃の軸方向と蒸着物質の飛び出す方向を一致しないようにしたものが多い．

電子ビームの軌道を曲げるために，図 8.3 (b), (c) に示すように，輪状のカソードから出た電子ビームを電界を使って 90°あるいは 270°に曲げて，るつぼに導く方式がある．電界を使った場合には，カソードとるつぼ間の距離があまりとれないので，電子ビームの加速に数 kV 程度の電圧しか使えない．また，電界による大電流ビームの偏向では，空間電荷によりできる内部電界が偏向を妨げるなどの理由から，使用できる最大の電子ビーム電力は 3kW 程度で

ある．

電子ビームの軌道を曲げるために磁界を使う場合には，電子銃とるつぼ間の距離を十分離すことができ，高い電子ビーム加速電圧を使うことができる．また，空間電荷による偏向の妨害を受けないので，大電流ビームが使用できる．すなわち，大電力型に適している．

図 **8.3** (d) に示すように，磁界レンズを備えた大電流電子銃から引き出したビームを磁界により 90°曲げる方式では，自由度が大きいので，電子ビーム電力が数 kW 程度のものから数百 kW 級に及ぶものまである．図 (e) に示すように，電子銃とるつぼを一体型にしたものでは，電子ビームの偏向角は 180°または 270°のものがある．電子ビーム電力は 10〜50 kW 程度のものが多い．

〔**2**〕 **電子ビーム溶接装置** 電子ビームを細く絞り，固体に照射する電力密度が $10^6 \sim 10^8 \mathrm{W/cm^2}$ 程度ときわめて高くなると，固体物質は局部的に激しい蒸発をしたり，沸騰・飛散現象が起きて溶融物質が吹き飛ばされる．その結果，電子ビームの進行方向に，アスペクト比が 10〜20 に達する深い孔が掘られる．電子ビームによるこのような現象を利用して，電子ビーム溶接が行われている．

電子ビーム溶接は，図 **8.4** に示すように，被溶接物あるいは電子ビームを適当な速度で移動させることにより，ビーム孔前面の物質を溶融し，その後方に溶融物質が形成されながら溶接が行われていく．電子ビーム溶接装置の構成を図 **8.5** に示す．

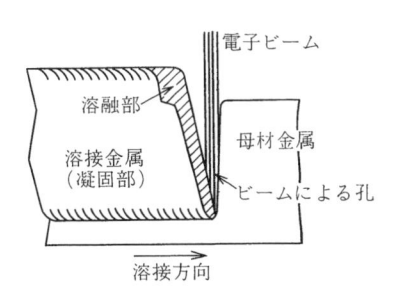

図 **8.4** 電子ビーム溶接の模式図

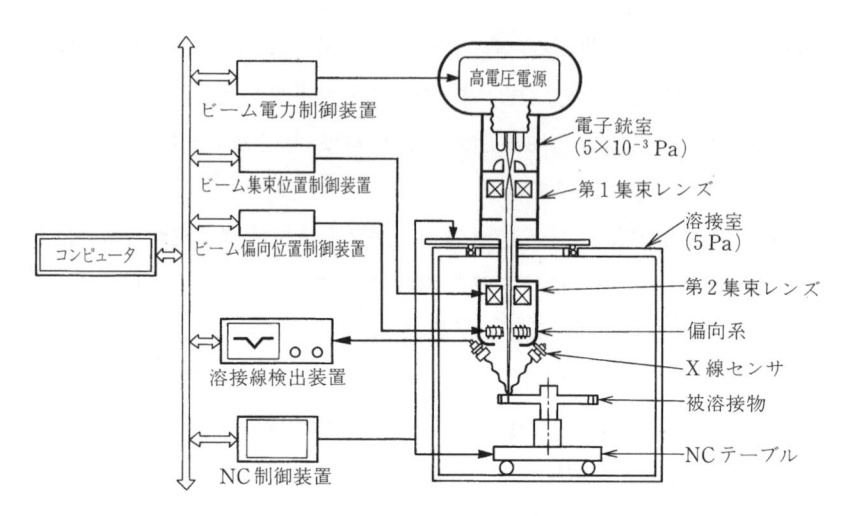

図 **8.5** 電子ビーム溶接装置の構成例

主要部は電子銃と電子ビーム輸送系，溶接室である．電子銃は，0.1〜1A台の大電流が制御性よく引き出せるピアス型の構造のものが多い．試料交換を迅速に行うため，試料室のガス圧力は 1 Pa（$= 10^{-2}$ Torr）以上にしてあり，あまり真空度がよくない．したがって，電子銃へのイオンビーム衝撃が避けられないので，イオンビーム衝撃に強いタングステンフィラメントがおもに用いられる．電極間に 60〜180 kV の高電圧を印加する電子銃領域の真空度はよくなければいけないので，10^{-3} Pa（$= 10^{-5}$ Torr）台としている．

真空排気装置は電子銃領域と試料室の2系統あり，試料室から電子銃領域へのガス流入をできるだけ抑えるため，電子ビームの行路をできるだけ細くして差動排気の効果を上げる工夫を行っている．電子ビームを集束させるために，質量の軽い，電子の集束に効果的な磁界レンズを使用する．試料への照射位置や角度を制御するために電子ビームの偏向が必要であるが，偏向領域内に電離したイオンが多く存在するこのような系では，静電偏向が使えないので電磁偏向が用いられる．

電子ビーム溶接を行う試料は，1辺が数mの大型構造物から数mmの小型精密部品まで，またその厚みも200mmから0.05mmまでと非常に広範囲に及んでいる。そのため，電子ビーム出力も，500Wから100kWに至る数多くの容量のものがある。出力が100kWのものでは，1パスで溶接できる能力は鋼板で200mmに達する。量産機としては，電子ビーム電圧60kV，出力6kW程度のものが自動車部品の溶接などに使われている。

8.1.2 電子ビーム非熱処理装置

電子ビームのエネルギー密度が固体を溶融したり蒸発させたりするほど高くなくても，電子ビームが固体中を通過する際，固体原子の電子と衝突して原子を励起したりイオン化したりする。このような原子は活性基と呼ばれ，化学的に非常に活性である。活性基によって，固体物質の重合，分解，硬化などが起きるので，これらの効果を利用する電子ビーム露光装置や電子ビーム照射装置がつくられている。

〔1〕 **電子ビーム露光装置** 有機高分子材料に$10^{-4} \sim 10^{-6}$ A·s/cm^{2}の電子ビームを照射すると，モノマーが重合したりポリマーが分解したりする。一般に，高分子のエッチング液に対する溶解度は，そのポリマーの分子量が大きいほど遅くなる。したがって，電子ビーム照射によってポリマーの分解反応が優勢に進む材料はポジ型のレジストとなり，モノマーの重合反応が優勢に進む材料はネガ型のレジストとなる。レジストには，電子ビームの照射により内部に酸を発生させ，その後100℃程度で熱処理することによって高感度の露光ができる化学増幅型のものもある。

電子ビームのエネルギーが非常に高いと，厚みが数十〜数百nmのレジスト中をエネルギーをほとんど与えることなしに通過するので，露光の感度が悪い。電子ビームのエネルギーが低過ぎると，レジスト原子との衝突断面積が大きくなって大きな散乱を受けるため，ビームの入射方向に対して垂直な方向に広がり，露光線幅が広がってしまう。そのため，20keV程度のエネルギーの電子ビームが使われることが多い。

電子ビーム露光では，後方散乱電子による周辺領域の照射が最悪 0.3 μm にまで達するので，周辺パターンの有無やパターン寸法に依存して露光領域が変化する近接効果が生じる。しかし，パターンの形状に応じて照射する電子ビーム量を制御することにより，近接効果補正することができ，電子ビーム露光によって描画できる最小線幅は数 nm が可能であり，最も微細なパターンを露光できる技術である。

電子ビーム露光の対象となる試料の大きさは，十数インチ直径のものもある。そのような場合には，$0.01 \sim 0.1 \mu m$ 程度に細く絞った電子ビームを面全体にひずみなく偏向することは不可能である。そのため，数 mm 四方の範囲内で自由に描画できる電子ビーム光学系（ベクタ走査型）あるいは一方向に走査しながら描画する電子ビーム光学系（ラスタ走査型）と，$0.02 \mu m$ ステップ程度の高精度で移動できる試料台を組み合わせることによって，大面積の描画を可能にしている。ベクタ走査型では，描画速度を上げるために，辺の長さを自由に変えることができる矩形ビームを使用する。図 **8.6** は，可変成形ビームを用いる電子ビーム露光装置の構成原理図である。

電子銃のフィラメントとしてタングステンまたは LaB_6 を用い，20 kV に加速してビームとしたあと，2 枚の正方形絞りと静電偏向の組合せで任意の矩形ビームを形成する。最後に試料上 2.5×2.5 mm 内の任意の照射位置を決めるために静電偏向を行う。ビーム輸送の途中に，4 箇所の磁界レンズを配置してビームの集束を行っている。また，ビーム照射を開始したり停止したりするためのブランキング電極を，ビームの上流位置に置いた構成としている。

さらに露光速度を上げるために，図 **8.7** に示すように，電子ビームの上流に置いたマスクパターンを縮小転写する方法がある。

マスクは，マスクの支持母体であるメンブレン（例：SiN_x(100〜150 nm)）上に電子ビームの散乱を生じさせる散乱体（例：Cr(5nm)+W(25nm)）でパターンを描いたものを用いる。マスクの散乱体のある部分では散乱光が，ない部分では非散乱光が発生するが，レンズのうしろに置いたフィルタによって散乱光束はその一部しか通過しないので，試料のウェーハ上に，マスクパターン

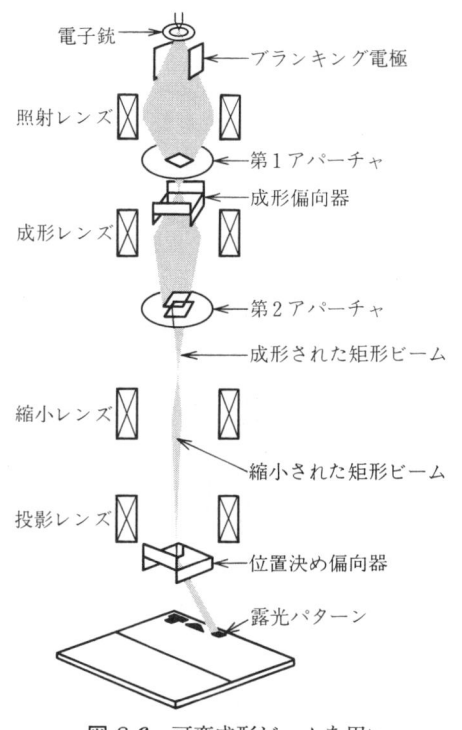

図 **8.6** 可変成形ビームを用いる電子ビーム露光装置の構成原理図

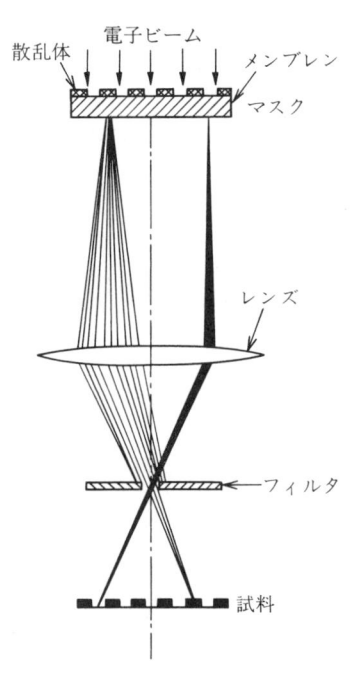

図 **8.7** 電子ビーム露光におけるマスクパターン縮小転写法の原理図

に応じた電子ビーム照射量が到達するコントラストを描くことができる。

〔**2**〕 **電子ビーム照射装置** 電子ビーム照射装置は，0.15～数 MeV の高いエネルギーに加速した電子ビームを真空中から空気中に取り出し，固体物質に照射して利用する装置である。このときの電子ビーム照射電力密度は，固体物質を溶融したり蒸発させたりするほど強くない。高エネルギー電子ビームを固体物質に当てると，図 **8.8** に示すように，密度 1g/cm^3 の物質では数百 μm から十数 mm の深さまで透過する。

電子ビームは行路中そのエネルギーを固体物質に比較的均等に与え，固体原子を励起したりイオン化したりして活性基をつくり，化学反応を生じさせる。電子ビーム照射による物質の化学反応を利用した実用例としては，プラスチッ

クの架橋反応を使ったものが多い．電線被覆材料であるポリエチレンやポリ塩化ビニルは，電子ビーム架橋により耐熱性などを著しく向上させることができる．また，熱収縮チューブや架橋発泡ポリエチレンの製造にも使われている．そのほか，塗膜の硬化，ゴムの架橋，排煙の脱硫，脱硝，医療品や水の殺菌などにも利用されつつある．

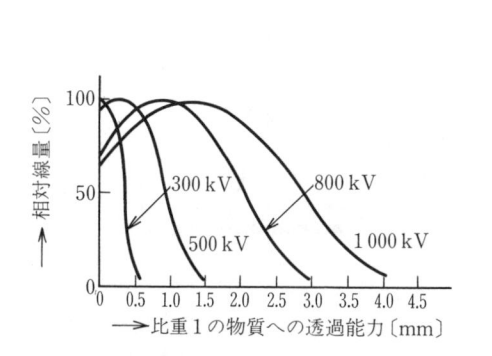

図 **8.8** 電子ビームのエネルギーと物質への透過能力

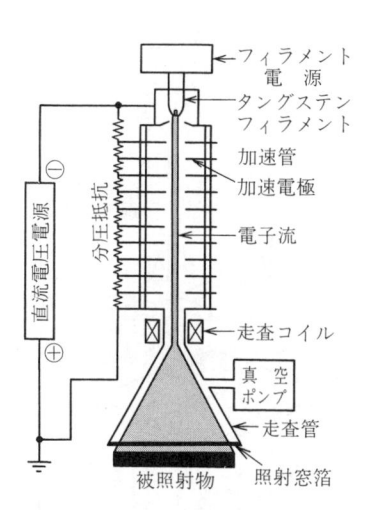

図 **8.9** 走査型電子ビーム照射装置の基本構成

コーヒーブレイク

電子ビーム露光は主として光マスクの製作に利用されるが，微細加工の最小線幅が $0.1\,\mu m$ 以下になると，光マスクを用いた露光では対応できなくなる．電子ビーム露光では，$0.05\,\mu m$ 以下の線幅のものでも露光できるが，露光速度の遅いことが難点である．そのため，微細パターンを電子ビーム描画する超高速度の手法を考案し，半導体ウェーハ上のレジストを電子ビームで直接露光することが次世代の露光法として考えられている．

電子ビーム照射装置をその構造から分類すると，加速電圧が 300 kV 以上の走査型と，300 kV 以下の非走査型に分けられる．図 *8.9* は，走査型電子ビーム照射装置の基本構成を示す．主要部としては，電子銃，加速管，電磁偏向部，走査管，照射窓箔および試料照射部よりなる．電子ビーム電流は 25〜250 mA の範囲であるので，ヘアピン型のタングステンフィラメントを用いることが多い．

電子ビームの走査を行うための偏向としては，高エネルギー電子の偏向に有利な電磁偏向が用いられる．試料を一方向に移動しながら照射するので，偏向方向も一方向でよい．走査幅は，試料にもよるが，標準装置では最大 0.5〜2 m 程度である．照射窓は，密度が 4.5g/cm^3 と小さいために電子ビームの透過性がよく，耐熱性に優れ，大気と真空の圧力差に十分耐えられる，厚さ 30〜50 μm のチタンまたはチタン合金の箔が用いられる．照射窓までの真空領域は，高電圧を印加している電極が多いので，真空排気装置によって $10^{-4} \sim 10^{-6}$ Pa ($= 10^{-6} \sim 10^{-8}$ Torr) の高真空に保たれている．

試料照射部は大気側にあるが，空気の密度は約 $1.3 \times 10^{-3} \text{g/cm}^3$ であるので，電子ビームの大気中の透過能力は図 *8.8* に示した値の約 1000 倍，すなわち数十 cm〜十数 m あることになる．しかし，大気中の行路が長いと電子ビームのエネルギーが浪費され，かつ有害ガスであるオゾン (O_3) が多量に発生するので，照射窓から 10 cm 程度のところに試料を置く．試料に電子ビームが当たると制動放射 X 線が発生するので，装置全体が X 線遮へい構造体の中に納められている．

図 *8.10* は，非走査型電子ビーム照射装置の構成を示す．照射試料の幅程度の長さを持つフィラメントから，一段加速で 250 kV までのエネルギーを持つカーテン状電子ビームをつくる．電子ビームの照射窓でのエネルギー損失をできるだけ少なくするために，照射窓には十数 μm 厚と非常に薄いチタン箔が用いられる．薄いフィルムの処理や薄い塗膜の硬化などに利用される．

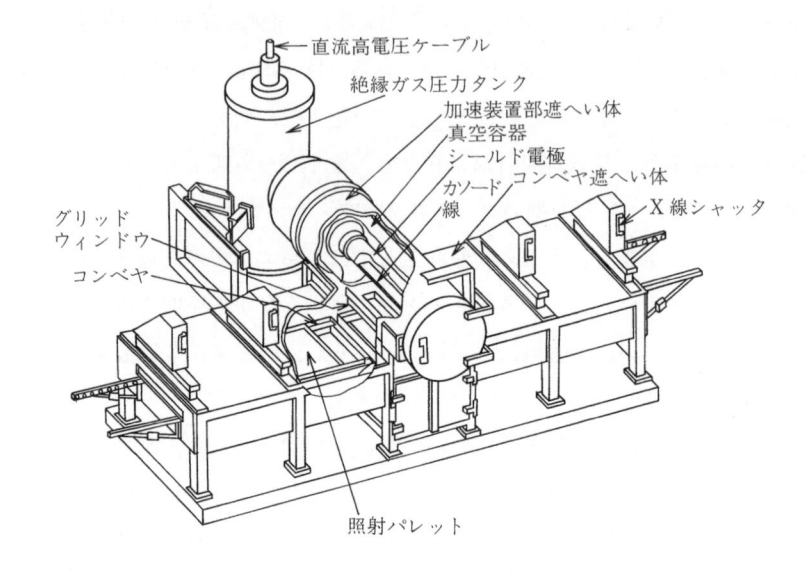

図 8.10 非走査型電子ビーム照射装置の構成

8.1.3 電子ビーム分析装置

電子ビームを固体物質に照射したとき放出される粒子や電磁波を検出して，固体内の情報を知ることができる．電子ビームを用いた分析のためには，ビーム径を細くしてできるだけ微細部分の情報を得ることと，電子ビームを当てることによって固体物質の熱変化ができるだけ生じないような小電力を用いる必要がある．電子ビームを利用した種々の計測法を**表 8.1**にまとめて示す．

ここでは，これらの中で最もよく利用される透過型電子顕微鏡，走査型電子顕微鏡，走査型トンネル顕微鏡について説明する．

〔1〕 **電子顕微鏡** 電子ビームは適当な電磁界を用いれば，可視光と同様な光学系を得ることができる．電子ビームは波動性を持っているが，その波長（加速電圧 100kV で約 0.04nm）は可視光の波長（約 0.5μm）に比べると数けた短いので，電子ビーム照射により光学顕微鏡では観ることができない微細構造を観察することができる．

光学顕微鏡と同じように，薄い試料を通過した電子ビームを何段もの磁界レ

表 8.1 電子ビームを用いた種々の計測法

名　称	検出粒子	原理または方法	得られる情報
透過型電子顕微鏡	電子	数10〜数100 keVの電子を照射し，透過・回折電子を検出	断面形状，結晶構造，結晶欠陥
走査型電子顕微鏡	電子	5〜50 keVの電子を走査しながら照射し，二次電子(絶対量および分布(テスタ))を検出	表面形状，表面電位(電子ビームテスタ)
低速・中速・反射高速・電子回折	電子	15〜500eV(低速)，数100〜数10keV(中速)，数10keV—(反射高速)の電子を照射し，反射してきた回折電子を検出	表面結晶構造，吸着機構
オージェ電子分光	電子	1〜12keVの電子を照射し，オージェ電子を検出・解析	表面元素分析，化学結合状態
X線マイクロアナライザ	光子	数〜200keVの電子を照射し，特性X線を分光	元素分析
カソードルミネセンス	光子	数〜数10keVの電子によって励起した電子・正孔対の再結合による発光を検出	結晶欠陥，不純物偏析
走査型トンネル顕微鏡	電子	針先を試料に近づけトンネル電流を検出	表面形状，表面原子像

ンズにより拡大して，試料の微小領域の拡大像を観ることができる。電子ビームの波長が短いため，最大百万倍程度の拡大率が得られる。固体の結晶格子像の観測も可能である。このような原理で動作する電子顕微鏡を，透過型電子顕微鏡と呼んでいる。

それに対して，細く絞った電子ビームを走査しながら試料に当て，表面から放出される二次電子電流を信号として，テレビジョンと同じ方法で復像する方法で試料の拡大像を得ることができる。電子ビームを非常に細く絞った場合には，像の拡大率は数十万倍に達する。このような原理の電子顕微鏡を，走査型電子顕微鏡と呼んでいる。走査型顕微鏡は，光学顕微鏡と同様に手軽に試料表面の形状を観察でき，かつ焦点深度が深く拡大像が得やすいため，あらゆる分野で広く利用されている。

(a) **透過型電子顕微鏡**　透過型電子顕微鏡の構造の例を，図 8.11 に示す。基本構造は，細い電子ビームを形成する電子銃および照射レンズ系群，試料を出し入れする試料室，透過電子を拡大する結像レンズ系，像を観察・記録する観察室およびカメラ室よりなる。

電子銃部は，陰極として，タングステン熱フィラメント，LaB_6フィラメントまたは電界放出針が用いられ，陽極電圧によって必要な電子ビーム電圧（100〜400 kV 程度）まで加速する。照射レンズ系群の複数の磁界レンズを用いて，電子

250   8. 荷電粒子ビーム装置

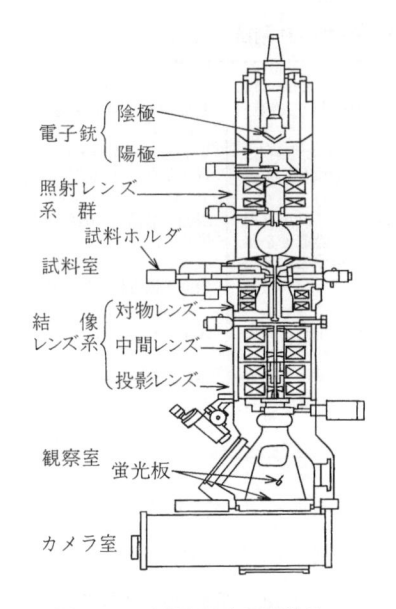

図 8.11 透過型電子顕微鏡の構造例

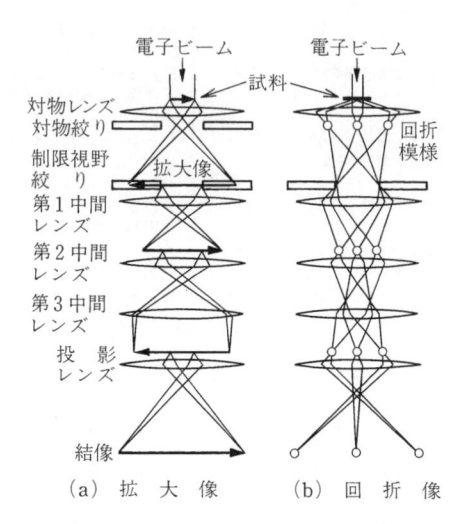

図 8.12 結像レンズ系の光路の違いによる像の種類

ビームを μm や数 nm 台の径やスポットに集束し,試料に照射する。試料は電子ビームが十分透過する程度 (10〜100 nm) に薄く成形したものを用いる。原子配列像などを観察する場合には,特に薄い試料が必要となる。

試料室には,特性 X 線検出器や二次電子検出器などのアタッチメントが取り付けられるようになっているものもある。試料を透過した電子ビームは結像レンズ系の複数の磁界レンズにより拡大させ,観測室の蛍光板上に結像させて直接観測するか,カメラ室のフィルムを感光させて写真として記録する。その際,**図 8.12** に示すように結像レンズ系の光路を変えることにより,通常の拡大像か回折像かを選択できる。

電子顕微鏡で通常の拡大像を観る場合,光学顕微鏡におけるような試料中での透過光の吸収による明暗コントラスト像を拡大したものを観るのではない。透過型電子顕微鏡ではほとんどの電子ビームが試料を通過するため,試料の吸収による明暗のコントラストができない。このようにして通過した電子ビーム

をすべて集めて結像しても，コントラストのない像になってしまう。

しかし，電子ビームが試料を通過するとき原子により散乱されるので，対物絞りを小さくしておけば，散乱がより大きく生じる領域は電子ビームの一部しか絞りを通過できない。絞りを通過した電子ビームの像には，散乱の大きさにより強弱ができ（散乱コントラスト）像として観ることができる。

倍率はレンズ1個あたり数十倍である。光学顕微鏡では最高2000倍程度であるので，レンズは2個で済むが，電子顕微鏡では百万倍程度の倍率を得るために，4個程度の磁界レンズが直列に配置されている。

(*b*)　**走査型電子顕微鏡**　　代表的な走査型電子顕微鏡の構造図を図 *8.13* に示す。

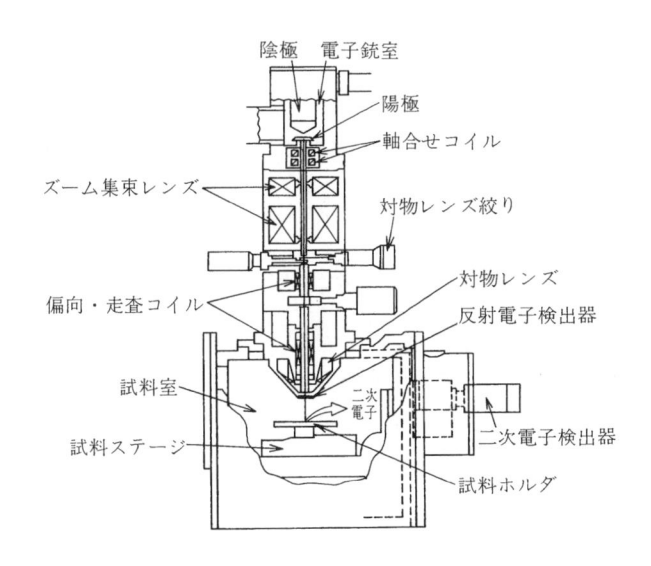

図 *8.13*　走査型電子顕微鏡の構造例

像を拡大する原理は光学顕微鏡とは対応していない。サブnmからμm径に絞った電子ビームを走査しながら試料に当て，そこから出た二次電子を検出し，ブラウン管上で同期走査することによって像を再現する。像の分解能は電子ビームをどれだけ細く絞れるかにかかっているので，点光源により近い電子銃を用

いるのが好ましい。そのため，高倍率のものでは電界放出型の電子源を用いるのが好ましいが，電界放出型電子源は $10^{-8}\mathrm{Pa}$（$= 10^{-10}\mathrm{Torr}$）程度の超高真空条件下でないと安定に動作しないので，特殊な電子顕微鏡においてしか用いられない。

電子銃から引出し加速（0.2~40kV）した電子ビームを，磁界レンズ（集束レンズおよび対物レンズ）により絞ると同時に，電子ビーム行路途中に設置した偏向・走査コイルによってビームを2軸方向に電磁偏向走査する。電子ビームが試料に当たると，電子ビームはそのエネルギーに応じて中へ進入するが，その極表面の原子と相互作用することによってできた二次電子の一部が表面から放出される。

二次電子の放出量は，試料の材質，電子ビームの入射角（表面の凹凸）によって変化するので，像のコントラストとして利用できる。この二次電子の一部を二次電子像倍管などを用いて検出・増幅し，二次電子像をブラウン管上に映し出す。光学レンズ系に比べて，電子ビームレンズ系の焦点深度は深くできるので，焦点ぼけの少ない像を得ることができる。像の倍率としては，10倍~30万倍程度が得られる。

試料から放出される二次電子の放出エネルギー分布は，試料の電位の変化により，図 **8.14** のように変化する。したがって，二次電子のエネルギー分析ができる装置を取り付けると，試料の電位に応じてコントラストが変化する像を得ることができる。試料のデバイスに接触せずかつ動作中の電極電位を計測することができるので，この機能を持った走査型電子顕微鏡を電子ビームテスタと呼ぶことがある。

〔2〕 走査型トンネル顕微鏡　　走査型トンネル顕微鏡（scanning tunneling microscope，**STM**）は，原子スケールの表面構造が容易に観察できる分析機器としてよく利用される。主要部分の構造を図 **8.15** に示す。

距離 d 離れた導電性の試料と先端曲率半径 R のチップの間に流れるトンネル電流密度 J_T は，バイアス電圧 V が仕事関数 ϕ より十分小さい場合には次式のように表される。

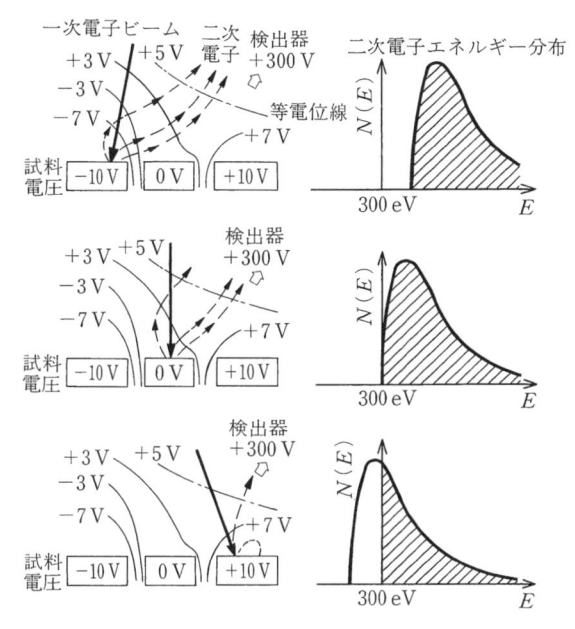

図 8.14 試料の電位の変化による二次電子のエネルギー分布の変化

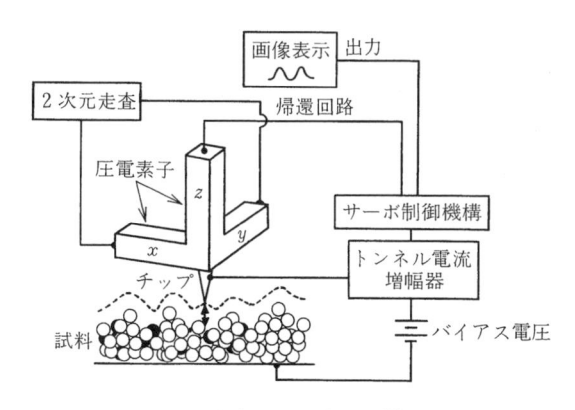

図 8.15 走査型トンネル顕微鏡の主要部分の構造

$$J_T = \sigma V, \tag{8.1}$$

$$\sigma \sim 0.1 R^2 \exp\left(\frac{2R}{\lambda}\right) \rho(r_0; E_F), \tag{8.2}$$

$$\rho(r_0; E) = \sum_\nu |\psi(r_0)|^2 \delta(E_\nu - E). \tag{8.3}$$

ここで，$\lambda = \hbar/\sqrt{2m_e\phi}$ は試料の表面波動関数 ψ_ν の試料外における減衰距離であり，m_e は電子の質量である．また式 (8.3) は，試料電子の曲率半径中心 r_0 における局所状態密度を表している．式 (8.3) の中の表面波動関数は，$|\psi(r_0)|^2 \sim \exp(-2(d+R)/\lambda)$ であるので，結局トンネル電流は

$$J_T \sim \exp\left(\frac{-2d}{\lambda}\right) \tag{8.4}$$

のような距離依存性を示す．減衰距離 λ は，通常の金属では仕事関数 ϕ が数 eV なので $\lambda = 0.1 \sim 0.2$ nm と非常に短くなり，トンネル電流は原子スケール距離で大きく変化することになる．

バイアス電圧（1mV～1V）を決め，トンネル電流 J_T が一定（1～10 nA）になるように，チップを固定している圧電素子（z 軸）を電気的に制御しながら，試料の表面を x-y 走査（x, y 軸の圧電素子を使用）する．z 軸の圧電素子の電圧変化は，表面の凹凸に比例することになるので，それを画像表示すれば，試料の表面構造を原子スケールで観ることができる．定電流モードと呼ばれるこの動作条件が最も一般的に用いられる．試料が平たんで原子スケールの

コーヒーブレイク

走査型トンネル顕微鏡によって得られる像は，試料表面の電子密度分布を表しているので，原子の特定方向に電子が局在するような表面は観察しやすい．観察しやすいものとして，π 電子による電子分布が表面に現れるグラファイト表面がある．それに対して，電子分布が球状である金属表面は，電子分布の強弱が大きくないので観測が難しい．また，走査型トンネル顕微鏡による像は，電子密度分布像であるから，必ずしも原子位置と正確に対応しない場合があるので注意する必要がある．

凹凸しかない場合には，チップを一定の高さで走査すると，トンネル電流が距離 d に応じて変化する像が得られる．

8.1.4 撮像管，表示管，光電子増倍管・二次電子増倍管

電子ビームを利用して画像を電気信号に変える装置を撮像管と呼んでいる．表示管としては，撮像管などで変換した画像の電気信号を電子ビームを利用して画像に変える受像用ブラウン管，測定信号を表示する測定用ブラウン管，簡単な文字情報などを表示する蛍光表示管，微小電子源を用いたフラットパネルディスプレイである **FED**（field emission display）などがある．

光電子増倍管は，光電子放出を利用して光信号を電気信号に変える素子である．また，二次電子増倍管は，電子照射による二次電子放出比の高い材料表面を使って，電流増幅作用を行う素子である．

〔1〕 **撮 像 管**　撮像管では，光電陰極面に結ばれた送像しようとする光学像を濃淡の異なった多くの細かい等面積の小点，すなわち**絵素**（picture element）に分けて，この絵素の明るさに応じた電流をある定まった方法で連続的に取り出す．絵素の光勢力を電気的勢力に変換する方式としては，並列方式，直列方式，積分方式（蓄積原理による）に大別される．

並列方式は，各絵素に対応する微小光電管から信号を並列に送り出すものである．この方式は，高光能率，走査が不要，送像周波数が低くてよいなどの利点があるが，多くの変換器と伝送回路を必要とするので実用的でない．

直列方式では，各絵素に対応する微小光電管からの信号を直接直列に送り出すもので，送受像側が簡単な装置でよく実用的ではあるが，絵素数の増加とともに映像周波数が増大する，光能率が極端に低いなどの短所がある．積分方式は，直列方式の光能率を大幅に改善したもので，図 **8.16** に示すように，各絵素に対応する微小光電管に信号を積分する機能を付けることによって高い光能率を得る方式である．実際の撮像管では，電荷の蓄積の原理を用いた積分方式のものが用いられている．図 **8.17** は，種々の撮像管の基本となったアイコノスコープの構造を示す．

256   8. 荷電粒子ビーム装置

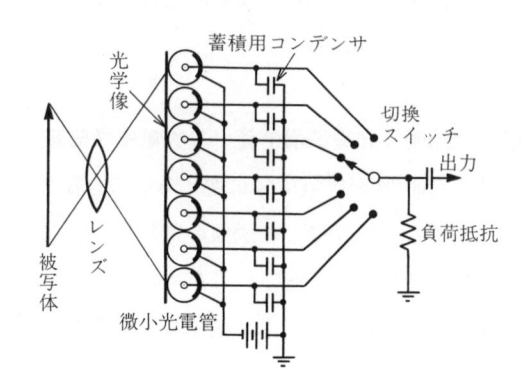

図 8.16 積分方式

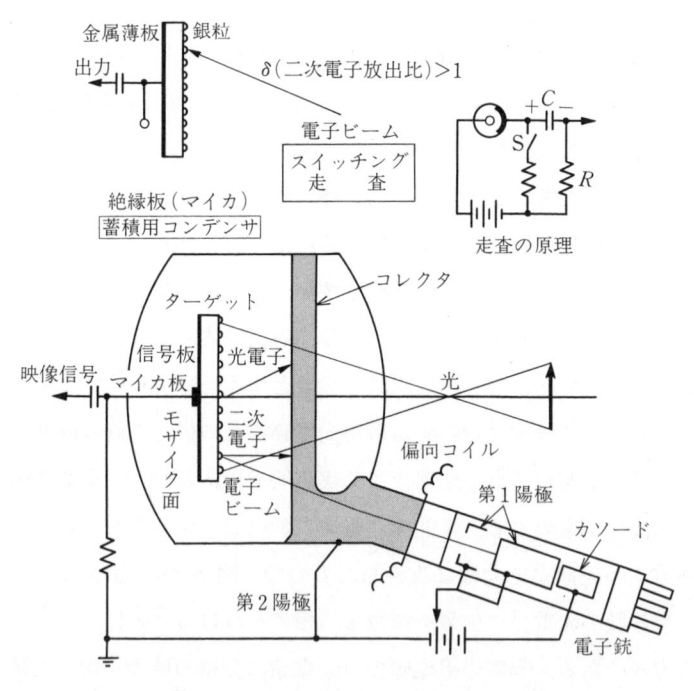

図 8.17 アイコノスコープの原理と構造

8.1 電子ビーム装置

ここでは，微小光電管は絶縁板の上に付けた銀粒（表面に Ag-Cs$_2$O などを塗って光電面としている）であり，電荷の蓄積は絶縁板を介したコンデンサ構造である。光が各微小光電管に当たると光電子を放出し，その電位は光の強さに応じて時間とともに高くなる，あるいは電荷が蓄積される。電位の高低として信号を蓄積した各微小光電管を，電子ビームの走査により一定時間ごとにスイッチング充電する。

電気信号としては，各微小光電管を充電するときに必要とする電流を外部へ取り出すことによって行う。信号の取出しが行われるためには，電子ビームが各微小光電管をスイッチング充電するとき，つねに同じ電位まで戻る必要がある。同じ電位に戻ることは，その領域を初期化したことになる。一般に，図 **8.18** に示すような絶縁された電極に電子ビームを当てるときは，以下に説明するような原理により，つねに同じ電位となる。

浮いた電極（絶縁されている電極）を T_1, T_2 とする。これはモザイク面の銀粒と考えたらよい。電圧 V_p に加速された電子が T_1 に射突する場合，T_1 電極の電位がどうなるかを考えてみる。ただし，T_1, T_2 電極の二次電子放出比 δ_e の特性は図 **8.19** のようであるとする。

まず，T_1 の電位は，1) $0 < V_p < V_a$ のとき，すなわち T_1 の δ_e が 1 以下の場合，

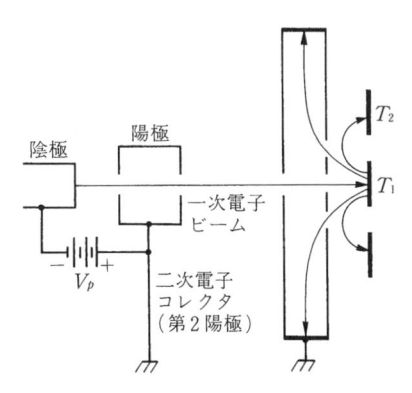

図 **8.18** 透絶縁された電極への電子ビーム照射

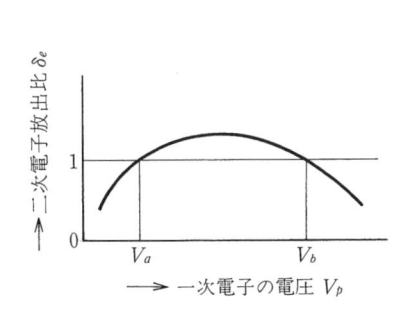

図 **8.19** 電極の二次電子放出比特性

T_1 面は次第に負に帯電して終りには陰極電位まで降下する。2) $V_p > V_b$ のとき，すなわち T_1 の δ_e が同じく1以下の場合，例えば V_p が V_c のところにあったとすると，$\delta_e < 1$ だから T_1 面は次第に負に帯電し，V_b 電位まで降下して平衡状態を保つ。なぜなら，V_b 以下では $\delta_e > 1$ だからである。3) $V_a < V_p < V_b$ のとき，すなわち δ_e が1より大きい場合，T_1 面は正に帯電されていくが，正になるにつれて T_1 面を出た二次電子が再び T_1 面にとられる量が多くなり，結局一次電子と戻ってくる二次電子の和が飛び出す二次電子に等しくなるような正の電位で平衡する。実際には，陽極電位すなわちコレクタ電位に対してわずかながら正の電位（約+3V）で平衡状態となる。一方，T_2 の電位は，T_1 からの二次電子を受けて次第に負に帯電し，最終的には，T_1 よりの二次電子が反発されて T_2 に達し得ないような負の電位（約−1V）で平衡する。

アイコノスコープが，二次電子放出比が1以上になる電子ビームを使ってモザイク面を走査するのに対して，二次電子放出比が1以下の電子ビームを使ってモザイク面を走査する撮像管もあり，オルシコンと呼ばれている。

また，光電面として光電子放出による原理を用いた上述のものに対して，光が当たることによって抵抗が減少する光導電物質を使って，光の量に応じてコンデンサに蓄えられた電荷を放電させることによって信号を積分する撮像管を，ビジコンと呼んでいる。ビジコンの原理図を図 *8.20* に示す。

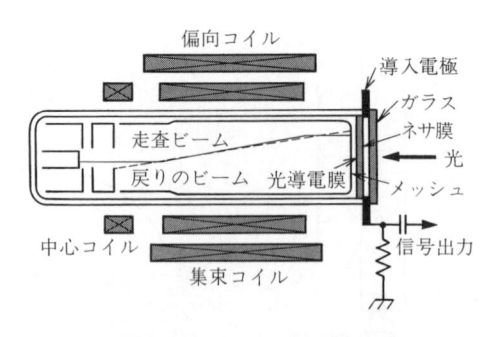

図 *8.20* ビジコンの原理図

〔**2**〕 **表　示　管**　　電子ビームを用いた表示管として，撮像管などによって像を電気信号に変換したものを画像として表示するためのものと，単純な文字表示などを行うためのものがある。前者には，**ブラウン管**（Braun tube），極微電子源アレーを用いた表示管があり，後者には蛍光表示管がある。

(**a**)　**ブラウン管**　　ブラウン管には，撮像された画像を表示するための受像管と，測定用のブラウン管がある。それらの構成は，**図 8.21**に示すように，電子銃，偏向系，蛍光面からなる。電子銃は，引き出す電流が比較的少ないので低パービアンスのものであり，スポットを得るためのビームの集束には静電方式が用いられる。**図 8.22**に典型的な電子銃の集束レンズ構成と集束特性を示す。

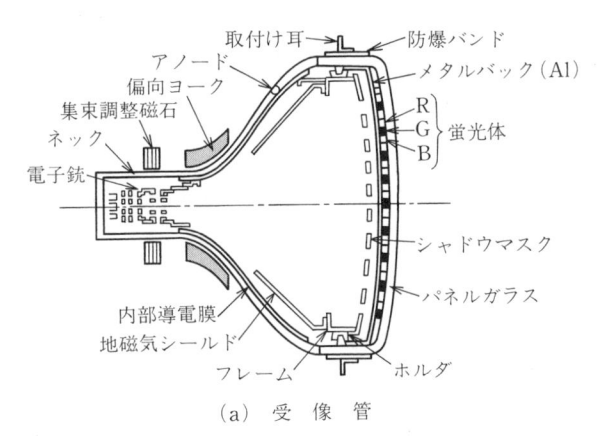

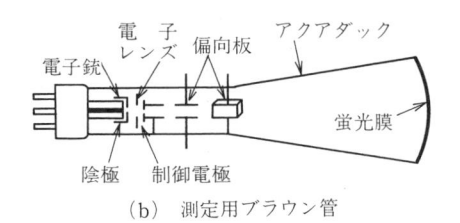

(a)　受　像　管

(b)　測定用ブラウン管

図 8.21　ブラウン管の構造

260   8. 荷電粒子ビーム装置

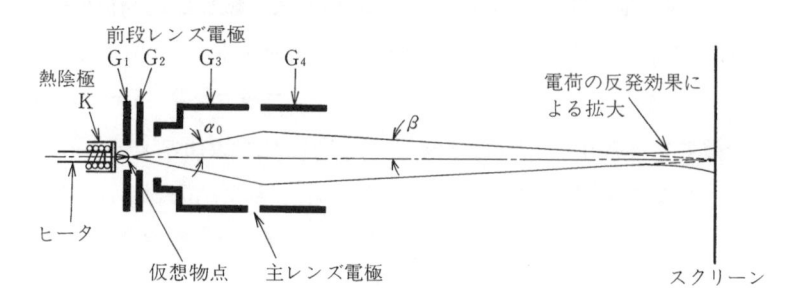

図 8.22 電子銃の集束レンズ構成と集束特性

熱陰極より引き出された電子ビームは，K，G_1，G_2で構成される前段レンズ電極系によって一度集束して仮想物点を形成する．この点から，発散角α_0で主レンズ電極系G_3，G_4に入射し，集束作用を受けて集束角βでスクリーン（蛍光面）上に集束する．主レンズからスクリーンまで電子は比較的長い距離を走行するため，電子どうしの空間電荷の反発により多少ビームが広がる傾向を示す．

2次元の画像として表示するために，電子ビームを2組の偏向系によって偏向する．受像管では，信号の強弱に従って電流を輝度変調した電子ビームを，2軸とも磁界により偏向して走査する．測定用ブラウン管では通常1軸だけを静電的に偏向走査し，ほかの軸に信号を入力する．

目に見える画像とするために，電子ビームのエネルギーを光に変換する必要があり，そのために蛍光体を塗付した蛍光面が使われる．

受像管　　受像管では，電子ビームの走行距離ができるだけ短くて表示画面が大きく（最大37インチ程度），しかも画面の輝度が高いこと望まれるので，電子ビームの加速電圧は25～30 kV程度と高く，偏向角は90～115°と大きい．このような高いエネルギーの電子を効率よく偏向するためには，静電偏向より電磁偏向が有利である．電磁偏向では，コイルのインダクタンスのため高い周波数の偏向には向かないが，受像管では横軸でも数十kHz程度であるので問題はない．ただし，偏向量を大きくしたときに，偏向感度の直線性が多少悪くなる問題がある．

また，電磁偏向では，わずかではあるが陰極から電子とともに引き出される質量の重い負イオンが，ほとんど偏向されないまま蛍光面の中心部に衝突してその部分を破損する。この現象を避けるため，電子銃のレンズ系の途中に横磁界をかけ，電子と負イオンの軌道を変えてイオンを捕捉するイオントラップを置いている。

カラーテレビジョン用受像管やカラーモニタ用ブラウン管では，赤，緑，青の3色の発光を混合することにより任意の色を表現している。そのため，それぞれの色に応じた3個の電子銃を適当に配置し，蛍光面の前に電子ビームの当たる場所を制御する電極を置く。方式として，**図 8.23**に示すように，シャドウマスク方式とトリニトロン方式がある。

(a) シャドウマスク方式　　(b) トリニトロン方式

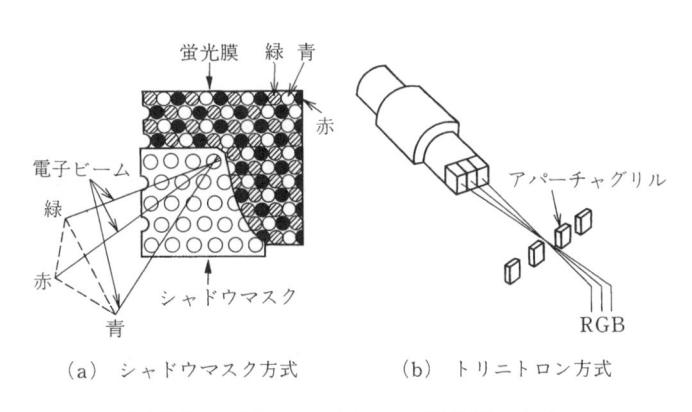

図 8.23 カラーテレビジョン受像管の方式

シャドウマスク方式では，3個の電子銃を正三角形の頂点に配置し，電子ビームの当たる場所を制御するシャドウマスク電極に開ける穴を円形（または長方形）にする。シャドウマスクは，円形の穴の場合，穴のピッチは $0.26 \sim 0.38$ mm，穴の直径は 0.1 mm 程度である。穴を通過して各色の電子ビームの当たる位置に，各色の蛍光塗料が塗付してある。

一方，トリニトロン方式では，1個の電子銃から横1列に並べた3本の電子ビームをつくり，電子ビームの当たる場所を制御する電極は縦に長い格子状となっている。シャドウマスクに比べると電子ビームの透過率がよい特徴がある。

赤，緑，青の発光のための蛍光物質として，赤色にはイットリウム系の希土類，YVO$_4$[Eu] や Y$_2$O$_3$[Eu](B22-R3) が，緑色として (Zn,Cd)S[Ag](B22-G2) が，青色として ZnS[Ag] (B-11) が主として使われている。ここで，[ ] 内は活性剤を表し，最後の ( ) 内は蛍光体の形式番号を表す。

測定用ブラウン管　測定用ブラウン管では，入力信号に正確に比例した波形の表示をする必要があるので，静電偏向が用いられる。電子ビームのエネルギーが高いと静電偏向の感度が落ちるので，偏向板へ入射する電子のエネルギーは 0.8~3keV 程度と低くし，偏向したあとに数 kV 以上に加速する。入力信号の周波数が 100MHz 程度以上に高くなると，偏向板を電子が走行する間に信号の位相が変化し，信号の入力電圧に正確に比例した偏向量が得られなくなる。

直流動作の偏向感度 A_0 に対して，角周波数が ω の信号の偏向感度を A とすると，その比は次式で表される。

$$\frac{A}{A_0} = \frac{\sin\left(\frac{\omega\tau}{2}\right)}{\frac{\omega\tau}{2}} \tag{8.5}$$

ここで，τ は電子の偏向板内の走行時間である。電子走行角 $\omega\tau$ と偏向感度比の関係を図 **8.24** に示す。

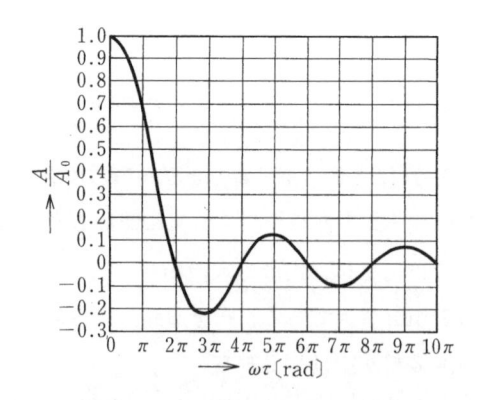

図 **8.24**　電子走行角 $\omega\tau$ と偏向感度比の関係

(b) 蛍光表示管　蛍光表示管（vacuum fluorescent display，**VFD**）は，少なくとも片側が透明な真空容器の中で，直熱型カソードから放出される熱電子を，直流またはパルス電圧で数十Vに加速し，表示すべき形状に塗布された蛍光体（アノード）に衝突発光させて望みのパターンを表示する電子管である．表示パターンとして，数字や固定文字，棒グラフなどがある．電子の動きを制御するためのグリッドを備えた三極管構造のものが多い．

蛍光表示管の構造を図 **8.25** に示す．図の場合は，フロントガラス側が表示パターンの観察方向である．直熱カソードは，表示の妨げにならない直径が数 μm から二十数 μm の細いタングステン線表面に，Ba，Sr，Ca の酸化物被膜を塗布したフィラメントであり，温度が 600〜650℃で電子放出するものが用いられる．この程度の温度ではほとんど発光しないので，フィラメントの奥で発光するパターンを観察するのに妨げにならない．

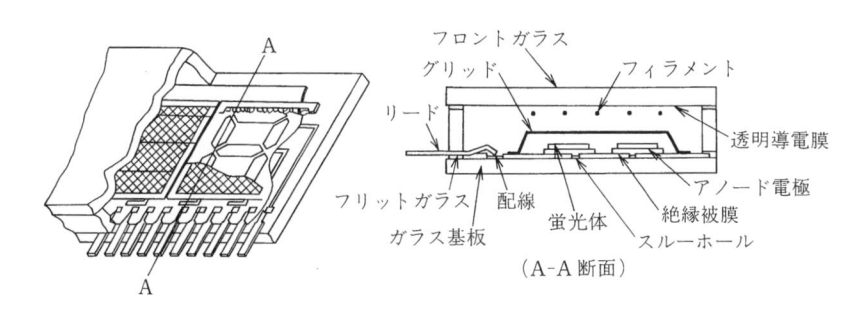

図 **8.25** 蛍光表示管の構造

グリッドは，表示の妨げにならないように，開口率の高いステンレスなどの金属メッシュを使う．グリッドは，フィラメントからの電子を効率よくアノードに導くためのものである．グリッドに正電圧を与えてフィラメントから放出された電子をアノードに加速あるいは拡散したり，逆に負電圧を与えてアノードへの電子を遮断して表示を消去したりする．

アノードは，ほぼ表示パターン形状に加工した導電性材料（黒鉛やアルミニウム）上に，表示パターン形状に蛍光体を塗布したものである．アノード電極

に数十Vの正電圧を印加すると，グリッドによって加速，拡散された電子が蛍光体に衝突するので，表示パターンどおりの形状で発光する。種々の色を発光する蛍光体を用いることにより，カラー表示が可能である。

フロントガラスの内側に形成されている透明導電膜は，管外からの外部電界の影響をなくすための静電シールドである。

(c) **極微電子源アレーを用いた表示管**　極微電子源では，$1\,\mu m \sim$ 数μm 間隔で電子源が並んでいるので，この電子源アレーを適当に制御して蛍光体を発光させれば，微細なパターンや画像を表示することができる。電子ビームを加速するための距離は，数百μm から数 mm でよいので，厚みが数 mm の表示管が実現できる。蛍光体を直接発光させるので，ブラウン管と同じように，視野角が広く，輝度が高く，電力効率のよい表示管である。

図 8.26 は，カラーテレビジョン用蛍光表示の電極構成図の例である。絵素は帯状のカソード電極とゲート電極の交差する微小面積で決まる。絵素の面積は約 $0.1\,\text{mm}^2$ であるので，その中に $10^3 \sim 10^4$ 個の電界放出微小電子源が存在する。個々の電界放出エミッタから放出される電流の雑音に比べて，N 個のエミッタからの電流の雑音は $1/\sqrt{N}$ に軽減されることから，1 絵素の発光に多数のエミッタを使うことにより，より安定な表示素子が得られる。

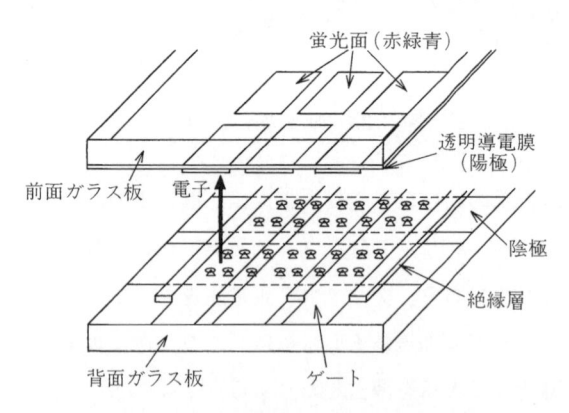

図 8.26 微小電子源を用いたカラーTV用蛍光表示素子の電極構成図

低電圧型のものでは，電子電流を制御するために，陰極-ゲート間の電圧を 30 V から 80 V の間で変化する。200 〜 300 μm 程度離れた陰極-陽極間に数百 V の電圧を印加して電子を加速し，蛍光面での輝度をかせぐ。

高電圧型のものでは，陰極-陽極間距離を 1 〜 5 mm と長くとるので，陰極-陽極間電圧を数 kV とすることができる。電子の加速電圧が高いほど，蛍光体の発光効率が高いので，高輝度の画面が得られる。

電界放出微小電子源を用いた表示管を**電界放出ディスプレイ**（field emission display，**FED**）と呼び，数インチから十数インチ画面のものがつくられている。

〔3〕　**光電子増倍管・二次電子増倍管**　光の信号を電気信号に変換する手段の一つとして，光電子放出現象を利用する方法がある。光放出電子電流は微弱であるので，その後方に二次電子増倍管を置いて高速高倍率増幅を行う高感度の光検出素子が用いられる。このような光検出素子を，**光電子増倍管**（photomultiplier tube）という。

電子やイオンのような粒子や真空紫外線，軟 X 線などを高感度で検出するために，二次電子増倍管（単に電子増倍管と呼ぶこともある）を単独に用いることもある。**二次電子増倍管**（secondary-electronmultiplier tube）は，二次電子放出比が 1 より大きな電極を直列に配置して，微弱な電子信号を高速で高利得増幅する電子管である。

光電子増倍管　光電子増倍管の構造は，素子の受光部の位置によって，管の上部に受光部を持つヘッドオン型と管の側面に受光部を持つサイドオン型に分かれる。

図 **8.27** (a) にヘッドオン型，(b) にサイドオン型の構造を示す。

光が光電面に入射すると，光電子放出現象により電子が放出される。その光電子を集束電極により集めて，電子増倍部の第 1 ダイノードへ導入する構造となっている。サイドオン型では，光電面の前面に放出される電子を利用するが，ヘッドオン型では，透過型の光電面を用い，光電面の背面から放出される電子

(a) ヘッドオン型

(b) サイドオン型

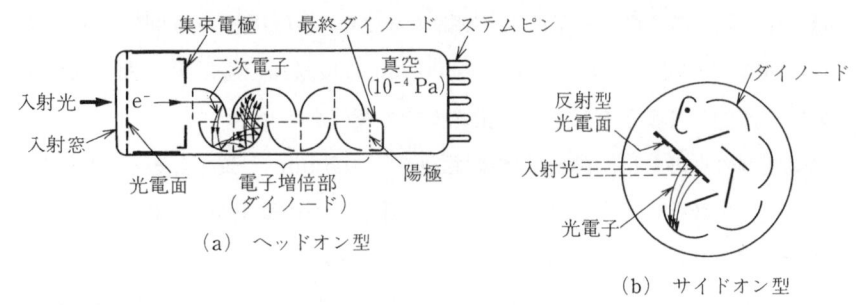

図 8.27　光電子増倍管の構造

を利用する。

　光電面から放出される電子の速度は低速であるので，光電面と集束電極あるいは第1ダイノードの間に電子を加速するために数百 V の電圧を印加して ps から ns の高速応答ができるようにする。光電面の感度や特性は光電面に使う材料によって異なり，材料によって**表 8.2**のような差がある。

表 8.2　光電面の感度と特性

光電面	感度	特性
Ag-O-Cs	300 〜 1200 nm	量子効率：0.3%，近赤外検出用（暗電流が多い）
GaAs(Cs)	紫外から930 nm	300 〜 850 nm 平たんな分光感度特性
InGaAs(Cs)	GaAs(Cs) より赤外側まで	Ag-O-Cs より SN 比が優れている
Sb-Cs	紫外から可視	量子効率：20%，反射型光電面用
Sb-Rb-Cs，Sb-K-Cs	Sb-Cs とほぼ同じ	Sb-Cs より高感度，低暗電流
Na-K-Sb		175℃の高温に耐え，常温では暗電流が非常に少ない
Sb-K-Na-Cs	紫外から近赤外	量子効率：18%，高感度・広波長分光感度特性
Cs-T，Cs-I	紫外域，真空紫外域	可視光には感度なし

　電子増倍部は，10段から20段程度のダイノードと呼ばれる二次電子放出面電極によって構成される。第1ダイノードに入射した電子によって二次電子が放出され，それが加速されて第2ダイノードに入射し，つぎつぎとネズミ算式に電子が増倍していく。ダイノードは二次電子放出比の高い Cu-BeO でできており，分割抵抗によって各ダイノード間に 200 〜 300 V の電圧がかかるようになっている。全印加電圧は 1000 〜 2000 V 程度，電子増倍率は 10^5 〜 10^6 程

度である．信号に対する応答速度（上昇時間）は，1 〜 10 ns 程度と非常に高速である．

二次電子増倍管　二次電子増倍管の基本形の一つには，ヘッドオン型光電子増倍管の光電面を取り除いた構成のものがある．光電子増倍管の電子増倍部より多段構成で，全印加電圧も高いものが多い．

他の基本形として，図 **8.28** に示すチャネル型，マイクロチャネルプレート型がある．

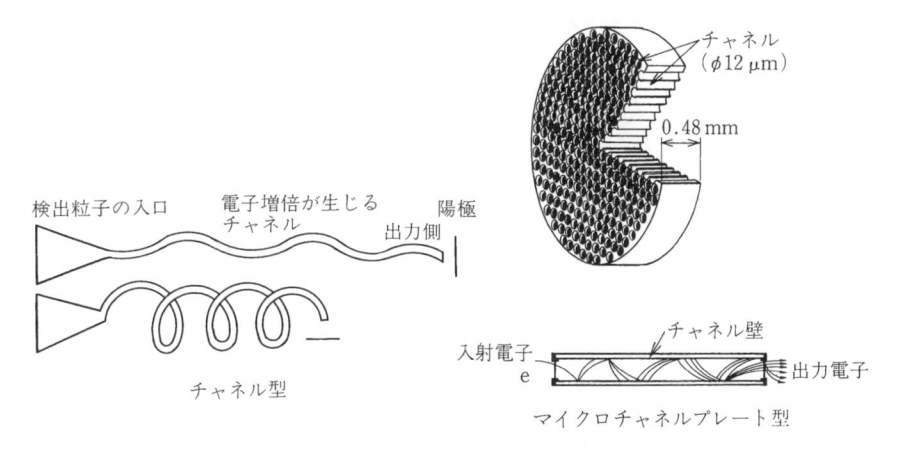

図 **8.28**　二次電子増倍管の構造

内面を二次電子放出面処理した細管を蛇行状とし，細管に適当な抵抗値を持たせてその入口と出口に数 kV の電圧を印加する．細管中を適当な電圧だけ加速された二次電子は，また壁面に衝突して二次電子を放出する．この現象がつぎつぎ生じて，最終的に高い電子増倍率が得られる．入口と出口間の印加電圧は 3.5 〜 4.5 kV で，電流増倍率は 10^8 程度である．このような構造の二次電子増倍管をチャネル型と呼んでいる．

直径が 10〜20 μm と非常に小さなチャネルを多数個 2 次元に配列し，二次電子増幅する入力と出力の位置の対応を付けたものを，**マイクロチャネルプレート**（microchannel plate，**MCP**）と呼んでいる．マイクロチャネルの孔の開口率は通常 60% 程度である．チャネルの軸はプレートの垂直軸に対し 5° から

15°程度傾けてある。1段で電流増倍率が10^4程度得られるが，2段，3段と直列に配置することにより，高増倍率のものが得られる。

8.2　イオンビーム装置

　高いエネルギーに加速したイオンビームを固体表面に照射すると，イオンは固体中に入り込む。その深さや量はエネルギーの大きさや電流量で正確に制御できる。この性質を利用して，10 keV～数 MeV のイオンビームがイオン注入や表面改質に利用されている。イオンビームの加速エネルギーが比較的低い場合には，スパッタリングによって固体表面の原子が削り取られる。この性質を用いて固体表面の加工を行うことができる。イオンビームの加速エネルギーが極端に低い場合には，イオンは固体表面に付着するので，薄膜の蒸着が可能となる。

　イオンビームの運動エネルギーが 10 eV であっても，温度に換算すれば約10万℃に相当し，またイオンビームが強い影響を与える固体原子群は局所であるから，イオンビームを使ったこれらの応用はいずれも，非熱平衡的な処理であるということができる。

　イオンビームは固体表面の分析にも利用できる。質量の軽いイオンは，固体原子と弾性衝突をすると後方へ跳ね返ってくるので，そのエネルギーを分析するとどのような原子と弾性衝突をしたかが判定できる。一般的には，高いエネ

コーヒーブレイク

　二次電子増倍管や光電子増倍管は，非常に高感度であるため，1個1個の荷電粒子 (高速中性粒子を含む) や光子 (X 線を含む) を計測できる。また，マイクロチャネルプレートでは入出力の位置対応ができるので，マイクロチャネルプレートの前後に光電子放出面と蛍光面を付けることにより，暗いところでも観測可能な超高感度の画像増幅ができる。そのような機能を持つデバイスを，イメージインテシファイヤという。マイクロチャネルプレートは，適当な検出回路を付加することによって入射粒子位置の検出も可能である。

ルギーの粒子を用いて，表面から μm 程度の厚みのある膜中の分析に用いられる．比較的質量の重いイオンを固体表面に照射すると，スパッタリングによって種々の状態の粒子が放出される．その中の二次イオンを分析することにより，固体表面の組成を分析することができる．

8.2.1 イオン注入装置

イオン注入装置の基本構成は，図 *8.29* に示すように，イオン源，初段レンズ (省く場合もある)，質量分離器，加速管，後段レンズ，偏向・走査，エンドステーションからなる．イオン源において発生させたままのイオンビームでは，イオン注入用としてその特性が十分に特定されていない．そのため，エンドステーションとの間にいろいろなビーム輸送系を入れて，ビームのエネルギー，イオン種，ビーム形状，電流密度などを適切な量や値に調整する．

イオン源 ⇒ 初段レンズ ⇒ 質量分離器 ⇒ 加速管 ⇒ 後段レンズ ⇒ 偏向・走査 ⇒ エンドステーション

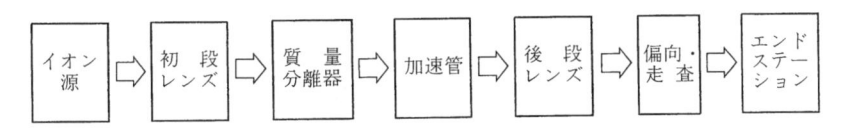

図 *8.29* イオン注入装置の基本構成と諸機能

また，イオンビームがその行路中に残留ガスと衝突して消滅することができるだけ少ないことが必要である．そのために，ビーム輸送系の各所において必要に応じて真空が得られるように，数箇所に真空ポンプを配置することが行われる．

イオン源としては，引き出されたイオンビーム中に，エンドステーションで使おうとするイオン種の電流を十分含んでいなければならない．すべてのイオン種について，またあらゆる目的に応じて，十分な電流量を供給できる万能のイオン源はない．目的に応じ，適切なイオン源を選んで取り付けることが行われている．

イオン源から引き出されたイオンビームの形状や集束性は，その後のビーム輸送に対して最適であるとはかぎらない．多くの場合イオン源の直後に静電レ

ンズを置いて，ビームの集束性を調整できる自由度を持たせている。イオン源のイオンビーム引出し電圧は 20~30 kV であるので，この程度のエネルギーの集束に適し，かつ構造が簡単なアインツェルレンズがおもに用いられる。静電レンズであれば，イオン種が異なっても焦点距離が同じであるから，あとの質量分離器への輸送に都合がよい。大電流の場合には，磁界レンズを用いることがある。

イオン源から引き出されたイオンビーム中には，いろいろな元素，いろいろな構成原子数，いろいろな価数のイオンが含まれている。エンドステーションで使いたいイオン種を特定するために，質量分離器が用いられる。

質量分離器は，イオンビームの加速エネルギーが高くなるほど大型になるので，加速エネルギーが比較的低くしかもほぼ一定値である，初段レンズ直後に配置する場合が多い。質量分解能が高い扇形電磁石の質量分離器がよく用いられるが，ビームの進行方向が偏向角度分だけ曲げられるので，装置の配置に工夫が行われている。$E \times B$ 型質量分離器を用ればビームラインを曲げないで済むが，質量分解能が多少劣る。特殊な質量分離あるいは分析法である四重極に直流と高周波を重畳した電圧を印加する四重極質量分析や，パルスビームの飛行時間により質量分離・分析するタイムオブフライト法が用いられることもある。

イオン源からイオンを引き出す電圧は，一定値にしたほうがイオン源の動作には都合がよい。一般的には，20~30 kV の引出し電圧が用いられる。エンドステーションで必要とするより高いエネルギーに制御するために，加速管が必要となる。原理的にはいろいろな加速方式が考えられるが，イオン注入装置のエネルギー範囲では，静電加速方式が最もよく用いられる。

非常に高いエネルギーまでイオンを加速する方法として，タンデム加速方式，線形加速器，RFQ など種々の方法がある。イオン源から引き出したイオンビームのエネルギーより低いエネルギーのイオンを用いたい場合には，イオンビームを減速する手段が必要となる。

加速管から出たイオンビームは，エンドステーションまでの間に走査や偏向

をすることが多く，そのために 1～2 m 輸送する必要がある．加速後のイオンビームの集束性の自由度を持たせるため，加速管の直後に後段の静電レンズを置くことが多い．このレンズとして，イオンビームのエネルギーが高くても比較的低電圧で集束できる静電四重極型のレンズを用いることが多い．ただし，大電流イオンビームの集束には，四重極型の磁界レンズを用いることがある．

輸送中のイオンビーム径は，各輸送系の光学的制限から，数 mm～2cm 程度のことが多い．エンドステーションにおけるターゲットの大きさは，シリコン半導体ウェーハを例にとっても，4 から 12 インチ直径の各種があり，しかもビーム径よりもかなり大きい．そのため，イオンビームかターゲットを動かしてイオンをウェーハ面積一様に注入する走査が行われる．

走査法としては，ビームを静電偏向あるいは電磁偏向するか，ターゲット部を機械的に動かす方法，あるいはこれらの組合せが用いられる．構造が簡単であることや偏向量がイオン種によらないなどの特長があるので，主として静電偏向型の走査法が用いられる．大電流イオンビームの場合には，その空間電荷によってできる内部電界によって静電偏向の精度が劣化するため，電磁偏向を用いることが多い．

一部のイオンは，イオンビーム輸送中に残留ガス粒子と荷電変換衝突して高速中性粒子となる．高速中性粒子は，電磁界には影響されずに直進するので，ターゲットに当たらないように配慮しなければならない．そのため，走査直前に偏向板を置くか，走査電圧にバイアス電圧を加えてイオンビームの中心ラインを少し曲げることが行われる．

〔1〕　**中電流・大電流イオン注入**　シリコン半導体のタイプ変換を目的としたイオン注入装置では，使用するイオン種が，B^+, P^+, As^+ に限られている．これらのイオンビームを出す専用機として，イオン電流が 1mA 程度のものを中電流，10mA 程度以上のものを大電流イオン注入装置として区分している．最近の素子の微細化に伴って注入深さも浅くなってきているので，これらの装置では加速電圧は最大 200kV 程度で十分である．これに対して，種々のイオン種を取り出すことができる汎用機では，イオン電流は少ないが，加速電

圧は数百 kV 程度まで高くできるものが多い.

図 **8.30** に中電流イオン注入装置の構成例とその性能を示す. 構成図からもわかるように, イオンビームを 200 kV に静電加速する加速管までの機器は, 外部に鋭い凹凸がない高電圧架台容器の中に納められている. これは, 高電圧部に先端の鋭い部分があると, 電界が集中してコロナ放電を起こし電圧が安定しないので, それを防ぐためである. 高電圧架台の外側を, X 線の遮へいを兼ねた

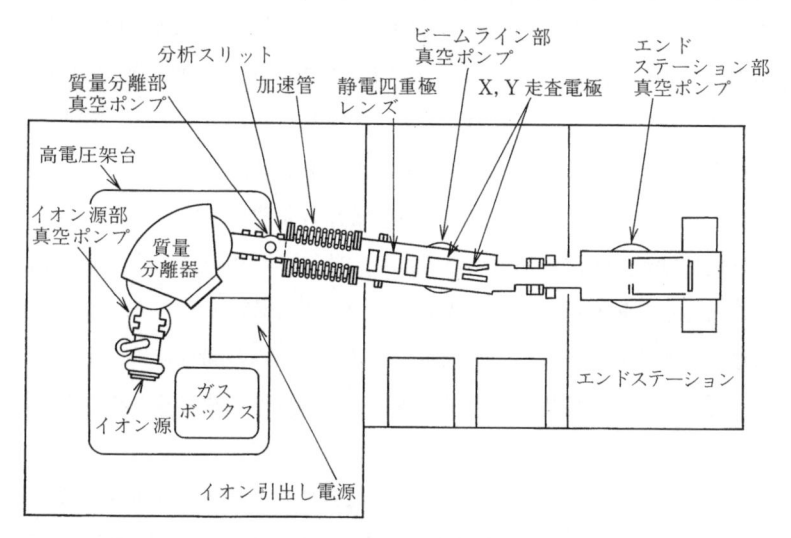

ビームエネルギー	10 ~ 200 keV 可変
ビーム量	最小　50 nA 最大　5 インチスキャン電流 　　　$^{11}B^+$　　600 μA 　　　$^{31}P^+$　　1000 μA 　　　$^{75}As^+$　1000 μA
質量分解能	$\frac{M}{\Delta M} \geq 100$
適用ウェーハ寸法	4.5 インチまたは 5.6 インチ
ウェーハ処理数	10s 注入時, 200 枚/h　5s 注入時, 300 枚/h
注入均一性	ウェーハ内, ウェーハ間ともに　≦ 1%
イオン注入角	0 ~ 10° 連続可変
イオン源	フリーマン型, 固体オーブン付属 (オプション)
真空排気装置	イオン源部　　　　　　油拡散ポンプ ビームライン部　　　　クライオポンプ エンドステーション部　クライオポンプ
本体外形・重量	2570D × 4725W × 2530H mm, 5000 kg

図 **8.30**　中電流イオン注入装置の構成例と性能

接地電位の容器で囲み，人体に対する安全を図っている。

図 8.31 は，高電位部への電力を絶縁トランスによって供給し，高電位部からの排気をポンピングチューブによって行い，高電圧電源として倍電圧整流回路を多段に用いたコッククロフト・ウォルトン回路を使用した例を示す。高電圧部の機器の制御は，光ファイバによって接地電位側から信号を伝送することにより行っている。

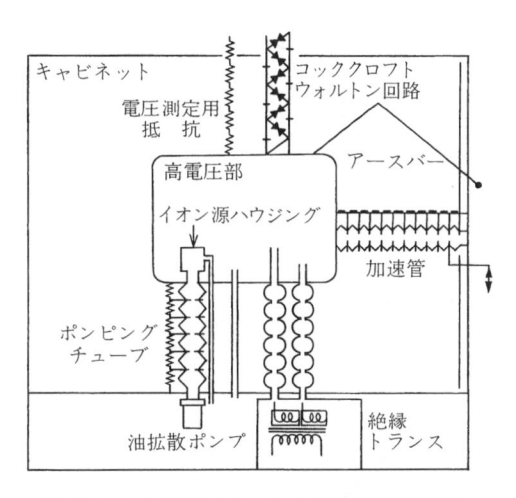

図 8.31　中電流イオン注入装置の高電位部の構成例

半導体のウェーハ寸法が大きくなってきたことと，精確な浅い注入が要求されるようになってきたため，イオンビームのエネルギー分析を備え，ウェーハには必ず垂直にビームが入射するように走査ビームの角度を補正する機能を備えた，図 8.32 に示すような中電流イオン注入装置もある。この装置では，質量分離，エネルギー分析，ビーム走査，ビーム角度補正をすべて電磁石を用いて行っている。

図 8.33 は，大電流イオン注入装置の例である。マイクロ波イオン源から引き出された大電流イオンビームは，集束を兼ねた扇形電磁石で質量分離され，つ

274   8. 荷電粒子ビーム装置

図 8.32 高精度中電流イオン注入装置の構成例と性能

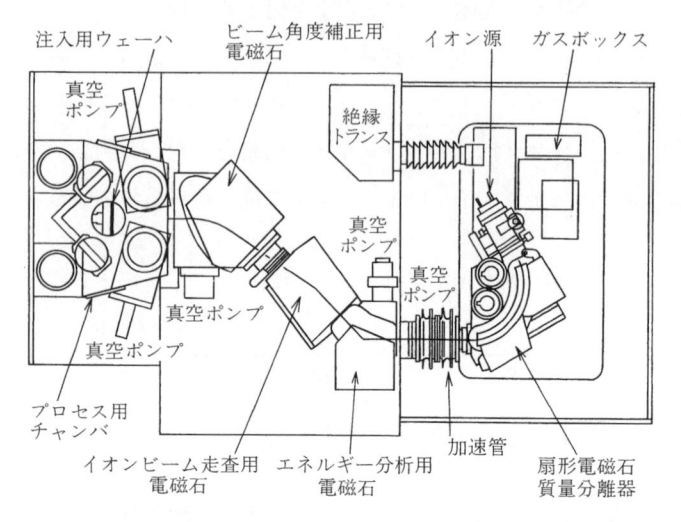

ビームエネルギー	3〜200 keV 可変
最大イオン電流	$^{11}B^+$　2 mA $^{31}P^+$　4.5 mA $^{75}As^+$　3.5 mA
質量分解能	$\frac{M}{\triangle M} \geq 80$
適用ウェーハ寸法	8インチまたは12インチ
ウェーハ処理数	200 枚/h
注入均一性	ウェーハ内，ウェーハ間ともに　$\leq 0.5\%$
イオン注入角精度	0.5°以内の分散角
イオン源	バーナス型
真空排気装置	イオン源部　　　　　　ターボ分子ポンプ ビームライン部　　　　ターボ分子ポンプ エンドステーション部　クライオポンプ
本体外形・重量	6500D × 3200W × 2500H mm，18000 kg

ぎの偏向用電磁石で2箇所に設けたエンドステーションのいずれかへ輸送される．イオン電流が約10mA程度と大電流のため，イオンビームを静電的には走査できないので，エンドステーションには，多数のシリコウェーハを機械的に高速走査処理する機能が付いている．

汎用のイオン注入装置では，できるだけ多くのイオンの種類の供給とできるだけ広い加速エネルギー範囲を持たせるために，多種類のイオン源が装着でき，

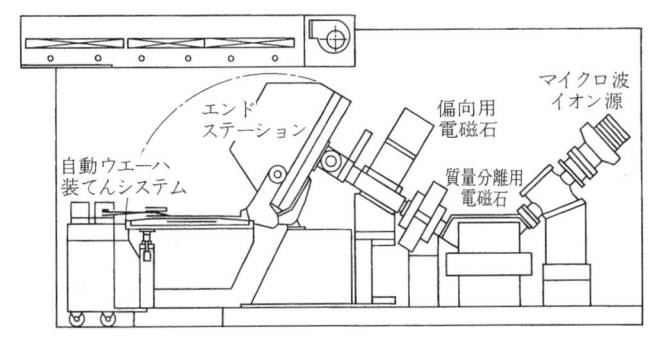

図 *8.33* 大電流イオン注入装置の構成例と性能

加速電圧	20～120 kV	
イオン電流	B^+ P^+ As^+	4 mA 12 mA 10～12 mA
イオン注入均一性	1% 以下	
最大分離質量数	120(80 kV 加速)，80(120 kV 加速)	
エンドステーション	2箇所	
ウェーハ装備枚数	5インチウェーハ 13枚	
寸法・重量	高さ：2.4 m　奥行：5.3 m 重量　　10.7 t	

最大加速電圧を数百 kV まで印加できるようにしたものが多い。空気中では電圧が数百 kV 以上になると電極からコロナ放電が起きるので，高電圧部を空気中に設置するかぎり数百 kV 以上の電圧で静電加速することはできない。

〔2〕 **高エネルギーイオン注入**　固体表面から数 μm の深さまでイオンを注入するためには，イオンのエネルギーは数 MeV 必要である。空気絶縁では 500 kV 程度が限度であるので，絶縁ガスを封入したタンク内に高電位部と加速管部を納めた方式が用いられる。イオンの加速エネルギーが高いので，加速方法に工夫が行われている。

一つの方法として，汎用のイオン注入装置の高電圧架台部を小型化し，高電圧発生電源として数 MV の電圧の発生に有利なバンデグラーフ方式を用いて，シングルステージ静電加速方式とした MeV イオン注入装置がある。ほかの方法として，まず負イオン源を用いて負イオンビームをつくり，それを高電圧に加

速する.高電位部に置いた荷電変換セル（不活性ガス中を通過させる）で負イオンビームを多価の正イオンに変換し,負イオンビームを加速したのと同じ電源でまた逆加速するタンデム方式がある.

この方法では,シングルステージ型より低い加速電源で十分な加速ができることと,イオン源が低電位部にあることにより操作しやすい.ただし,使用するイオン種を多量に発生できる負イオン源が必要となる.

高エネルギーイオン注入装置として,タンデム型イオン注入装置の例を図 **8.34** に示す.

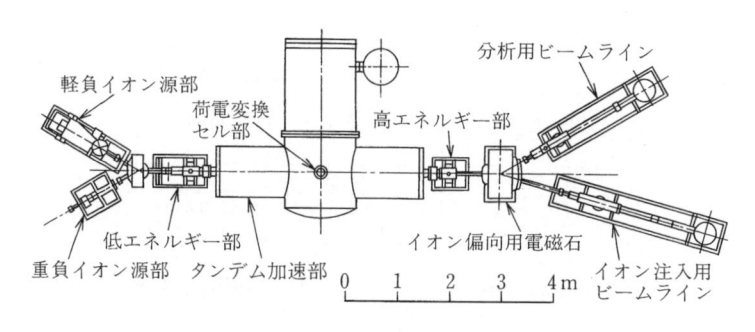

加速電圧	0.2〜1.5 MV
エネルギー	0.4〜3.0 MeV（1価イオン） 〜4.5 MeV（2価イオン）
ビーム電流	0^+ 50 μA
イオン種	H, B, C, O, Ni, Cu その他の各種イオン
加速電源	1.5 MV, 1.5 mA
イオン偏向能力	107 a.m.u・MeV（30°ポート）
質量分解能	$\frac{M}{\Delta M} = 100$

図 **8.34** タンデム型イオン注入装置の構成例と性能

〔3〕 **集束イオンビーム注入** イオンビームの直径を 1 μm 以下の細いビームにできれば,半導体素子にマスクを使わずに直接イオン注入することができる.径が細くて密度の高いイオンビームを得るためには,輝度の高いイオン源を用い,ビームの軸調整が高精度で行える静電レンズ系やビーム輸送系を用いる必要がある.輝度の高いイオン源として,通常液体金属イオン源が用い

られる。

図 8.35 に，質量分離器を備えた 150kV 加速ができる集束イオンビーム装置の構成を示す。

液体金属からイオンを引き出し，絞りによりビーム径を絞ったうえで $E \times B$ 型質量分離器を通過させる。質量分離器の前後に静電レンズが置かれ，またビームの中心軸からのずれを直すためのアライメント電極や，ビーム断面形状を補正するための非点補正器を各位置に取り付けてある。イオンビーム径は，イオン電流が 0.1nA 程度で約 $0.1\,\mu m$ となる。試料上で得られる電流密度は変わらないので，さらに細いビームを得ようとすると，ビーム電流値が低下する。

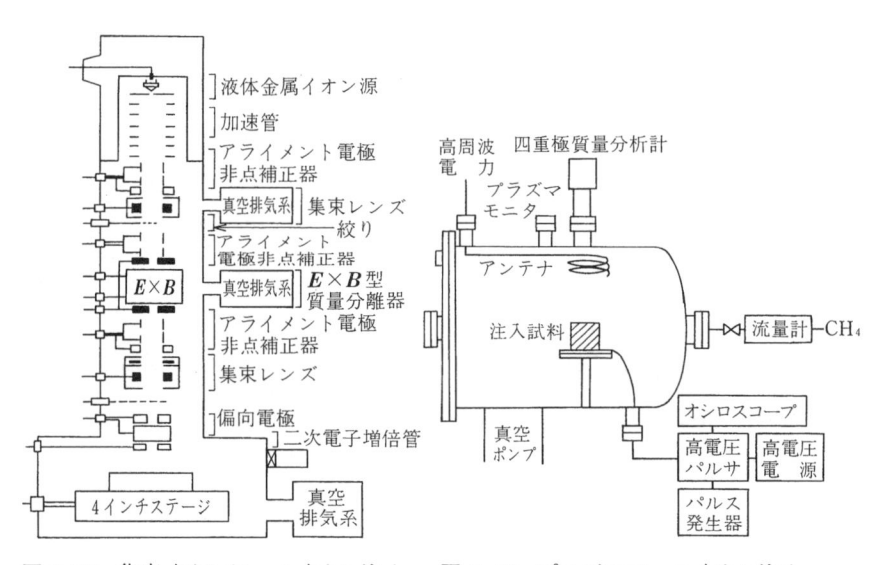

図 8.35 集束イオンビームイオン注入装置の構成

図 8.36 プラズマソースイオン注入装置の構成例

〔4〕 **プラズマソースイオン注入** パルス幅数十 μs の短いパルス電圧であれば，プラズマ中に置いた材料に数十 kV の負の高電圧を印加することができる。このとき，プラズマと材料との間にできるイオンシースは時間の経過とともに成長しながら，プラズマから引き出されたイオンがイオンシースで加速

され材料表面に注入される。このとき注入されるイオンの加速電圧は0からパルス電圧のものまで幅広いと同時に，プラズマ中のイオンは選択されずに注入される。

しかし，イオンシースの厚みが大きくなければ，複雑な形状（3次元形状）の材料表面を一様に処理できることや，低価格で高濃度注入ができる特長がある。この方法によるイオン注入を，**プラズマソースイオン注入**（plasma source ion implantation，**PSII**），あるいは**プラズマ浸入イオン注入**（plasma immersion ion implantation，**PIII**，**PI**[3]）と呼んでいる。**図 8.36**に，プラズマ源として高周波放電を用いた装置の例を示す。

8.2.2　イオンビーム加工装置

〔1〕　**イオンビームエッチング装置**　イオンビームを固体表面に照射すると，固体原子がイオンビームの運動エネルギーを得て固体表面から飛び出すスパッタリング現象が生じる。スパッタリングする原子数が十分多ければ，固体表面の加工に利用できる。加速エネルギー $500\,\mathrm{eV}$，電流密度 $1\,\mathrm{mA/cm^2}$ の Ar^+ イオンビームを用いれば，種々の固体材料に対して数十～$100\,\mathrm{nm/min}$ 程度の加工速度が得られる。

イオンビームはビームの進行方向がそろっているので，ビーム方向に加工が進む異方性の特徴がある。この特徴を生かして，幅狭で深い溝を掘るような微細加工に用いられている。イオンビームを用いた加工装置は，イオンビームエッチングあるいはイオンビームミーリング装置とも呼ばれている。イオンビームミーリング装置の例として，**図 8.37**に，直径 $58\,\mathrm{cm}$ のバケット型イオン源を備えた装置の構成を示す。

エッチングのためのイオンとして，基板原子と化合性の強いハロゲン系の元素イオンを使用すると，化学反応によるスパッタリング率の大幅な増加がある。基板原子によって化学反応が異なりこの増加率が異なることを利用して，選択比（例えば SiO_2 のエッチング率と Si のエッチング率の比）の大きな加工ができる。

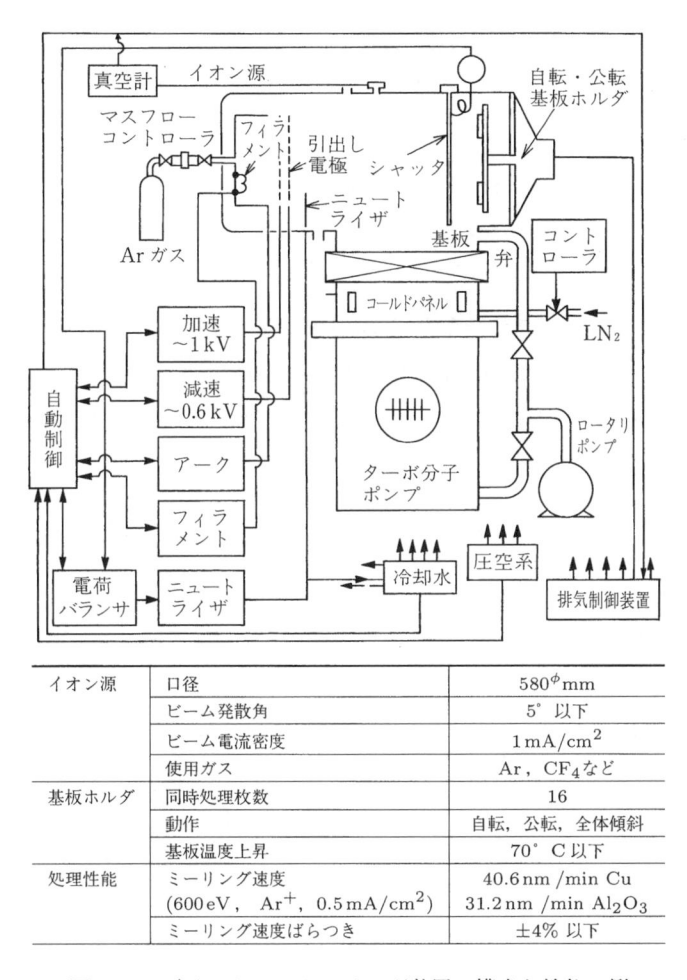

イオン源	口径	580^ϕ mm
	ビーム発散角	5°以下
	ビーム電流密度	1 mA/cm^2
	使用ガス	Ar, CF$_4$ など
基板ホルダ	同時処理枚数	16
	動作	自転, 公転, 全体傾斜
	基板温度上昇	70°C 以下
処理性能	ミーリング速度 (600 eV, Ar$^+$, 0.5 mA/cm^2)	40.6 nm/min Cu 31.2 nm/min Al$_2$O$_3$
	ミーリング速度ばらつき	±4% 以下

図 8.37 イオンビームミーリング装置の構成と性能の例

絶縁材料のエッチングに正イオンビームだけを使うと，表面に正電荷が帯電し，サブミクロンの幅の深い溝を精度よく掘ることが難しい．そのため，正イオンと負イオンを交互に照射し，帯電を緩和しながらエッチングする方法もある．ハロゲン元素は電子親和力が大きいので，比較的電子温度の低いプラズマ中（パルス放電直後のプラズマやアフターグロープラズマ）に負イオンを多量に発生させることができる．

〔2〕 **集束イオンビーム加工装置** 集束イオンビーム加工装置の例として，加速電圧が 20〜30 kV で質量分離をしない簡単な構造のものの基本構成を図 **8.38** に示す。

液体金属イオン源から引き出されたイオンビームの中で，数十 μm 径の絞りを通過したビームだけを非対称静電レンズにより加速，集束する。ビームの試料上での位置制御は，静電偏向により行う。試料上でのビームの位置や集束の程度を観測するため，試料からの二次電子を二次電子増倍管を用いて検出する。

このような簡単な構造の集束イオンビーム装置は，集束イオンビームアシスト蒸着，集束イオンビーム露光，IC 断面観察のための断面加工用，透過型電子顕微鏡用の超薄膜試料加工用などに用いられる。

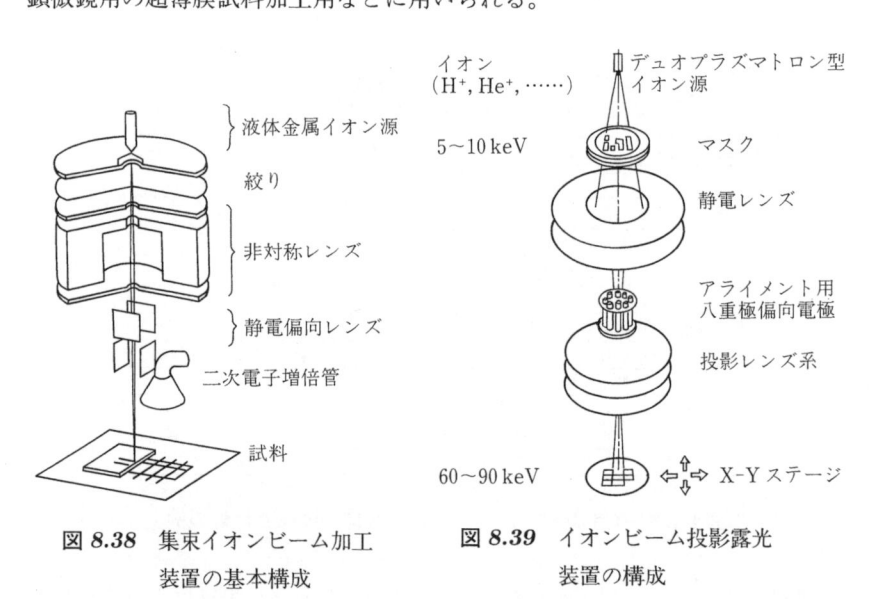

図 **8.38** 集束イオンビーム加工装置の基本構成

図 **8.39** イオンビーム投影露光装置の構成

〔3〕 **イオンビーム投影露光装置** レジストの露光を電子ビームより露光感度の高い軽イオンビームで行う方法である。装置構成を図 **8.39** に示す。

デュオプラズマトロンのような輝度が高く点光源に近いイオン源から，水素やヘリウムイオンを 5〜10 kV で引き出し，ステンシルマスクを通過させる。通過したイオンを非対称レンズで 50〜100 kV まで加速し，収差の小さい大口径

対物レンズ（アインツェルレンズ）で基板上に数分の1に縮小したマスク像を結像させる。

ステンシルマスクには低エネルギーのイオンしか当たらないのでマスクの加熱が小さいことと，像が縮小できることによりマスクの微細加工精度が数分の1でよいという特長がある。

8.2.3 イオンビーム蒸着装置

イオンビーム蒸着では，イオンをその発生領域からビームとして高真空領域に引き出した状態で，その運動エネルギーが1原子当り数百eV以下のものを主に使う。必要とするイオンビーム量あるいは高速粒子の量は，半導体への不純物注入の場合に比べるとかなり多い。

例えば，1価の原子状イオンビームだけを使って膜を堆積するとしたとき，シリコンイオンを用い，それが100%の確率で付着すると仮定すると，イオン電流密度が$0.1mA/cm^2$でも膜の成長速度は7.5nm /min 程度である。

イオンビーム蒸着装置の基本構成は，図 **8.40**に示すように，(a) イオン源から引き出されたビームを，質量分離器を通して蒸着したいイオンだけを選択して膜を堆積する方式，(b) イオン源から引き出されたイオンビームをすべて利用して直接蒸着する方式，および，(c) 主な蒸着物質は通常の真空蒸着あるいはスパッタリングによって供給し，同時にイオンビームを照射して膜形成においてイオンの効果を付加するイオンビームアシスト蒸着方式，がある。これらの中で，(a) の構成のものが最も精確なイオンビーム特性の制御ができ，研究用の装置としてしばしば用いられる。

〔*1*〕 **質量分離器付イオンビーム蒸着装置** イオンビーム蒸着によって形成された膜の性質は，1) イオンビームの運動エネルギー，2) イオンの電荷の状態，すなわち原子の軌道状態，および，3) イオンの構成原子数，によって大きく左右される。イオンビーム特性の 2) と 3) を特定するために質量分離器が用いられるが，そのためにビームを長距離輸送しなければならず，イオンビー

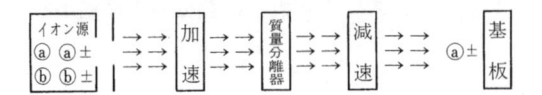

(a) 質量分離したイオンビームを用いたイオンビーム蒸着

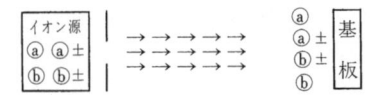

b-1 イオン源から直接引き出したイオンのエネルギーを利用

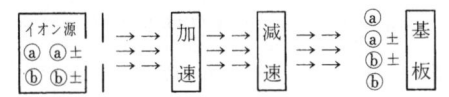

b-2 イオン源からのイオンビームを高電圧で引き出してから利用

(b) 質量分離しないイオンビームを用いたイオンビーム蒸着

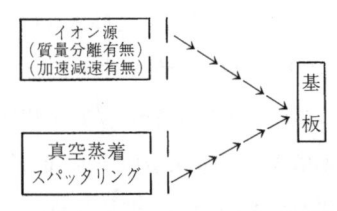

(c) イオンビームアシスト蒸着

〔注〕 ⓐ± 蒸着したいイオン　　ⓑ± 蒸着したくないイオン
　　　ⓐ 蒸着したい中性粒子　　ⓑ 蒸着したくない中性粒子

図 8.40 イオンビーム蒸着装置の種々の基本構成

ムを10kV以上に加速しなければならない。

　イオンビーム蒸着に適当な運動エネルギーは原子1個当り100eV程度であるので，質量分離後のイオンビームを基板に輸送するまでにイオンビームを減速する必要がある。超低エネルギーとなったイオンビームは，空間電荷効果によるビームの発散効果が著しいので，長距離輸送することができない。したがって，減速は普通基板直前において行われる。イオンビームの減速領域では，減速するイオンと反対の極性の電荷を持った粒子が逆加速されるので，それを防ぐ必要がある。

質量分離器付イオンビーム蒸着装置としては，正イオンビームを使ったものと負イオンビームを使ったものの2方式がある。負イオンビームを使う場合，スパッタ型負イオン源を用いるが，このイオン源からのガス放出はないか非常に少ないので，装置全体の真空排気系の能力が小さくて済む。またビーム行路中に正イオンが発生することはほとんどないので，負イオンビームを減速する際に逆加速される荷電粒子がほとんどないなどの特徴がある。

図 **8.41**は，スパッタ型負イオン源を使った質量分離器付負イオンビーム蒸着装置の構成図の例である。

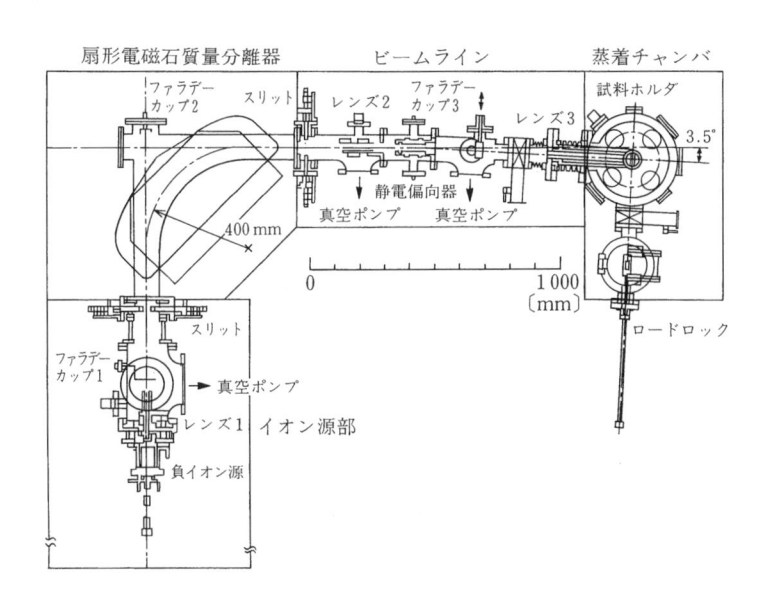

図 8.41 スパッタ型負イオン源を使った質量分離器付
　　　　　負イオンビーム蒸着装置の構成例

μm 径に集束した金属イオンビームを，数百 eV のエネルギーまで減速し，集束イオンビームの状態で蒸着に利用することができる。図 **8.42**は，液体金属イオン源から引き出したイオンビームを集束させ，質量分離したあと基板直前で減速する，集束イオンビーム直接蒸着装置の例である。

〔2〕　**クラスタイオンビーム蒸着**　密閉型のるつぼに金属を入れ高温に

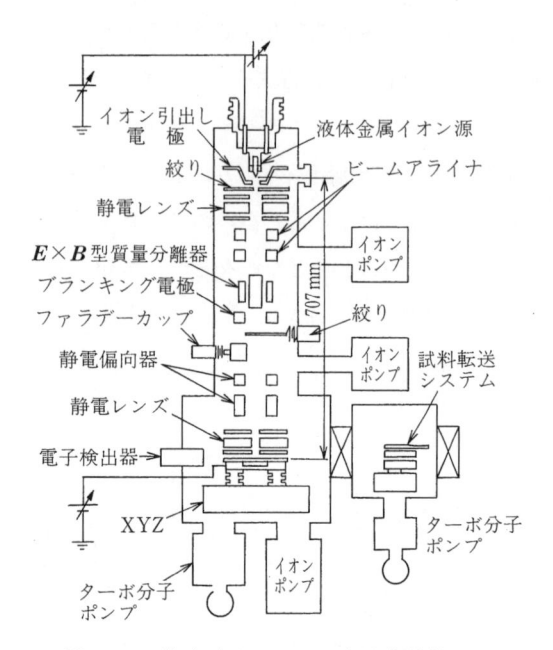

図 **8.42** 集束イオンビーム直接蒸着装置

加熱して蒸発させ，るつぼに開けたノズルから粘性流の蒸気を真空中に噴出させて断熱膨張を起こさせると，条件によっては金属のクラスタビームができる。金属クラスタは，100個から2000個程度の数の原子がたがいにゆるく結合した塊状の原子集団である。

このようにしてつくったクラスタに電子を衝突させると，一部のクラスタがイオン化する。中性のクラスタと数 eV に加速したクラスタイオンを同時に基板に輸送し，蒸着に用いる手法がクラスタイオンビーム蒸着である。クラスタイオンは質量電荷比 m/q がきわめて大きいので，原子1個当りの運動エネルギーが数 eV～100 eV とイオンビーム蒸着に適した値となる，空間電荷による影響が少ない，などの利点がある。**図 8.43** に，**金属クラスタイオンビーム蒸着装置** (ionized cluster beam，**ICB**) の基本構造を示す。

〔**3**〕　**イオンビームアシスト蒸着**　　薄膜を形成する場合，必ずしも蒸着するすべての粒子がイオン化していなくても，イオンの運動エネルギーやイオ

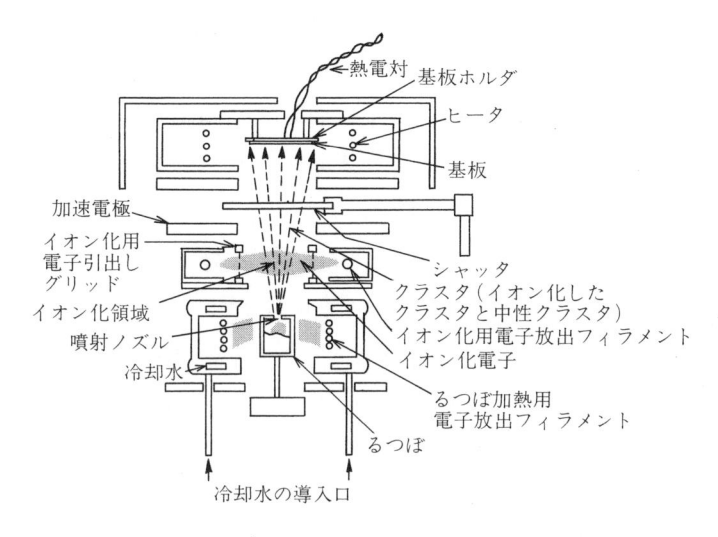

8.2 イオンビーム装置

図 8.43 クラスタイオンビーム（ICB）蒸着装置の基本構造

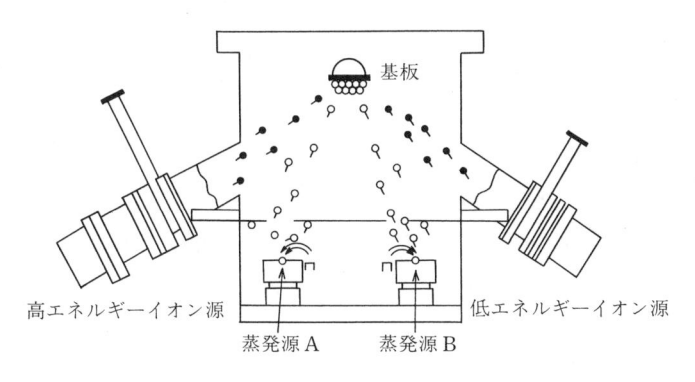

図 8.44 真空蒸着とイオン源を組み合わせたイオンビームアシスト蒸着装置の構成例

イオン源	高エネルギー用	5～40kV
	低エネルギー用	200V～2kV
	試料サイズ	50mmϕmax.
	真空排気系	ターボ分子ポンプ＋油回転ポンプ
真空度	到達真空度	7×10^{-5} Pa 以下
	イオンビーム発生時の真空度	$5\sim 8\times 10^{-3}$ Pa 程度

ンの電荷の効果が十分あることが多い．また，蒸着粒子に希ガスのような蒸着物質と化合しないイオンを照射するだけでも，イオンの運動エネルギーやイオンの電荷が蒸着粒子に伝達され，それらの効果が膜形成時に著しく現れる．

大電流が得やすい希ガスを使用したイオン源を用いて，真空蒸着あるいはスパッタ蒸着の高性能化を助勢する手法を，イオンビームアシスト蒸着と呼んでいる．反応性の高いガスのイオンビームを用いれば，化合物の低温形成もできる．

図 8.44 は，複数の真空蒸着とイオン源を組み合わせたイオンビームアシスト蒸着装置の例を示す．このような組合せの蒸着法が，**IVD 法**（ion vapor deposition），**DRM 法**（dynamic recoil mixing），あるいは **IBED 法**（ion beam ehanced deposition）などとも呼ばれている．

8.2.4　イオンビームによる分析と装置

イオンと固体原子との相互作用の基本は，2 個の原子間の弾性衝突である．質量の軽いイオンが質量の重い固体原子に衝突すると，イオンはその運動方向が大きく変わり，正面衝突に近いものは後方に散乱されることになる．後方に散乱されるイオンのエネルギーは，イオンと固体原子の質量比によって決まっているので，後方散乱されたイオンのエネルギーを分析すれば，固体中にどのような原子が存在していたかがわかる．

ラザフォード散乱が起きるような加速エネルギーの高い数百 keV～数 MeV のイオンを使うと，散乱断面積もすべての原子の組合せに対して理論的に正確に計算できるので，分析の定量化ができる．しかも μm 程度の深さまでの情報が得られるので，薄膜の分析には都合がよい．このような分析法を，**ラザフォード後方散乱分析**（Rutherford backscattering spectroscopy，**RBS**）と呼ぶ．

比較的質量の重いイオンを固体表面に照射すると，弾性衝突によって運動エネルギーを得た固体原子の一部が表面から飛び出す現象，すなわちスパッタリングが生じる．スパッタリング粒子は通常中性原子がほとんどであるが，照射するイオンビームを酸素イオンやセシウムイオンとすることによって，スパッタリング粒子中の正イオンや負イオンの量を多くして感度を上げることができる．

これらの二次イオンの質量を分析することによって，固体表面近くの原子組成を調べることができる．このような分析法を**二次イオン質量分析**（secondary ion mass spectrometry，**SIMS**）と呼んでいる．

〔**1**〕 **ラザフォード後方散乱分析（RBS）** イオンと固体原子が衝突したとき，以下の条件を満たしているときには，後方に散乱されるイオンのエネルギーを解析的に容易に解くことができる．

(1) 入射イオンのエネルギー E_0 が，固体原子間の結合エネルギーより十分大きいこと．化学的な結合エネルギーは 10eV 程度であるから，E_0 はそれより十分大きいことが必要である．

(2) 原子核反応が起こらないこと．使用できる入射イオンの最大エネルギーは，この制限によって決まる．この値は原子と原子の組合せによって異なるが，入射イオンとして H^+ を使うときには，1MeV 以下でも核反応が生じる場合がある．He^+ を使うと 2～3MeV 以上から核反応が始まる．

(**a**) **ラザフォード散乱**

カイネマティックファクタ 衝突前の入射イオンのエネルギー，速度，質量数を E_0, v_0, M_1 とする．衝突前には固体原子は静止しているものとし，その質量数が M_2 であるとする．完全弾性衝突を仮定して，衝突後のイオンのエネルギー，速度をそれぞれ E_1, v_1 とし，固体原子のエネルギーを E_2, v_2 とする．

また，図 **8.45** に示すように，イオンの散乱角を θ，固体原子の反跳角を ϕ とする．エネルギーの保存則から，次式が成り立つ．

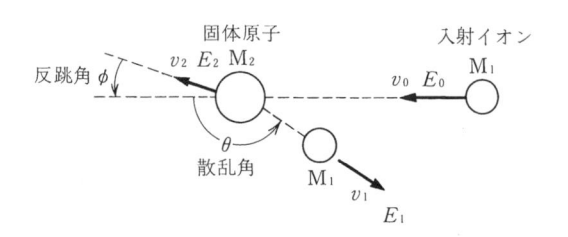

図 **8.45** イオンと固体原子の衝突を説明する図

$$E_0 = E_1 + E_2. \tag{8.6}$$

質量数と速度で書き変えれば，次式のようになる。

$$\frac{1}{2}M_1v_0^2 = \frac{1}{2}M_1v_1^2 + \frac{1}{2}M_2v_2^2. \tag{8.7}$$

また，イオンの入射方向に平行な方向と，それに垂直な方向に対する運動量保存則から，つぎの2式が成り立つ。

$$M_1v_0 = M_1v_1\cos\theta + M_2v_2\cos\phi, \tag{8.8}$$
$$0 = M_1v_1\sin\theta - M_2v_2\sin\phi. \tag{8.9}$$

これらの式からϕとv_2を消去すると，次式が得られる。

$$\frac{v_1}{v_0} = \frac{\pm\left(M_2^2 - M_1^2\sin^2\theta\right)^{1/2} + M_1\cos\theta}{M_2 + M_1}. \tag{8.10}$$

符号は，$M_1 \leq M_2$のとき+となり，イオンは後方にも散乱される。イオンの衝突後のエネルギーと衝突前のエネルギーの比$E_1/E_0 (= K)$を**カイネマティックファクタ**（kinematic factor）と呼び，散乱角θと，イオンと固体原子の質量比M_1/M_2だけで表すことができる。

$$K = \left[\frac{\left\{1 - \left(\frac{M_1}{M_2}\right)^2\sin^2\theta\right\}^{1/2} + \left(\frac{M_1}{M_2}\right)\cos\theta}{1 + \frac{M_1}{M_2}}\right]^2. \tag{8.11}$$

したがって，質量のわかった軽いイオンを固体に照射し，ある決まった角度に散乱されたイオン（粒子）のエネルギーを測定すれば，固体中にどのような質量の原子があるかを特定することができる。

散乱断面積 ラザフォード散乱では，散乱角θに対する単位立体角当りの微分散乱断面積$d\sigma/d\Omega$は次式によってその絶対値を知ることができる。

$$\frac{d\sigma}{d\Omega} = \left(\frac{Z_1Z_2e^2}{4E}\right)^2\frac{4}{\sin^4\theta}\frac{\left[\left\{1 - \left(\frac{M_1}{M_2}\right)^2\sin^2\theta\right\}^{1/2} + \cos\theta\right]^2}{\left\{1 - \left(\frac{M_1}{M_2}\right)^2\sin^2\theta\right\}^{1/2}}. \tag{8.12}$$

したがって，散乱された粒子の数を測定すれば，散乱の対象となった固体中の原子の絶対量を知ることができる。

また，上式から，入射粒子と固体原子の組合せにおけるつぎに示す感度依存性を知ることができる。

(1) 断面積は Z_1 の2乗に比例するので，入射粒子は重いほうが感度がよい。水素イオンよりヘリウムイオンのほうが4倍感度がよい。

(2) 断面積は Z_2 の2乗に比例するので，原子番号の大きな固体原子ほど感度がよい。

(3) 断面積は入射エネルギー E の2乗に反比例するので，ラザフォード散乱が保障されるエネルギー範囲で，より低いエネルギーイオンによる測定のほうが感度がよい。

(b) 分析法　ラザフォード後方散乱分析装置の構成は，MeV級のエネルギーの質量の軽いイオンビーム発生装置と，それを試料に照射して後方散乱した粒子のエネルギーを測定する検出器からなる。MeVのエネルギーを持つイオンビーム発生装置は，MeVイオン注入装置と基本原理は同じである。ここでは，イオンビーム照射部と後方散乱粒子のエネルギー検出について述べる。

図8.46は，イオンビームを照射して後方散乱粒子のエネルギーを検出する試料室の概念図である。

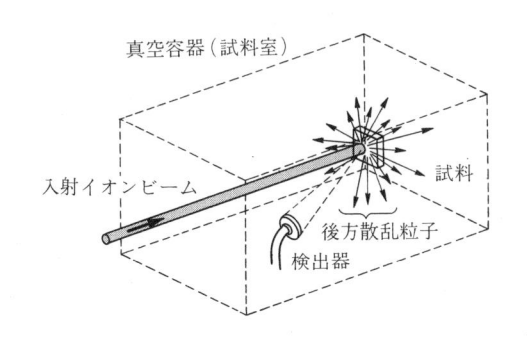

図8.46 RBS測定のための試料室の概念図

直径が約 1 mm（場合によっては数 μm に絞ることもある），電流が 1～数十 nA 程度で，MeV 級のエネルギーを持つ水素あるいはヘリウムイオンビームを試料に照射する．照射した一部のイオンは後方散乱を受け，入射時のエネルギーと異なったエネルギーを持って試料表面からあらゆる角度方向に飛び出してくる．ある角度に散乱された粒子を検出するために，試料から 10～15 cm 離れた散乱角のできるだけ大きな位置に，粒子のエネルギーとその個数が測定できる検出器を置く．

検出器として，エネルギー分解能が 15～20 keV の障壁型半導体検出器がよく使用される．この検出器では，空乏層中に高エネルギー粒子が侵入すると，そのエネルギーに比例した数の電子，正孔対ができるので，それらをパルス電流として取り出す．パルスの高さが粒子のエネルギーに対応しているので，パルス波高分析器により多数のチャネルでエネルギーごとにパルスの個数を計測すれば，エネルギースペクトルが得られる．

散乱された粒子のエネルギーは，固体原子の質量と膜の厚みに関係がある．例えば，図 **8.47** に示すように，1 MeV の ^{4}He$^+$ イオンビームを金とアルミニウム原子が混在した非常に薄い薄膜に照射した場合を考える．散乱角 $\theta=170°$ にある検出器には，式 (8.11) から計算されるように，金原子からの散乱粒子は 922.5 keV，アルミニウム原子からの散乱粒子は 552.7 keV のエネルギーを持って入ってくる．

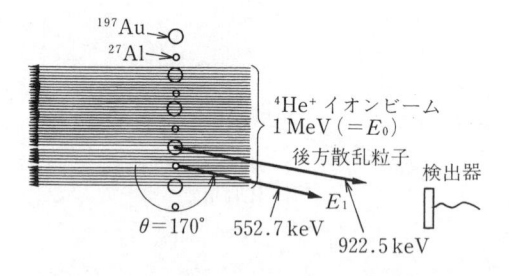

図 **8.47** ヘリウムイオンビームの表面原子との衝突によるエネルギー変化

エネルギーを横軸とし後方散乱粒子量を縦軸に描いたスペクトルでは，図 **8.48** のように，質量が大きく異なる固体原子からのスペクトルは十分離れた位置に観測できる．各原子に対する散乱断面積の大きさもわかっているので，原子の絶対数も定量できる．

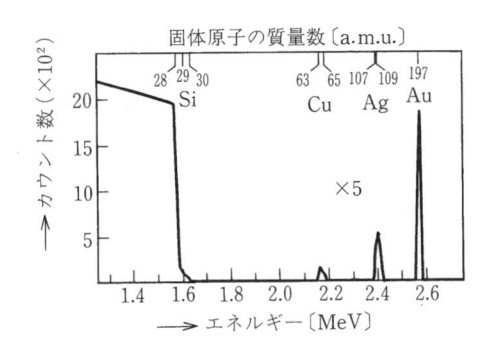

図 **8.48** Si 基板上に Cu, Ag, Au を約 10^{15} 原子/cm^2 付けた試料に，2.8MeV の ^{4}He イオンビームを照射したときの後方散乱粒子のエネルギースペクトルの例

さらに，観測しようとする固体原子がある膜厚を持っている場合，膜の奥から後方散乱された粒子は表面から散乱された粒子とは異なったエネルギーを持つ．それは，入射イオンが膜の奥の原子層に達するまでに，核および電子阻止能によりエネルギーを多少失い，また奥で後方散乱された粒子が膜中を戻る間にさらにエネルギーを失うからである．

例えば，100nm の厚みを持つ金の薄膜に 2MeV の ^{4}He$^+$ イオンビームを照射し散乱角 170°で観測した場合，図 **8.49** に示すように，膜の表面層と奥の層の原子から散乱されてきた粒子のエネルギーには 133keV の差ができる．スペクトルは図 **8.50** のように幅ができる．入射エネルギーが 500keV～数 MeV においては阻止能のデータがそろっているので，スペクトルの幅から膜の厚みを計算することができる．

試料が単結晶の場合には，図 **8.51** に示すように，試料を見る方向によっては

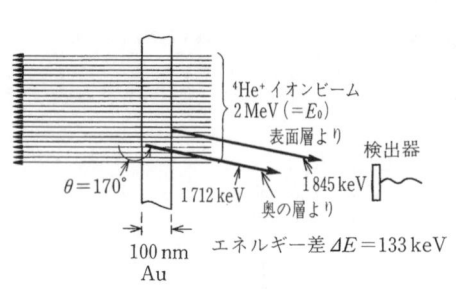

図 8.49 薄膜の表面層原子と奥の層の原子による後方散乱粒子のエネルギーの違い

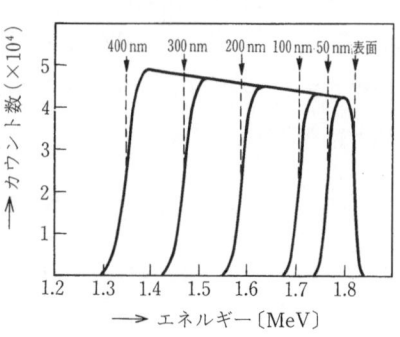

図 8.50 Ta の種々の厚みの膜からの後方散乱スペクトル（2MeV, ^{4}He$^+$イオンビームを照射した場合の例）

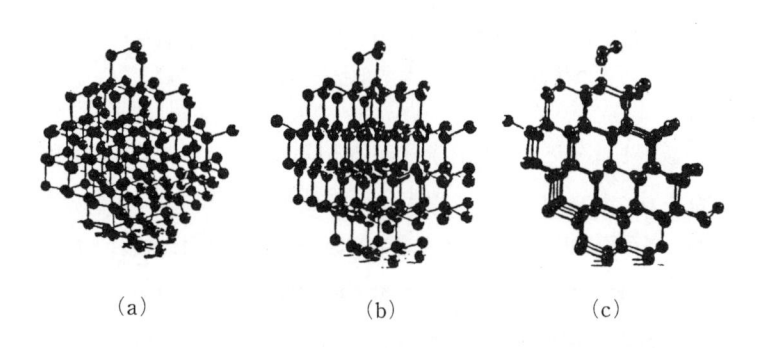

(a)　　　　(b)　　　　(c)

図 8.51 ダイヤモンド構造の単結晶を種々の方向から見たときの原子配列

上層と下層の原子が重なり，原子間隙が中空の筒のように見える。これは，単結晶の特定の面に対してその垂直方向から見たときに生じるもので，例えば，図のダイヤモンド構造では，{110}，{111}，{100}などの面がある。このような方向から，イオンビームを入射すると後方散乱してくる粒子の数が極端に減る。この現象をチャネリング効果と言う。チャネリング測定を用いて，単結晶の結晶性のよさの程度，すなわち格子欠陥の程度や，結晶内に存在する不純物原子

の格子内位置などを知ることができる．また，イオンビームをμm以下の細いビームとして，微小領域の分析や面分布の測定に用いることも行われている．

エネルギーが数keVのイオンビームを固体表面に照射し，その後方散乱粒子を観測して表面ごく近傍の原子層の様子を知る**イオン散乱スペクトル分析**（ion scattering spectroscopy，**ISS**）も行われている．

〔2〕　**二次イオン質量分析（SIMS）**　　数kV〜20kV程度に加速した比較的質量の重いイオンビームを固体表面に照射すると，スパッタリングによる二次粒子の放出が顕著に起き，また二次電子も放出される．スパッタリング放出粒子には，単原子状，多原子状，分子状で中性状態および正，負イオンのものがある．これらの中の二次イオンを集めて質量分析し，固体表面の元素分析を行う手法が二次イオン質量分析である．

通常スパッタリング粒子は単原子状で中性状態のものがほとんどであるが，固体表面の仕事関数が変わると，放出されるイオンの量がかなり変化する．照射するイオンビームとして酸素を用いて表面の仕事関数を高くすると，正イオンが出やすくなる．イオンビームとしてセシウムを用いて表面の仕事関数を低くすると，負イオンが出やすくなる．また，あらかじめセシウムをイオン注入しておき，アルゴンなどのビームで照射しても負イオンの生成率が上がる．このようにして検出感度を上げると，ppm〜ppb程度の不純物まで検出することができる．

また，照射するイオンビームのエネルギーとしてスパッタリング率の高い領域を使うので，試料を削りながらその深さ方向の元素分析ができる．放出される二次イオンは，表面およびサブnmの深さからのものがほとんどであると考えられているが，イオンビームの衝突による固体原子の再分布やエッチング面の凹凸などの原因により，深さ方向の元素分析分解能は数nm程度である．

図8.52に，二次イオン質量分析装置の構成図を示す．

主要部は，一次イオンビームの照射系と試料から放出された二次イオンの質量分析系からなる．一次イオンビームとして，デュオプラズマトロンや表面電離

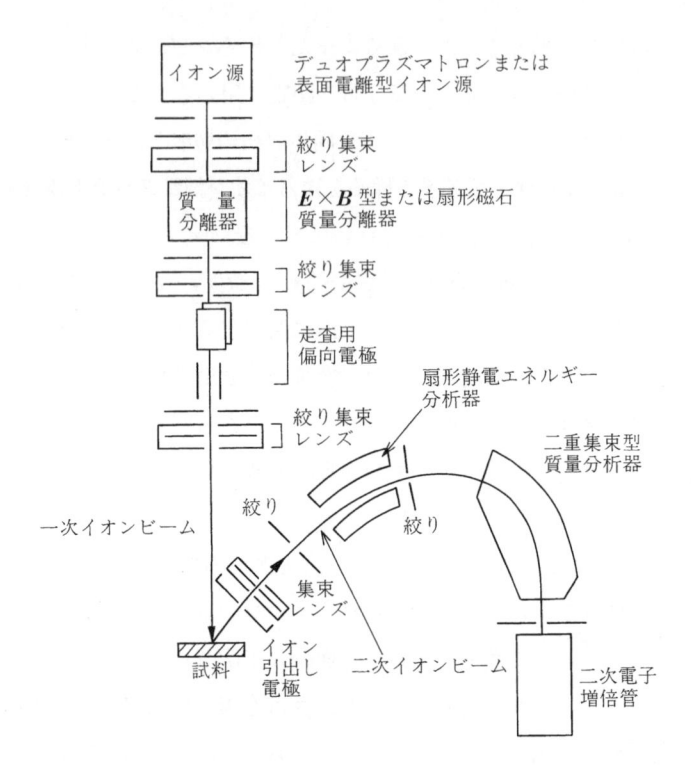

図 8.52 二次イオン質量分析装置（SIMS）の構成図

型イオン源から引き出した O_2^+, Ar^+, N_2^+, O^-, Cs^+, In^+ イオンビームなどが使われる。高感度の装置では，二次イオン中に一次イオンビーム中の不純物が混入しないように，一次イオンビーム輸送系中に質量分離器を備えている。微小部の元素分析を可能とするために，一次イオンビームを μm 程度に絞ることができるようにした装置もある。このような装置は，特に **IMA**（ion microprobe analyzer）と呼ばれている。

　一次イオンビームを走査することによって，2次元元素分析も可能となる。一次イオンビームの走査機能は，深さ方向の元素分析分解能の低下を防ぐためにも使われる。走査によって試料のエッチング領域を十分広くとり，分析した

い中心領域を走査するときだけ分析することによって，エッチング面の凹凸やエッチングクレータ周辺壁からの二次イオンの影響を極力少なくすることができる．

　一次イオンビームの照射により試料から放出された二次イオンは，数kVの電圧で引き出し，集束レンズを通して効率よく集め，分析系へ導入する．質量分析の分解能を上げるため，まず扇形静電エネルギー分析器を通してエネルギーをそろえ，つぎに扇形電磁石による二重集束型質量分析器あるいは静電四重極型質量分析器を通して質量分析を行い，最後に二次電子増倍管によって分析イオンを検出する構成となっている．質量分解能は300〜40000程度得られる．質量分解能が高いと，質量数としては同じ原子や分子でも質量のわずかな違いから構成元素を特定することができる．

　一次イオンビームあるいは分析用に負イオンを利用すると，高精度かつ高感度の分析が可能である．絶縁性材料表面を分析する際，照射用のイオンビームとして負イオン（O^-）を用いると，材料表面の帯電がほどんど起こらないので，分解能のよいスペクトルが得られる．また，電子親和力の大きな元素を分析する際，あらかじめCs^+イオンを表面に注入して表面の仕事関数を下げ，放出粒子の負イオン生成率を上げてからSIMS分析すると，Csイオンを注入した領域からの信号強度が1〜2けた上昇する．

　SIMS分析における問題点は，一次イオンに対する二次イオンの相対生成量が理論的に明らかになっていないことである．定量分析をするためには，分析対象試料と組成の近い標準試料を用意して，測定値を較正しなければならない．

コーヒーブレイク

　ラザフォード後方散乱分析法は非破壊的に試料内部の原子情報を検出できる優れた分析手段である．それに対して，二次イオン質量分析法は，検出原子を表面から削り取ってしまうので，破壊検査となる．しかし，不純物を検出できる能力では物理的分析法の中で最も感度がよい手法である．

章 末 問 題

(1) 代表的な電子ビーム熱処理装置の一つについてその概略構造図を描き，その装置において電子ビームの軌道をどのような方法で制御，操作しているかについて，理由も付して説明せよ．

(2) 電子ビーム露光装置について説明せよ．

(3) 電子ビーム照射装置において，電子ビームを空気中に取り出す機構と材料に一様に照射する機構について説明せよ．

(4) 電子顕微鏡において，拡大像が観測できる理由を説明せよ．

(5) 電子ビームを用いて，撮像，表示，電子増倍するデバイスについて，その原理を簡単に説明せよ．

(6) 代表的なイオン注入装置における諸機能の基本構成を示し，それらが並ぶ順番がどのような理由によるかを説明せよ．

(7) イオン注入装置の種類を3種類挙げ，それぞれの特徴を説明せよ．

(8) イオンビーム加工装置について説明せよ．

(9) イオンビーム蒸着装置の種類を3種類挙げ，それらのイオンビーム利用法の特徴を説明せよ．

(10) ラザフォード後方散乱分析の原理を説明し，この方法によりどのような物理量の分析ができるかを示せ．

(11) 二次イオン質量分析法の原理を説明し，分析感度を上げるために用いられている方法について説明せよ．

参 考 文 献

1) エンゲル（山本賢三，奥田孝美 訳）：電離気体，コロナ社 (1968)
2) R.G. Wilson, G.R. Brewer：Ion Beams with Applications to Ion Implantation, John Wiley & Sons (1973)
3) G. Dearnaley, J.H. Freeman, R.S. Nelson and J. Stephen：Ion Implantation North-Holland Pub (1973)
4) P.D. Townsend, J.C. Kelly and N.E.W. Hartley：Ion Implantation, Sputtering, and their Applications, Academic Press (1976)
5) 不破敬一郎，藤井敏博：四重極質量分析計-原理と応用，講談社サイエンティフィック (1976)
6) W.K. Chu, J.W. Nayer and M.A. Nicolet：Backscattering Spectrometry, Academic Press (1978)
7) R. Behrisch 編：Sputtering by Particle Bombardment, Springer-Verlag (1981)
8) 石川順三：イオン源工学，アイオニクス社 (1986)
9) 日本学術振興会第132委員会，菅田英治 編：電子イオンビームハンドブック第2版，日刊工業新聞社 (1986)
10) イオンビーム応用技術編集委員会 編：イオンビーム応用技術，シーエムシー (1989)
11) N.G. Einspruch, S.S. Cohen and R.N. Singh：Beam Processing Technologies, Academic Press (1989)
12) 日本学術振興会第132委員会，裏　克己 編：電子イオンビームハンドブック第3版，日刊工業新聞社 (1998)
13) 高木俊宜：電子・イオンビーム工学，電気学会 (1995)
14) セミコン関西ULSI技術セミナープログラム委員会 編：半導体プロセス教本 (1999)
15) A. Modinos：Field, Thermionic, and Secondary Electron Emission Spectroscopy, Plenum Press (1984)

16) Edited by D.F. Kyser, H. Niedrig, D.E. Newbury and R. Shimizu: Electron Beam Interactions with Solids for Microscopy, Microanalysis & Microlithography, Scanning Electron Microscopy, Inc. (1984)

17) 裏　克己, 藤岡弘　編：電子顕微鏡で観るLSIの世界, 日刊工業新聞社 (1990)

18) 岡村総吾, 林　友直：電子管工Ⅰ（電子通信学会　編）, コロナ社 (1960)

19) ゲワルトウスキー（山本賢三　監訳）：基礎電子管工学［Ⅰ］, ［Ⅱ］, 廣川書店 (1966)

20) クラックハード（和田正信　訳）：真空管工学, 近代科学社 (1969)

21) 望月　仁：荷電気体電子工学, 学献社 (1973)

22) 桜庭一郎：電子管工学, 森北出版 (1974)

23) 柴田幸男：真空電子工学, コロナ社 (1980)

24) 濱田成徳, 和田正信：電子管工学, コロナ社 (1986)

25) 西巻正郎：マイクロ波真空管とその回路, オーム社 (1955)

26) 小山次郎：進行波管, 丸善 (1964)

27) 田中茂利, 曄　道恭：高電力ミリ波源, 応用物理, **48**, 8, p.751 (1979)

28) 福政　修：体積生成型負イオン源における負イオン生成の物理現象, アイオニクス, **23**, 7, p.33 (1997)

29) 岸野隆雄：蛍光表示管, 産業図書 (1990)

索引

【あ】

アイコノスコープ	255
アインツェルレンズ	110, 270
アクアダック膜	210
アスペクト比	96
アップルゲート図	195

【い】

イオン温度	90
イオン源	73, 269
イオン源プラズマ	72
イオン散乱スペクトル分析	293
イオンシース距離	93
イオン注入装置	237, 269
イオン注入法	5, 158
イオン閉込め時間	72
イオンビームアシスト蒸着	286
イオンビームエッチング	278
イオンビーム蒸着装置	281
イオンビームミーリング装置	278
イオン放出量	93, 94
イオン飽和電流	90
位相選択	227
位相統制	227
イメージハンプモデル	84

【う】

ウィーンフィルタ	124
運動エネルギーの効果	170
運動力結合	5, 180

【え】

液体金属イオン源	276
エネルギーアナライザ	116
エネルギー幅	87
エネルギー分析器	295
エミッタンス	131

【お】

扇形電磁石	270
オージェ過程	140
オージェ電子	63, 147
オーム	186
オルシコン	258
温度制限	231
温度制限領域	41

【か】

回折像	250
カイネティック放出	65
カイネマティックファクタ	288
解離性電子付着	79
ガウスの定理	28
化学増幅	243
架橋反応	3, 149, 246
核阻止能	156
カスプ磁界	77
カソードルミネセンス	140, 148
活性基	243
カットオフ	183
荷電変換断面積	26
可変成形ビーム	244

【き】

規格化エミッタンス	133
規格化輝度	134
輝度	131
ギャップ係数	199
極微真空管	189
均圧環	221
近軸軌道方程式	103, 112
近接効果	244
金属クラスタイオンビーム蒸着装置	284

【く】

空間電荷制限電流密度	33
空間電荷制限領域	41
空間電荷中和係数	136
クライストロン	195

【け】

蛍光表示管	255, 263
蛍光物質	262
経路長	157
結合係数	199
減速電極系	131

【こ】

高周波放電	77
構造因子	53, 54
後方散乱	140
後方散乱係数	144

【さ】

サイクロトロン運動	111, 118, 221, 233

索　引

サイクロトロン共鳴	228	スパッタリング	
サイクロトロン周波数	118		5,166,286,293
サイクロトロン半径	118	スパッタリング現象	278
撮像管	255	スパッタリング率	166,168
三極管	183	スピント型	56
3定数	186		
散乱コントラスト	251		

【せ】

制御格子	183
静電偏向	114,262
静電四重極型	271
静電レンズ	101
制動放射	140,146
線形加速	270

【そ】

走行時間制約型デバイス	182
相互コンダクタンス	185
相互作用ポテンシャル	5,17,153
相互特性	184
走査型電子顕微鏡	249
走査型トンネル顕微鏡	252
相対論係数	232
増幅率	185
測定用ブラウン管	255
速度分離器	124
速度変調	197
速度変調管	194,195

【た】

体積生成	80
帯電	295
帯電機構	165
帯電電位	165
ダイノード	265
タイムオブフライト法	127
対流電流	205
多孔電極引出し系	99
単孔レンズ	107
弾性衝突	24,139
タンデム加速	270

【し】

磁界レンズ	111
磁気モーメント	76,231
自己スパッタリング率	172
仕事関数	13,81
シース	90
質量分離	120
質量分離器	270
質量分離器の分解能	122,125
ジャイロトロン	194,228
遮断周波数	190
遮へい格子	187
集群	199
集群係数	200
重合反応	243
集束イオンビーム装置	277
集束イオンビーム直接蒸着	283
自由電子レーザ	236
周波数逓倍	201
受像管	259
受像用ブラウン管	255
衝突断面積	18,23
衝突の微分断面積	153
蒸発電界値	84
ショットキー効果	42
真空管	182
真空マイクロエレクトロニクス	3
進行波管	194,209

【す】

スネルの法則	100

【ち】

タンデム型イオン注入装置	276
タンデム方式	129
遅波回路	209
チャイルド・ラングミュア	33
チャネリング効果	292

【て】

定電流特性	184
テイラーコーン	83
電界蒸発	83
電界電子放出	38,50
電界電子放出電流密度	52
電界放出ディスプレイ	265
電気二重層	86
電子温度	90
電子極	226
電子サイクロトロン共鳴吸収	78
電子親和力	4,81,174
電子阻止能	162
電子ビーム照射装置	243
電子ビーム蒸着装置	239
電子ビームテスタ	252
電子ビーム溶接	241
電子ビーム露光	3
電子ビーム露光装置	237,243
電磁偏向	114,119,260
電子離脱断面積	26
電子レンズ	100
伝導電流	205
電離断面積	25,72
電離電圧	4,10,81,174
電離能率	25

【と】

投影飛程	157
透過型電子顕微鏡	249

索引

特性 X 線　140, 147
ドブロイ波　21
ドブロイ波長　21
トーマス・フェルミポテン
　シャル　17
ドリフト運動　220
トロコイド　231
トロコイド運動　123
トンネル効果　50
トンネル電流　252

【な】

内部ポテンシャルエネル
　ギーの効果　170

【に】

二次イオン質量分析
　　　287, 293
二次イオン質量分析装置
　　　293
二次電子　59, 160
二次電子増倍管　255, 265
二次電子放出　38, 59
二次電子放出比　59
二次負イオン放出　85
二重開口レンズ　102
ニールセン型イオン源　73

【ね】

熱電子放出　38, 39
熱電子放出定数　41

【は】

薄膜型陰極　192
パービアンス　96
板極管　189

【ひ】

ピアス型電子銃　66
ピアス電極　68
ピアスの補助電極　131
光電子増倍管　255, 265
光電子放出　38, 58

ビジコン　258
非弾性衝突　24, 139
微分散乱断面積　288
表面効果法　71, 80

【ふ】

ファウラー・ノルドハイム
　の式　53
負イオン生成確率　86
フェルミ準位　71
付着確率　172
ブラウン管　259
プラズマ浸入イオン注入
　　　278
プラズマソースイオン注入
　　　278
プラズマ密度　90
フリッカ雑音　56
フリーマン型イオン源　75
ブリユアンの流れ　66, 70
分解反応　243

【へ】

平均自由行程　23, 73
ベクタ走査　244
変位電流　205
偏向感度　120, 262

【ほ】

ポアソン方程式　28
崩壊係数　86
包絡線軌道方程式　35, 136
飽和電流密度　41
補助電極　68
ポテンシャル放出　65
ボームの条件　92
ボルツマン定数　91
ホローカソード型イオン源
　　　73

【ま】

マイクロチャネルプレート
　　　267

マイクロバキュームチューブ
　　　2, 189
マイクロ波放電　78
マグネトロン　194, 219
マスク　244
マルチカスプ型水素負イ
　オン源　88

【み】

密度変調　193
ミラー比　77

【も】

モー　185
モールド法　56

【ゆ】

誘導電流　195, 203
ユニポテンシャルレンズ
　　　110

【よ】

陽極特性　184
陽極内部抵抗　185
抑制格子　187
よさの指数　43
四重極電極　125

【ら】

ライナック　129
ラザフォード後方散乱分析
　　　286, 287
ラザフォード散乱　153
ラスタ走査　244

【り, ろ】

リウビルの定理　132
リチャードソン・ダッシュ
　マンの式　41
利得パラメータ　217
量子効率　59
露　光　149

DRM 法	286	IMA	294	PSII	278
$E \times B$ 型質量分離器		ISS	293	RBS	286, 287
	124, 270	IVD 法	286	RFQ	130, 270
ECR	78	LSS 理論	162	rf プラズマスパッタ型負	
FED	255, 265	MCP	267	イオン源	88
FEL	236	PI³	278	SIMS	287, 293
IBED 法	286	PIG 構造	75	STM	252
ICB	284	PIII	278	VFD	263

―― 著者略歴 ――

1968 年　京都大学工学部電子工学科卒業
1970 年　京都大学大学院修士課程修了（電気工学第二専攻）
1981 年　工学博士（京都大学）
1984 年　京都大学助教授
1989 年　京都大学教授
2009 年　京都大学名誉教授
2009 年　中部大学教授
2016 年　中部大学退職

荷電粒子ビーム工学
Science and Technology of Charged Particles Beams　　　© Junzo Ishikawa 2001

2001 年 5 月 18 日　初版第 1 刷発行
2023 年 12 月 10 日　初版第 9 刷発行

検印省略	著　者	石　川　順　三
		いし　かわ　じゅん　ぞう
	発行者	株式会社　コロナ社
		代表者　牛来真也
	印刷所	壮光舎印刷株式会社
	製本所	有限会社　愛千製本所

112-0011　東京都文京区千石 4-46-10
発行所　株式会社　コロナ社
CORONA PUBLISHING CO., LTD.
Tokyo Japan
振替 00140-8-14844・電話 (03) 3941-3131 (代)
ホームページ　https://www.coronasha.co.jp

ISBN 978-4-339-00734-3　　C3055　　Printed in Japan　　（平河工業社）（金）

JCOPY　<出版者著作権管理機構 委託出版物>
本書の無断複製は著作権法上での例外を除き禁じられています。複製される場合は、そのつど事前に、
出版者著作権管理機構（電話 03-5244-5088, FAX 03-5244-5089, e-mail: info@jcopy.or.jp）の許諾を
得てください。

本書のコピー、スキャン、デジタル化等の無断複製・転載は著作権法上での例外を除き禁じられています。
購入者以外の第三者による本書の電子データ化及び電子書籍化は、いかなる場合も認めていません。
落丁・乱丁はお取替えいたします。

電気・電子系教科書シリーズ

(各巻A5判)

- ■編集委員長　高橋　寛
- ■幹　　事　湯田幸八
- ■編集委員　江間　敏・竹下鉄夫・多田泰芳
  　　　　　　中澤達夫・西山明彦

配本順		書名	著者	頁	本体
1.	(16回)	電気基礎	柴田尚志・皆藤新一・多田泰芳 共著	252	3000円
2.	(14回)	電磁気学	多田泰芳・柴田尚志 共著	304	3600円
3.	(21回)	電気回路Ⅰ	柴田尚志 著	248	3000円
4.	(3回)	電気回路Ⅱ	遠藤　勲・鈴木靖典・吉澤昌純・福村純子・降矢典雄・吉崎和巳・高西和明・西山明彦 共編著	208	2600円
5.	(29回)	電気・電子計測工学(改訂版) ―新SI対応―		222	2800円
6.	(8回)	制御工学	下西二鎮・奥平鎮正 共著	216	2600円
7.	(18回)	ディジタル制御	青木俊幸・西堀俊立 共著	202	2500円
8.	(25回)	ロボット工学	白水俊次 著	240	3000円
9.	(1回)	電子工学基礎	中澤達夫・藤原　勝幸 共著	174	2200円
10.	(6回)	半導体工学	渡辺英夫 著	160	2000円
11.	(15回)	電気・電子材料	中澤・服部・押田・森田　英・山原 共著	208	2500円
12.	(13回)	電子回路	須田健二 共著	238	2800円
13.	(2回)	ディジタル回路	伊原充博・若海弘夫・吉澤昌純・室賀　進・山下　巌 共著	240	2800円
14.	(11回)	情報リテラシー入門		176	2200円
15.	(19回)	C++プログラミング入門	湯田幸八 著	256	2800円
16.	(22回)	マイクロコンピュータ制御プログラミング入門	柚賀正光・千代谷慶 共著	244	3000円
17.	(17回)	計算機システム(改訂版)	春日健・舘泉雄治 共著	240	2800円
18.	(10回)	アルゴリズムとデータ構造	湯田幸八・伊原充博 共著	252	3000円
19.	(7回)	電気機器工学	前田勉・新谷邦弘 共著	222	2700円
20.	(31回)	パワーエレクトロニクス(改訂版)	江間　敏・高橋　勲 共著	232	2600円
21.	(28回)	電力工学(改訂版)	江間　敏・甲斐隆章 共著	296	3000円
22.	(30回)	情報理論	三木成彦・吉川英機 共著	214	2600円
23.	(26回)	通信工学	竹下鉄夫・藤掛英夫 共著	198	2500円
24.	(24回)	電波工学	松田豊稔・宮田克正・南部幸久 共著	238	2800円
25.	(23回)	情報通信システム(改訂版)	岡田裕史・桑原唯孝 共著	206	2500円
26.	(20回)	高電圧工学	植月唯夫・松原孝史・箕田充志 共著	216	2800円

定価は本体価格+税です。
定価は変更されることがありますのでご了承下さい。

◆図書目録進呈◆